高职高专“十四五”建筑及工程管理类专业系列教材

混凝土材料基础

主　编　高　鹤　王丽洁

副主编　武国平　张爱菊　陈　烨

onstruction
roject

西安交通大学出版社
XI'AN JIAOTONG UNIVERSITY PRESS
国家一级出版社
全国百佳图书出版单位

图书在版编目(CIP)数据

混凝土材料基础 / 高鹤,王丽洁主编. —西安:西安交通大学出版社,2022.9

ISBN 978-7-5693-1566-0

Ⅰ.①混… Ⅱ.①高… ②王… Ⅲ.①混凝土-建筑材料-高等职业教育-教材 Ⅳ.①TU528

中国版本图书馆 CIP 数据核字(2020)第 001850 号

书　　名 混凝土材料基础
HUNNINGTU CAILIAO JICHU
主　　编 高　鹤　王丽洁
责任编辑 祝翠华　李逢国
责任校对 雒海宁
装帧设计 任加盟

出版发行 西安交通大学出版社
(西安市兴庆南路 1 号　邮政编码 710048)
网　　址 http://www.xjtupress.com
电　　话 (029)82668357　82667874(市场营销中心)
(029)82668315(总编办)
传　　真 (029)82668280
印　　刷 陕西天意印务有限责任公司

开　　本 787 mm×1092 mm　1/16　**印张** 14　**字数** 324 千字
版次印次 2022 年 9 月第 1 版　2022 年 9 月第 1 次印刷
书　　号 ISBN 978-7-5693-1566-0
定　　价 44.80 元

如发现印装质量问题,请与本社市场营销中心联系。
订购热线:(029)82667874
投稿热线:(029)82664840
读者信箱:1905020073@qq.com

前言

近年来，我国基础设施建设的速度不断加快，使得作为主要建筑材料的混凝土用量越来越大，混凝土技术的发展不仅决定了工程的质量，还关系到资源的合理利用，对现阶段我国的生态环境保护有重要影响。混凝土行业迫切需要一批既有扎实的理论知识，又有较强动手能力的工程技术人员。

本书依据教育部教学改革相关要求，针对高等职业教育培养技能型、应用型人才的特点，以适应土建类相关专业发展为导向，理论与实践紧密结合。内容方面强调以应用为主旨，以能力为主线，以素质培养为核心，针对目前土建类专业亟需具备的混凝土理论与实践能力来设置章节。混凝土是土建类专业工作中的重要材料，了解混凝土的基本知识与质量控制方法，对进一步学好专业知识，更好地从事工程实践活动具有重要意义。

本书系统讲述了混凝土材料的知识体系，方便学生学习。针对近些年国家规范更新较快的实际情况，本书全部采用最新的国家、行业标准，并由一批长期从事一线教学的教师以及工程单位从事混凝土相关工作的技术人员编写。本书立足工程技术前沿，图文结合，增加了内容的实用性和丰富性。

全书共分9章，包括混凝土材料概述、组成材料、基本性能、化学外加剂、矿物掺合料、混凝土配合比设计、质量控制、施工工艺、特殊性能的混凝土，较为系统全面介绍了混凝土专业应该学习和掌握的基本知识。

本书可作为高职高专建筑材料工程技术、建筑材料检测技术、建筑材料生产与管理、土木工程检测技术、材料工程技术等专业的教材，也可作为在施工一线从事混凝土相关工作的技术人员的培训用书，还可作为材料员、试验员、试验检测工程师等相关资格考试的参考用书。

本书由石家庄铁路职业技术学院高鹤、王丽洁担任主编，高鹤负责全书的统稿及整理工作，石家庄铁路职业技术学院武国平、张爱菊、陈烨担任副主编，参与本书编写的还有石家庄铁路职业技术学院李子成(第 2 章部分内容)、袁晓文(第 4 章、第 5 章部分内容)、徐越群(第 3 章)、李志通(第 7 章、第 8 章部分内容)、李运鹏(第 6 章)等。

本书在编写过程中,参阅了大量专家学者的著作、文献,在此对这些文献作者表示衷心的感谢!此外感谢腾讯、优酷等网站的视频支持!

由于编者水平有限,书中难免有疏漏和不足之处,敬请读者批评指正。

编　者

2022 年 9 月

目录

第1章 混凝土材料概述

所谓混凝土，是指由胶凝材料（无机的、有机的、无机有机复合的）、颗粒状骨料（包括粗骨料和细骨料）和水，以及必要时加入的化学外加剂和矿物掺合料，按一定的比例拌和，并在一定条件下经硬化后形成的复合材料。混凝土不同于其他的建筑材料，其结构并不复杂，生产工艺也比较简单。但混凝土又是由多种材料组成的多相非均质体，内部有很多缺陷，且由于配制混凝土的原材料差异较大，再加上环境、施工工艺、使用状态等多种因素的影响，使得混凝土呈现出复杂的状态。

混凝土是当代最主要的建筑材料之一，广泛应用于工业与民用建筑、道路、桥梁、机场、码头等土木工程当中。

1.1 混凝土材料的历史与发展

混凝土最早出现在公元前约7000年，当时人类已经使用石灰作为黏结材料来建造房屋底面或平台。公元前4500年，人们就已经利用了含有黏土成分的石灰石煅烧后的产物，类似于现代的水泥与砂、水混合制成建筑砌块。公元前2500年，出现了用破碎的火山岩与石灰、泥土混合制成的建筑材料。古埃及的金字塔在建造的过程中就用到了这些材料。

我国早在公元前3000年就已能烧制石灰，它是我国古代建筑的材料基础。历史上曾建造了大量世界闻名的土木工程，如都江堰、万里长城、大运河、赵州桥、北京故宫等，这些工程基本以土、石、砖、木、三合土（磨细熟石灰与黏土配制成灰土，再加入砂子配成三合土）为建筑材料，其中的三合土是一种原始的混凝土。

古罗马时期，混凝土的理论有了显著的发展。在公元前300年，古罗马人发现并利用了火山灰，将火山灰、煅烧后的石灰、砂子和水混合在一起，形成了一种结构坚固且性能优良的建筑材料。代表性的建筑有公元50年建成的加尔桥（见图1-1）和公元120年建造的万神殿（见图1-2）。古罗马建筑的辉煌使其成为混凝土技术发展的重要里程碑。

从罗马帝国的衰落开始，混凝土技术经历了很长一段时间的停滞。直到欧洲工业革命前夕，水泥的研究与开发取得了一定进展。1824年英国人约瑟夫·阿斯普丁取得了波特兰水泥的专利，水泥得以作为胶凝材料替代火山灰、石灰，使混凝土的发展有了质的飞跃。用水泥配制成的混凝土，具有工程所需要的强度和耐久性，而且原料易得，造价较低，因而用途极为广泛。

此后，随着钢铁工业的发展，1875年，威廉·拉塞尔斯获得了用钢筋强化混凝土的技术专利。在混凝土中配入钢筋，形成钢筋混凝土复合材料，使混凝土的应用范围更加扩大，这是混凝土材料应用技术的一个巨大进步。此后的半个多世纪中此种混凝土结构成为重要的结构形式，如我国上海外滩早期的混凝土建筑已经超过100年（见图1-3）。

图 1-1　加尔桥

图 1-2　万神殿

图 1-3　上海外滩早期的混凝土建筑

1919年，艾布拉姆斯发表了著名的水灰比学说，初步奠定了混凝土强度的理论基础。1928年，法国的佛列西涅提出了混凝土的收缩和徐变理论，发明了预应力钢筋混凝土的施工工艺。预应力钢筋混凝土的出现是混凝土技术的又一次飞跃，预应力技术弥补了混凝土抗拉强度低、易开裂的弱点，使得大跨度、高层建筑等成为现实。

20世纪60年代以来，外加剂广泛应用于混凝土中，并出现了高效减水剂和相应的流态混凝土，使混凝土拌合物的搅拌、运输、浇筑和成型变得更加容易；外加剂不断改善混凝土的各种性能，为混凝土施工工艺的发展创造了良好条件。

预制装配式混凝土技术推动了建筑工业化进程，预制装配式混凝土技术具有显著提高工程质量、缩短项目周期、节约建造资源、减少无效能耗和改善施工环境等特点。

高分子材料应用于混凝土材料领域，出现了聚合物混凝土，其抗拉、抗冲击、抗侵蚀性能都大幅提高；多种纤维被用于分散配筋的纤维混凝土中，可提高混凝土的抗拉强度、冲击韧性和抗裂性能。电子显微镜、X射线衍射分析等现代测试技术也越来越多地应用于混凝土材料的研究中，这也从另一方面促进了混凝土材料的发展。

1.2 混凝土的分类

随着混凝土技术的不断进步，混凝土的种类越来越丰富，分类方法也多种多样。

(1)按所用的胶凝材料不同，混凝土可分为以下几种：

①无机胶结材混凝土：如水泥混凝土、石膏混凝土等；

②有机胶结材混凝土：如沥青混凝土等；

③无机有机复合胶结材混凝土：如聚合物水泥混凝土等。

(2)按表观密度不同，混凝土可分以下几种：

①重混凝土($\rho_0>2500$ kg/m^3)：采用密度很大的骨料(如重晶石、铁矿石、钢屑等)和钡水泥、锶水泥等重水泥配制而成。重混凝土具有防射线性能，所以又称防射线混凝土。其主要用作核能工程的屏蔽结构材料。

②普通混凝土($\rho_0=2000\sim2500$ kg/m^3)：采用普通的天然砂石为骨料与水泥配制而成。普通混凝土广泛应用于建筑、桥梁、道路、水利、码头、海洋等工程。

③轻混凝土($\rho_0<2000$ kg/m^3)：采用陶粒等轻质多孔骨料配制而成的混凝土或采用特殊方法在内部造成大量孔隙的混凝土。其主要用作保温、隔热材料和轻质材料。

(3)按使用功能不同，混凝土可分为结构混凝土、道路混凝土、水工混凝土、耐热混凝土、耐酸混凝土及防辐射混凝土等。

(4)按强度等级的高低，混凝土可分为以下几种：

①低强混凝土：强度等级小于C30；

②中强混凝土：强度等级在C30～C60；

③高强混凝土：强度等级大于或等于C60；

④超高强混凝土：抗压强度在100 MPa以上。

(5)按施工工艺不同，混凝土可分为喷射混凝土、泵送混凝土、碾压混凝土、挤压混凝土、振动灌浆混凝土等。

1.3 混凝土材料的特性

混凝土作为用量最大的土木工程材料，必然有其独特的优势，其优点主要体现在以下几个方面。

1. 原材料来源广，造价较低

混凝土中的砂、石骨料分布广，水泥厂遍布全国各地。砂、石约占混凝土总体积的70%～80%左右，一般可就地取材，价格便宜。只有水泥的成本稍高一些，但相对于其他建筑材料，如钢材来说，也是非常低廉的。

2. 抗压强度高，可调配性好

普通混凝土的抗压强度一般为 20～40 MPa，较高强度的可高达 80～120 MPa。而且可以利用相同的原材料，通过改变组成材料的配合比，可得到满足性能要求的混凝土。

3. 易于加工成型，具有良好的可塑性

现代混凝土具有良好的工作性，通过设计和利用不同的模具，混凝土可浇筑成不同形状、不同尺寸的构件。

4. 复合能力强，与钢筋的共同工作性好

混凝土的热膨胀系数与钢筋相近，使得二者粘接紧密。钢筋可以弥补混凝土抗拉强度不足的缺点，混凝土可以保护钢筋，使其不受侵蚀。

5. 生产工艺简单，能耗低，可综合利用废弃物

混凝土的生产主要就是称量和搅拌的过程，能耗相对于其他材料的生产来说较低，经济性好。并可以有效地利用一些工业废弃物，如粉煤灰、矿渣粉等。

6. 耐久性和耐火性好

混凝土相比于其他建筑材料来说，有较好的耐侵蚀性，使用很长的时间也不需维护和维修。其耐火性远比木材、钢材、塑料等好，经数小时高温仍可保持其力学性质不降低。

7. 可浇筑成整体结构，以提高建筑物的抗震性

2009 年，某城市一在建的 13 层住宅楼发生了倒塌，倒塌的楼房并未散架，保持了比较好的整体性，如图 1-4 所示。该楼的倒塌并非是混凝土结构的强度不够，而是地基出现了问题。

图 1-4　倒塌的楼房

混凝土所具有的优点使其作为建筑材料的用量越来越大，使用范围越来越广泛，不仅在各类土木工程中使用，在造船业、机械工业、海洋开发、地热工程等领域，其也是重要的材料。尽管混凝土具有许多优点，但在使用时也存在一些局限性，主要体现在以下几个方面：

(1)混凝土是一种抗拉强度低(大约只有抗压强度的 1/20～1/10)、冲击韧性差的脆性材料。一般需要和钢筋共同使用。

(2)自重大，比强度低。因此高层和大跨度建筑在满足强度要求的情况下，应尽可能减少结构尺寸，降低自重。

(3)混凝土的体积具有不稳定性。混凝土在凝结硬化过程中水分的散失等引起的不可逆收缩大，严重时引起开裂，影响其使用寿命。当水泥用量较多时，这一缺陷表现得更加突出。

(4)混凝土结构致密，作为墙体材料时，导热率比较大，隔音效果差。

(5)硬化较慢，生产周期较长。混凝土要28 d才能达到设计的强度等级，相比于其他建筑材料时间是比较长的。

针对这些问题，可以通过合理的设计来改善，还可通过选择适当材料和施工工艺在一定程度加以控制。

1.4　混凝土材料的发展方向

从出现水泥开始，现代混凝土经历了近两百年的发展历程，其在建筑工程中发挥着越来越重要的作用。混凝土的未来发展方向将是高强、高性能、轻质、复合、经济耐久及绿色环保等。

1.向高强度发展

随着混凝土技术的不断进步，高强混凝土得到越来越多的应用。20世纪30年代的混凝土平均强度仅为10 MPa，50年代约为20 MPa，70年代已达到40 MPa。目前发达国家已普遍使用C60的高强混凝土，C80的高强混凝土用量也在不断增加。高强混凝土可以使得结构尺寸变小，从而减少材料用量。

2.向高性能发展

高性能混凝土是指具有良好的和易性、力学性能及耐久性能，同时又经济合理的混凝土。高性能混凝土是一种新型混凝土，是当今混凝土材料科学研究的主要课题之一。

3.混凝土的绿色化

混凝土对环境的影响主要体现在两个方面：一方面是水泥工业对天然原材料的消耗，及其生产过程中的碳排放和粉尘等造成的环境污染排放；另一方面是混凝土生产所需大量砂石的无序开采对生态环境造成的破坏，及旧建筑拆除时所产生的大量的混凝土废弃物。绿色混凝土采用的方法主要包括以下几方面：

(1)增加水泥生产工艺中原材料的利用率，减少对自然资源的消耗。

(2)对水泥生产中的粉尘、废渣和废气进行处理。

(3)在混凝土中掺加工业废渣，如矿渣、粉煤灰、硅粉等。

(4)在混凝土中掺加高效外加剂，提高混凝土的工作性能和耐久性能。

(5)在满足性能要求的情况下，尽可能减少混凝土中水泥的用量。

(6)对废弃混凝土实现二次利用。通过使用拆除建筑物的大量旧混凝土，变废为宝，减少环境污染。

4.轻质混凝土的广泛应用

自重大是普通混凝土的缺点之一，使其使用受到了一定限制。因此减轻混凝土材料的自重是其发展的重要方向。在工程实践中可以采用轻骨料制成轻骨料混凝土或在混凝土中引入气泡制成多孔混凝土来实现混凝土的轻质化。

5.复合材料将占主导地位

混凝土的另一大缺点是抗拉强度低、韧性低、易裂，单一混凝土不可能承受较大的拉载荷和冲击载荷。混凝土与某些材料复合就可弥补这些缺点，如钢筋混凝土、预应力钢筋混凝土、纤维混凝土和聚合物混凝土等。

1.5 混凝土材料的技术标准

对混凝土材料进行检验的依据，是各项有关的技术标准、规程、规范及规定，我国的技术标准分为以下几类：

(1)国家标准：GB(强制性国家标准)、GB/T(推荐性国家标准)；

(2)行业(或部)标准：国家建材行业标准JC、国家交通行业标准JT、国家建筑行业标准JG等；

(3)地方标准(DB)和企业标准(QB)：只限于在地方或企业内部使用。

通常情况下，选用标准时应首先依据国家标准，当国家标准没有明确规定时再考虑行业(或部)标准，其次是地方标准和企业标准。

标准的一般表示方法：通常由标准(部门)代号、标准编号、修订年份和标准名称等几个部分组成。如《通用硅酸盐水泥》(GB 175—2007)，表示2007年制定的第175号国家强制性标准，标准名称为通用硅酸盐水泥；《建设用卵石、碎石》(GB/T 14685—2011)，表示2011年制定的第14685号国家推荐性标准，标准名称为建设用卵石、碎石。

课后练习题

1. 混凝土的发展经历了哪几个重要阶段？今后的发展方向是什么？
2. 混凝土按照强度等级不同是怎样分类的？
3. 相比于其他的建筑材料，混凝土有哪些优点和缺点？
4. 绿色混凝土有哪些主要特征？
5. 请利用网络和相关资料，找找有关水泥的技术标准。

第2章 混凝土的基本组成材料

普通混凝土的组成材料包括水泥、砂(细骨料)、石子(粗骨料)及水,此外还常加入一些化学外加剂和矿物掺合料。将这些组成材料按照一定比例混合制成具有可塑性的拌合物,经过硬化以后即得到具有一定强度的人造石。

在普通混凝土中,砂、石骨料一般占70%～80%,水泥浆(硬化后为水泥石)一般占20%～30%,此外还含有少量的气孔。普通混凝土的结构如图2-1所示。

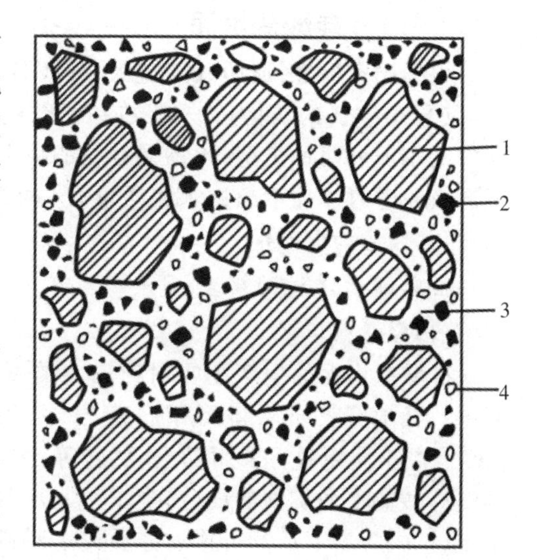

1—石子; 2—砂子; 3—水泥浆; 4—气孔。

图2-1 普通混凝土结构示意图

水泥和水形成的水泥浆在混凝土中的作用主要有以下几点:

(1)作为胶凝材料主要起胶结作用,在凝结硬化过程中,将骨料胶结成具有一定形状的整体。

(2)包裹骨料,减少骨料颗粒之间的摩擦阻力,增加混凝土拌合物的流动性。

(3)水泥浆还要填充骨料间的空隙,使混凝土更加密实耐久。

(4)保证硬化以后混凝土的强度。

砂和石子均属于骨料,在混凝土中起到骨架的作用。砂作为细骨料,可以填充粗骨料之间的孔隙,砂和水泥浆一起形成的水泥砂浆要包裹石子的表面,减少粗骨料间的摩擦阻力,增加混凝土的流动性,便于施工操作。

混凝土的组成材料与所配制的混凝土的工作性能、力学性能、耐久性能都有密切的关系,只有了解混凝土的各类组成材料在混凝土中的作用,以及配制混凝土对原材料的技术要求,才能合理选用材料,配制出满足工程技术要求的混凝土。

2.1 水泥

加入适量水后可形成塑性浆体,既能在空气中硬化又能在水中硬化,并能将砂、石等材料牢固地胶结在一起的细粉状水硬性胶凝材料,通称为水泥。

水泥的品类繁多,按其矿物组成可分为硅酸盐类水泥、铝酸盐类水泥、硫铝酸盐类水泥、铁铝酸盐类水泥、氟铝酸盐类水泥等。

按水泥的用途和性能可分为通用水泥、专用水泥和特性水泥。通用水泥由硅酸盐水泥熟料、适量石膏及规定的混合材料制成。目前建筑工程中常用的六大品种水泥有:硅酸盐水泥、普通硅酸盐水泥、矿渣硅酸盐水泥、火山灰质硅酸盐水泥、粉煤灰硅酸盐水泥、复合硅酸盐水泥。

专用水泥是指有专门用途的水泥，如砌筑水泥、道路水泥、油井水泥等。

特性水泥是指具有某种比较突出的性能的水泥，如快硬硅酸盐水泥、膨胀水泥、抗硫酸盐水泥等。

水泥具有优良的胶凝性能，能在短时间将砂石等材料胶结在一起，并且在大气、水中都能稳定地发挥作用，成为目前最主要的土木工程材料之一，广泛应用于工业与民用建筑、公路、铁路、桥梁、水利和港口等工程。

2.1.1　硅酸盐水泥

根据国家标准《通用硅酸盐水泥》(GB 175—2007)规定，以硅酸盐水泥熟料和适量石膏，以及 0～5%的粒化高炉矿渣或石灰石磨细制成的水硬性胶凝材料，称为硅酸盐水泥。硅酸盐水泥分两种类型：不掺混合材的称Ⅰ型硅酸盐水泥，其代号为 P·Ⅰ；在硅酸盐水泥熟料粉磨时掺加不超过水泥质量 5%的石灰石或粒化高炉矿渣混合材的称Ⅱ型硅酸盐水泥，其代号为 P·Ⅱ。

1. 硅酸盐水泥的生产

(1)原材料。

硅酸盐水泥的生产主要用到三大类原材料，即石灰质原料、黏土质原料和少量校正原料。其中石灰质原料可用石灰岩、泥灰岩、白垩等，主要提供硅酸盐矿物组分中的 CaO。黏土质原料可采用黏土、页岩等，主要提供 SiO_2、Al_2O_3 和 Fe_2O_3。校正材料用以调整硅酸盐水泥矿物的成分，当 Fe_2O_3 不足时可采用铁质校正原料，最常用的是铁矿粉；当 SiO_2 的含量不足时可掺加硅质校正原料，如砂岩等。

除了以上三种主要的原材料之外，在硅酸盐水泥生产中还会用到石膏和由石灰石、粒化高炉矿渣组成的混合材料。

(2)生产工艺。

将各种原材料破碎后，按照一定的比例混合，并粉磨到一定细度，得到的化学成分均匀的粉状物质称为生料。生料需要在水泥窑内经过约 1450 ℃的高温煅烧至部分熔融，冷却后得到的物质称为熟料。熟料为黑色圆粒状物，需要掺加少量石膏并再次进行粉磨，达到一定的细度才能制得符合标准要求的水泥。最后一步粉磨时，根据是否添加混合材料，可以制得Ⅰ型或Ⅱ型硅酸盐水泥。

水泥的生产经历了原料的粉磨、生料的煅烧、熟料的粉磨三个主要的阶段，因此可以把水泥的生产过程简单概述为“两磨一烧”，其生产工艺流程如图 2-2 所示。

石灰石、黏土、校正原料 —按比例混合/磨细→ 生料 —1450 ℃/煅烧→ 熟料 {
熟料、适量石膏共同磨细→P·Ⅰ
熟料、适量石膏和混合材料共同磨细→P·Ⅱ
}

图 2-2　硅酸盐水泥的生产工艺流程

硅酸盐水泥由英国人约瑟夫·阿斯普丁在 1824 年取得了专利，由于水泥凝结硬化后的外观颜色与英国波特兰岛出产的石材相似，因此硅酸盐水泥又称为波特兰水泥。硅酸盐水泥的出现，对工程建设起到了巨大的推动作用。随着现代水泥工业的发展，到 20 世纪逐渐出现了各种不同类型的水泥。

硅酸盐水泥熟料

我国第一座水泥厂是1889年在唐山建立的，1906年在唐山成立了启新洋灰股份有限公司。目前中国的水泥产量占到了世界总产量的一半以上，在新中国的建设中发挥了巨大的作用。然而水泥的生产会消耗大量的资源，排放的废弃物污染环境，据统计每生产1吨水泥就要排放约1吨的CO_2，因此适当地控制水泥产量，对节能减排、实现绿色低碳混凝土是非常有必要的。

2. **硅酸盐水泥矿物的组成及特性**

(1)硅酸盐水泥熟料的矿物组成。

生料在水泥窑内煅烧过程中会发生一系列复杂的物理、化学变化，得到的熟料的化学成分主要包括CaO、SiO_2、Al_2O_3和Fe_2O_3四种氧化物，各种氧化物不单独存在，经高温煅烧后形成两种或两种以上氧化物组成的熟料矿物。硅酸盐水泥熟料矿物主要有四种，如表2-1所示。

表2-1 水泥熟料的矿物组成

矿物名称	化学式	简写式	含量
硅酸三钙	$3CaO \cdot SiO_2$	C_3S	37%～60%
硅酸二钙	$2CaO \cdot SiO_2$	C_2S	15%～37%
铝酸三钙	$3CaO \cdot Al_2O_3$	C_3A	7%～15%
铁铝酸四钙	$4CaO \cdot Al_2O_3 \cdot Fe_2O_3$	C_4AF	10%～18%

熟料中硅酸三钙和硅酸二钙称为硅酸盐矿物，两者的总质量分数约占总量的75%左右，因此称为硅酸盐水泥。铝酸三钙和铁铝酸四钙两者仅占总含量的18%～25%，称为熔剂性矿物。此外，由于煅烧不充分等原因，硅酸盐水泥中还含有少量游离氧化钙(f-CaO)、游离氧化镁(f-MgO)、含碱矿物和玻璃体等，这些成分过多会影响水泥的质量，一般总量不得超过10%。

(2)硅酸盐水泥熟料矿物的特性。

不同的熟料与水发生反应时具有不同的特性，如表2-2所示。

表2-2 水泥熟料矿物的特性

矿物名称	水化硬化速度	28 d水化放热量	强度
C_3S	快	多	高
C_2S	慢	少	早低后高
C_3A	最快	最多	早高后低
C_4AF	快	中	低

C_3S是水泥当中对强度贡献最大的矿物，水化速度快，水化放热量大，水化生成较多的$Ca(OH)_2$，使得抗侵蚀性较差。

C_2S的水化速度缓慢，水化放热量小，强度发展慢，早期强度低，但后期强度较高。

C_3A水化硬化速度最快，是水泥产生早期强度的主要矿物，但其强度绝对值不高，而且后期强度会有倒缩现象。C_3A的水化放热量大且集中，在凝结硬化过程中会有较大的收缩。

C_4AF不仅有较高的早期强度，而且后期强度还有所增长，但强度绝对值较低。

C_4AF 具有较高的抗折强度，因而抗裂性和抗变形能力强。

思考题 2-1：硅酸盐水泥熟料的矿物当中，早期强度较高的有哪些？后期强度较高的有哪些？

查看答案

通过调整生产生料的成分来改变熟料的矿物组成，可以制得不同性能的硅酸盐水泥。如提高 C_3S 和 C_3A 的含量可以制得快硬水泥；降低 C_3A 和 C_3S 的含量，提高 C_2S 的含量，可以制得中、低热水泥；提高 C_4AF 的含量，可制得道路水泥。

3. **硅酸盐水泥的水化、凝结硬化**

(1)硅酸盐水泥的水化。

水化是指水泥加适量水拌合后，水泥中的熟料矿物与水发生化学反应，生成多种水化产物的过程。硅酸盐水泥熟料由多种矿物组成，各种矿物发生化学反应的同时相互之间又有影响，这使得水泥的水化非常复杂。

硅酸三钙和硅酸二钙的水化产物都是水化硅酸钙和氢氧化钙，反应如下：

$$\underset{\text{硅酸三钙}}{2(3CaO \cdot SiO_2)} + 6H_2O \longrightarrow \underset{\text{水化硅酸钙}}{3CaO \cdot 2SiO_2 \cdot 3H_2O} + \underset{\text{氢氧化钙}}{3Ca(OH)_2}$$

$$\underset{\text{硅酸二钙}}{2(2CaO \cdot SiO_2)} + 4H_2O \longrightarrow \underset{\text{水化硅酸钙}}{3CaO \cdot 2SiO_2 \cdot 3H_2O} + \underset{\text{氢氧化钙}}{Ca(OH)_2}$$

水化硅酸钙不溶于水，以胶体微粒析出，并逐渐凝聚成凝胶体(C-S-H 凝胶)，构成强度很高的空间网状结构，氢氧化钙则以晶体的形式析出。

铝酸三钙水化生成水化铝酸钙，反应如下：

$$\underset{\text{铝酸三钙}}{3CaO \cdot Al_2O_3} + 6H_2O \longrightarrow \underset{\text{水化铝酸钙}}{3CaO \cdot Al_2O_3 \cdot 6H_2O}$$

水化铝酸钙为立方晶体，在氢氧化钙饱和溶液中进一步反应生成六方晶体。由于水泥当中存在石膏，水化铝酸钙会与石膏反应生成高硫型水化硫铝酸钙，反应如下：

$$3CaO \cdot Al_2O_3 \cdot 6H_2O + 3(CaSO_4 \cdot 2H_2O) + 20H_2O \longrightarrow \underset{\text{水化硫铝酸钙}}{3CaO \cdot Al_2O_3 \cdot 3CaSO_4 \cdot 32H_2O}$$

高硫型水化硫铝酸钙为针状晶体，简称钙矾石，用 AFt 表示。当石膏消耗完后，部分钙矾石会转变为单硫型水化硫铝酸钙晶体($3CaO \cdot Al_2O_3 \cdot CaSO_4 \cdot 12H_2O$)，用 AFm 表示。

铁铝酸四钙的水化产物有水化铝酸钙和水化铁酸钙，水化铁酸钙呈胶体微粒析出，最后形成凝胶，反应式如下：

$$\underset{\text{铁铝酸四钙}}{4CaO \cdot Al_2O_3 \cdot Fe_2O_3} + 7H_2O \longrightarrow \underset{\text{水化铝酸钙}}{3CaO \cdot Al_2O_3 \cdot 6H_2O} + \underset{\text{水化铁酸钙}}{CaO \cdot Fe_2O_3 \cdot H_2O}$$

思考题 2-2：硅酸盐水泥的水化产物有哪些？

(2)硅酸盐水泥的凝结硬化。

查看答案

水泥加水拌合后，水泥颗粒首先从表面开始水化，生成的可溶性水化产物溶解到水中，水泥内部未水化的部分继续发生反应，产物增多直至溶液达到饱和。水化产物逐渐沉淀凝聚，水泥浆体逐渐失去可塑性，这一过程称为水泥的凝结。随着水化的进一步进行，凝结的水泥浆体开始逐渐产生强度,并发展成为坚硬的水泥石,这一过程称为硬化。

凝结和硬化是同一过程的不同阶段,凝结标志着水泥浆体失去流动性而具有一定的塑性强度,硬化则表示水泥浆体固化后形成的结构具有一定的机械强度。图 2-3 为水泥的凝结硬化过程示意图。

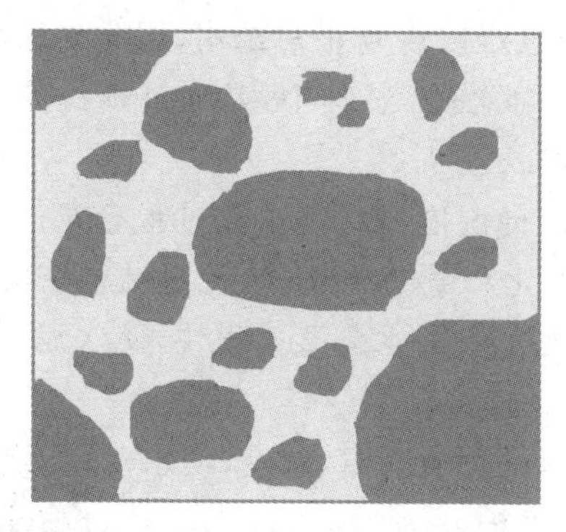

(a)分散在水中未水化的水泥颗粒

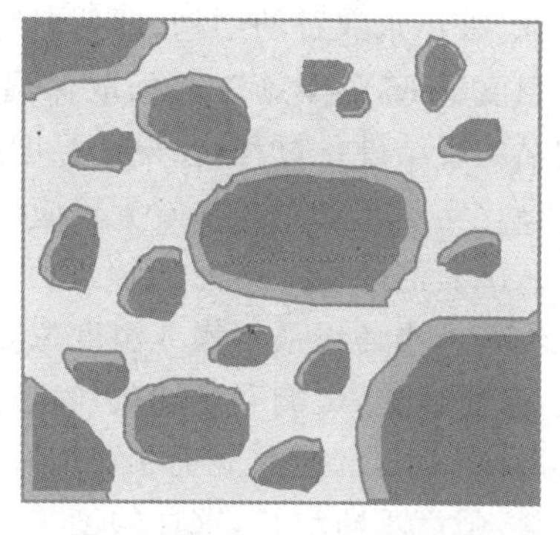

(b)在水泥颗粒表面形成水化物膜层

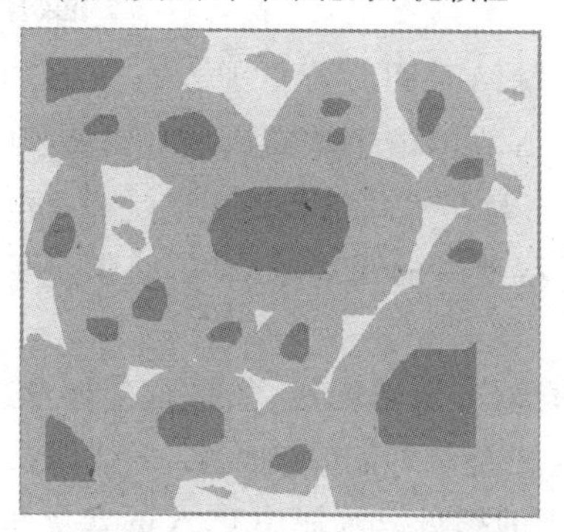

(c)膜层逐渐增厚并互相连接(凝结)

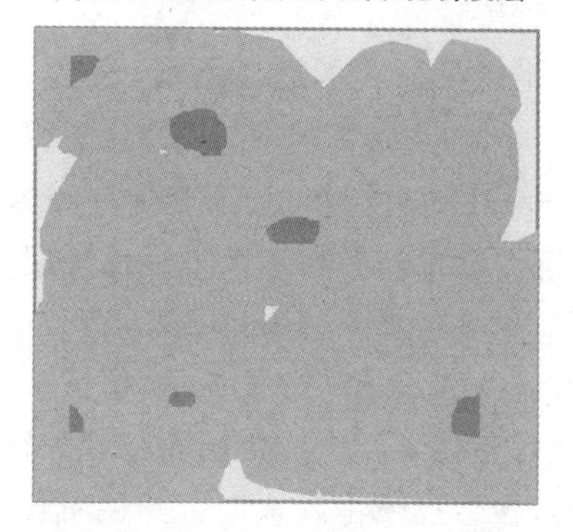

(d)水化物进一步发展，填充毛细孔(硬化)

图 2-3 水泥凝结硬化过程示意图

(3)硬化水泥石的结构。

水泥的水化反应是从颗粒的表面开始,逐渐深入到内部的,当水化物多时,黏附在水泥颗粒周围形成膜层,阻碍水分继续渗透,使水泥颗粒的内部水化困难,经过几个月,甚至几年的水化,除极小颗粒完全水化外,大多数颗粒仍有未水化的内核。因此,水泥石的结构是由凝胶体、晶体、未水化颗粒的内核、毛细孔和气体组成的多相体结构。

在水泥浆体硬化过程中,随着水泥水化的进行,水泥石中的凝胶体体积将不断增加,并填充于毛细孔内,毛细孔的体积不断减少,使水泥石的结构越来越密实。水泥石的结构越密实,强度越高,耐久性越好。

(4)影响水泥凝结硬化的因素。

①水泥熟料的矿物组成及细度。

水泥熟料中各种矿物的凝结硬化特点是不同的,不同种类的硅酸盐水泥中各矿物的相对含量不同,使得不同种类的硅酸盐水泥硬化特点差异较大。

水泥粉磨得越细,水泥颗粒的平均粒径越小,比表面积大,水泥熟料矿物暴露在外面很多,水化时水泥熟料矿物接触面积大,水化速度快,凝结硬化速度也加快。

②环境的温度和湿度。

温度对水泥的凝结硬化有着明显的影响。提高温度可以使水泥水化反应加快，强度增长加快。相反温度降低，水化反应减慢。当温度低于 5 ℃时，水泥水化速度大大减慢；当温度低于 0 ℃，水化反应和凝结硬化基本停止，也不会产生强度。同时水泥颗粒表面的水分结冰，破坏水泥石的结构，即使温度再回升也难以恢复正常结构，因此水泥水化初期要避免温度过低，冬季施工要采取保温措施。实际施工过程中，常通过蒸汽养护来加速水泥制品的凝结硬化过程，使早期强度能较快增长。

凝结硬化实际是水泥与水发生反应的过程，因此湿度是保证水化过程有充足水分的重要条件。湿润的环境下水泥能够进行充分的水化和凝结硬化，水泥石结构密实，强度高且耐久性好。当环境很干燥或温度过高时，水泥浆中的水分蒸发很快，使水泥的水化、硬化减慢，甚至停止，影响凝结硬化和强度的发展。

在实际工程中，水泥混凝土在浇筑后应注意保证环境的温、湿度，使水泥正常水化，强度不断增长，这样的工艺措施称为养护。

钙矾石

③石膏掺量。

水泥生产时加入了适量石膏，目的是为调节凝结时间。若不加入石膏，水泥凝结时间太快，会出现瞬凝。这是由于 C_3A 在溶液中电离出三价铝离子（Al^{3+}），它与 C－S－H 的电荷相反，这会促使胶体凝聚。石膏与水化铝酸钙反应生成难溶于水的钙矾石，沉淀在水泥颗粒表面形成保护层，降低了溶液中的铝离子浓度，并阻碍了铝酸三钙的水化，延缓了水泥的凝结。

但石膏的掺入量一定要适量，保证水泥浆体凝结前全部耗尽，如果石膏掺量过多，在水泥硬化后还会继续生成钙矾石。因为钙矾石本身含有大量的结晶水，生成时产生较大体积膨胀，会导致硬化后水泥石开裂而破坏。合理的掺量以水泥中 C_3A 的含量和石膏中 SO_3 的含量而决定，石膏掺量一般为水泥质量的 3％～5％。

④养护龄期。

龄期是水泥在正常养护条件下所经历的时间。水泥水化、硬化是一个长期过程，只要保证适当的温度和充足的湿度，其强度增长的时间可以达到几年甚至几十年。一般在最初的 7 d 强度增长较快，28 d 后强度增长极为缓慢，如图 2－4 所示。因此，通常规定水泥强度的标准测试龄期为 28 d。

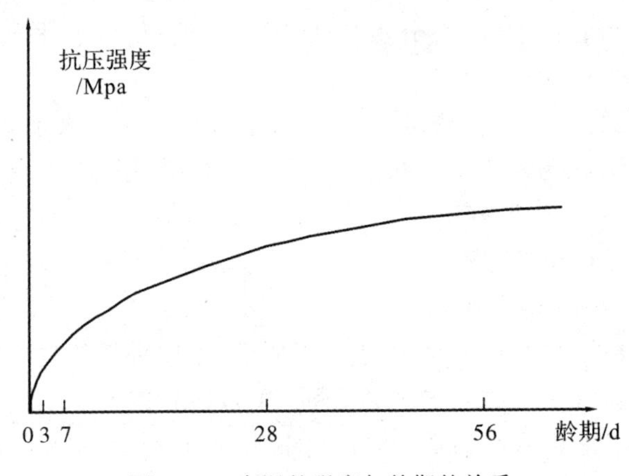

图 2－4　水泥的强度与龄期的关系

除了以上几个因素之外，拌合用水量、外加剂与掺合料的种类与用量等因素对水泥的凝结和硬化速度也有影响。

4. 硅酸盐水泥的主要技术指标

水泥的技术指标是衡量水泥品质、保证水泥质量的重要依据，也是水泥应用的理论基础。国家标准《通用硅酸盐水泥》(GB 175—2007)规定水泥的技术指标主要有细度、凝结时间、体积安定性、强度、不溶物、烧失量、氧化镁和三氧化硫含量以及碱含量等。

(1)细度。

细度是指水泥颗粒的粗细程度，是影响水泥性能的重要指标。

水泥颗粒越细，与水接触面积越大，水化反应和凝结硬化越快，水化也越彻底。但是水泥颗粒也不宜过细，过细一方面会加大硬化时的收缩，水泥石结构易产生裂缝；另一方面也会大大增加粉磨的能耗，成本提高。

硅酸盐水泥和普通硅酸盐水泥的细度用比表面积法表示。比表面积是指单位质量的水泥粉末所具有的总表面积(单位 cm^2/g 或 m^2/kg)，比表面积能更好地反映水泥颗粒的分布情况，图 2-5 为测试水泥比表面积所用的仪器。现行国标规定，硅酸盐水泥和普通硅酸盐水泥比表面积应不小于 300 m^2/kg。需要注意的是，高速铁路中所使用的高性能混凝土开始对水泥细度进行限制，要求不能大于 350 m^2/kg。

水泥细度试验(筛析法)

对于其他几种通用水泥，常用筛余百分率来表示细度。用80 μm 或 45 μm的方孔筛对水泥试样进行筛分试验，用筛余(%)表示。筛余(%)越大，说明水泥越粗。筛分试验所用的仪器设备如图 2-6 所示。

国标规定，通用硅酸盐水泥 80 μm 的方孔筛的筛余不得大于 10%，45 μm的方孔筛的筛余不得大于 30%。

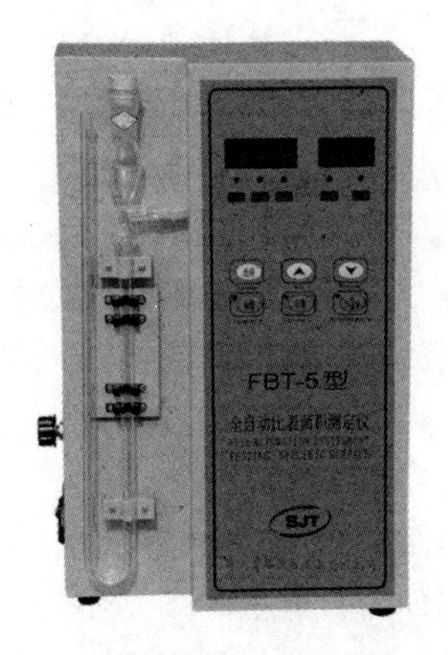

图 2-5 勃氏比表面积测定仪

(a)方孔筛

(b)负压筛析仪

图 2-6 筛析法仪器设备

(2)标准稠度用水量。

标准稠度用水量指水泥拌制达到规定稠稀程度时的用水量，以占水泥质量的百分率表示。不同品种的水泥的标准稠度用水量各不相同，硅酸盐水泥的标准稠度用水量一般是在 24%～30%。影响标准稠度用水量的因素包括水泥熟料的矿物成分、细度、混合材料种类及掺量等。不同的矿物需水量不一样，C_3A 的需水量最大，C_2S 需水量最小。水泥细度越大，需水量越大。生产水泥时加入的混合材料的性质也会影响需水量。

国家规范中对标准稠度用水量的值并没有具体规定，但它是检验水泥其他性质，如凝结时间和体积的安定性等的前提。只有达到相同稠度的水泥净浆，测试的这些指标才有可比性。水泥的标准稠度用水量测定依据《水泥标准稠度用水量、凝结时间、安定性检验方法》(GB/T 1346—2011)，采用维卡仪法，如图 2-7 所示。其基本原理是标准稠度的水泥净浆对标准试杆(或试锥)的沉入具有一定阻力，通过试验不同含水量水泥净浆的穿透性，来确定水泥标准稠度净浆中所需加入的水量。

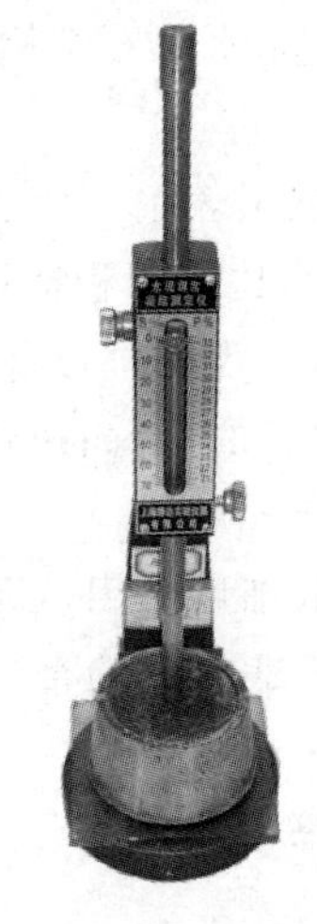

(a) 标准法维卡仪

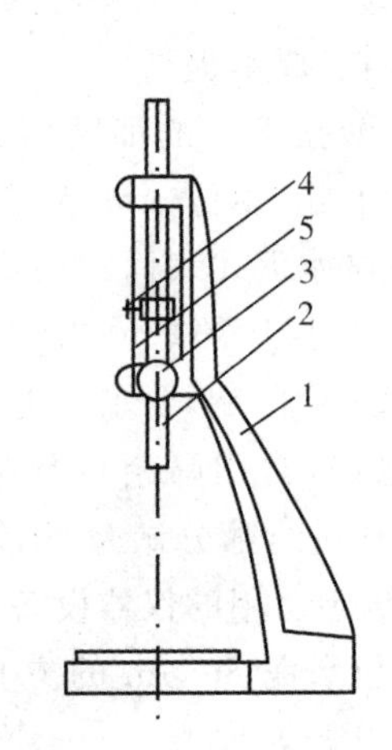

(b) 1—支座；2—滑动杆；3—松紧螺丝；4—指针；5—标尺

图 2-7　标准法维卡仪

将称好的水泥 500 g 和水试样倒入搅拌锅内，低速搅拌 120 s，停 15 s，再高速搅拌 120 s，搅拌完毕后取拌制好的水泥净浆，装入已置于玻璃板上的试模中，浆体超过试模上端，用小刀插捣，并将试模连同玻璃板在工作台上轻轻振动数次，排除浆体中的气泡。用小刀刮去多余的净浆，抹平使净浆表面光滑。将抹平后的试模和底板迅速移到维卡仪上，并将其中心定在试杆下，降低试杆直至与水泥净浆表面接触，拧紧螺丝后突然放松，使试杆垂直自由地沉入水泥净浆中。在试杆停止沉入后，记录试杆距底板之间的距离。以试杆沉入净浆并距底板 6±1 mm 的水泥净浆为标准稠度净浆，其拌合水量为该水泥的标准稠度用水量。

(3)凝结时间。

凝结时间分为初凝和终凝。由加水搅拌到水泥开始失去塑性的时间称为初凝时间。由加水拌合到水泥浆体完全失去塑性并开始产生强度的时间称为终凝时间，如图 2-8 所示。

国家标准规定，硅酸盐水泥的初凝时间不早于 45 min，终凝时间不超过 390 min (6.5 h)，其他几种通用水泥初凝时间不早于 45 min，终凝时间不得超过 10 h。规定凝结时间在实际施工中有重要意义，初凝时间不宜过早是为了有足够的时间进行搅拌、运输、浇注和振捣等施工操作；终凝时间不宜过长是为了使混凝土尽快硬化，产生强度，以便能连续施工。

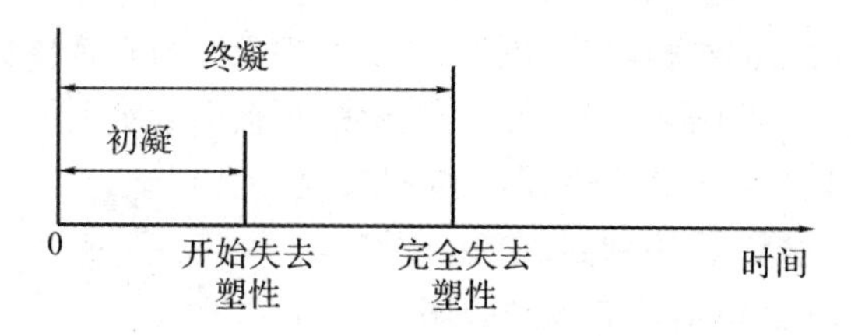

图 2－8　水泥凝结时间示意图

影响凝结时间的因素包括水泥的成分、细度、水胶比和温度等。熟料中 C_3A 的含量高时或石膏掺量不足，会加快凝结；水泥的细度越大，水化反应快，凝结时间短；水胶比越小，温度越高，凝结越快。

凝结时间的测定依据《水泥标准稠度用水量、凝结时间、安定性检验方法》(GB/T 1346—2011)，采用标准维卡仪测定，换成用于测定凝结时间的试针，如图 2－9 和图 2－10 所示。

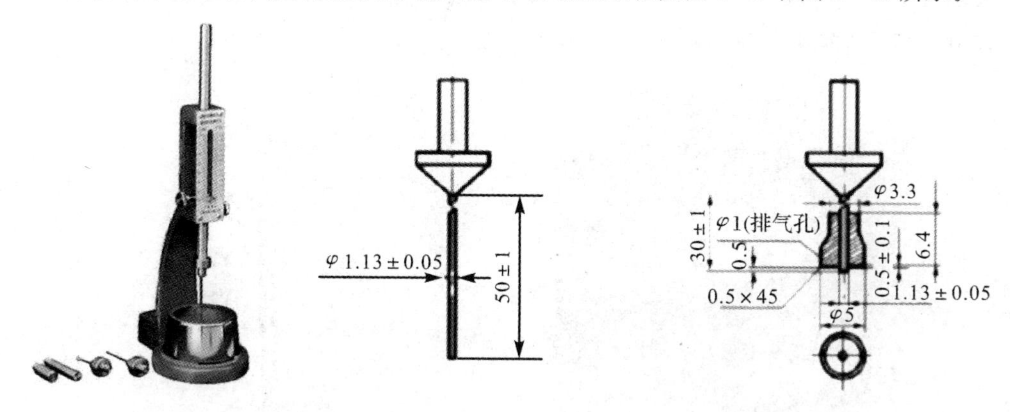

图 2－9　标准法维卡仪

图 2－10　凝结时间用试针和试模

依据水泥的标准稠度用水量，称取 500 g 水泥拌制水泥净浆，并将净浆装入圆模，振动刮平后放入标准养护箱。30 min 时进行第一次测试，从养护箱中取出试模放到试针下，降低试针与净浆表面接触，拧紧螺丝，然后突然放松，试针自由沉入净浆，观察指针停止下沉时的读数。当临近初凝时，每隔 5 min 测定一次，当试针沉至距底板 4±1 mm，即为水泥达到初凝状态，以水泥全部加入水中至初凝状态的时间为初凝时间。

初凝时间测出后，立即将试模连同浆体以平移的方式从玻璃板上取下，翻转 180°，直径大端向上，小端向下，放在玻璃板上，再放到养护箱中养护。临近终凝时，每隔 15 min 测定一次，当试针沉入试体 0.5 mm 时，即环形附件开始不能在试体上留下痕迹时，即水泥达到初凝状态，水泥全部加入水中至终凝状态的时间为终凝时间。

(4)体积安定性。

水泥标准稠度用水量、凝结时间、安定性试验

水泥体积安定性是指水泥在凝结硬化过程中，体积变化的均匀性。当水泥浆体在硬化过程中或硬化后发生不均匀的体积膨胀，会导致水泥石开裂、翘曲等现象，称为体积安定性不良。

引起水泥体积安定性不良的原因主要有熟料中含有过量的游离氧化钙(f－CaO)、游离氧化镁(f－MgO)或掺入的石膏过多。熟料中所含有的 f－CaO 或 f－MgO 水化缓慢，往往在水泥硬化后才开始水化，这些氧化物在水化时

体积剧烈膨胀，破坏水泥石的结构，产生龟裂、弯曲等现象。当石膏掺量过多时，在水泥硬化后，石膏与水化铝酸钙反应生成钙矾石，使体积膨胀，也会引起水泥石开裂。

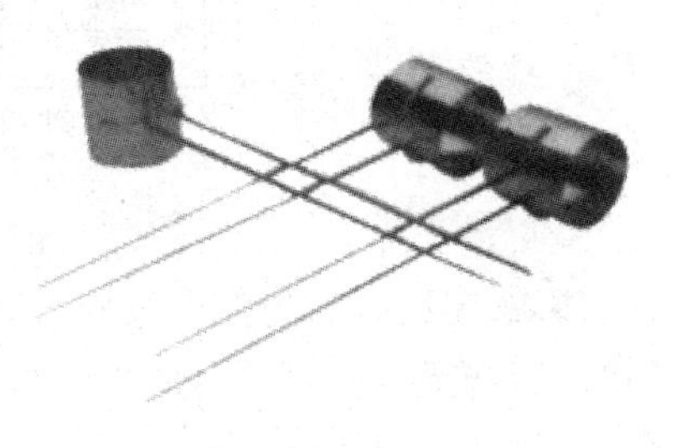
图 2-11　雷氏夹

国家标准规定，用沸煮法检验水泥的体积安定性必须合格。沸煮法又分雷氏法和试饼法。雷氏法是用标准稠度的水泥净浆填满雷氏夹（如图 2-11 所示）的圆柱环中，经一定时间的养护和在沸煮箱中（如图 2-12 所示）沸煮 3 h 后，用雷氏夹膨胀值测定仪（如图 2-13所示）检验雷氏夹两根指针针尖距离的变化，若增加值不大于 5.0 mm，则安定性合格。试饼法用水泥净浆制成试饼，经养护和 3 h 沸煮后，用肉眼观察试饼外形变化，用直尺检验试饼有没有弯曲，若无裂纹和无翘曲现象，则安定性合格。两种方法有争议时以雷氏法为准。

图 2-12　沸煮箱

图 2-13　雷氏夹膨胀值测定仪

沸煮法只能检验出游离氧化钙造成的体积安定性不良，游离氧化镁产生的危害与氧化钙相似，但是由于氧化镁的水化作用更缓慢，必须用压蒸法才能检验出来。石膏造成的体积安定性不良则需长时间在温水中浸泡才能发现。国家标准规定，熟料中氧化镁的含量不超过 5.0%，经过压蒸试验合格后，允许放宽到 6.0%；石膏含量以三氧化硫表示，国家标准规定不得超过 3.5%。

(5)强度与强度等级。

水泥胶砂搅拌机与净浆搅拌机

水泥强度是表示水泥力学性能的一项重要指标。水泥强度测定依据《水泥胶砂强度检验方法(ISO 法)》(GB/T 17671—1999)，将水泥、标准砂和水按 1∶3∶0.5 的比例（水泥 450 g，标准砂 1350 g，水 225 g）进行配制，水泥胶砂的拌合采用胶砂搅拌机，先把水加入锅里，再加水泥，固定好锅，开机低速搅拌 30 s。在 30～60 s 内均匀地将砂子加入，快搅 30 s。停拌 90 s，再继续高速搅拌 60 s。将搅拌好的砂浆分两层装填到试模中（如图 2-14 所示），每层用胶砂振实台（如图 2-15 所示）振实60 次。水泥试件的规格为 40 mm×40 mm×160 mm 的棱柱体标准试件，每组要求装一个模具，成型三块试件。

图 2-14　水泥试模

图 2-15　胶砂振实台

将胶砂试件振实以后刮平表面，放入养护室养护，1 天后脱模。然后放入标准条件下(相对湿度不低于 90%，温度 20 ℃±1 ℃)养护，测定 3 d 和 28 d 的抗折和抗压强度。测试水泥强度的抗折试验机和抗压试验机如图 2-16 和 2-17 所示。

水泥胶砂强度试验

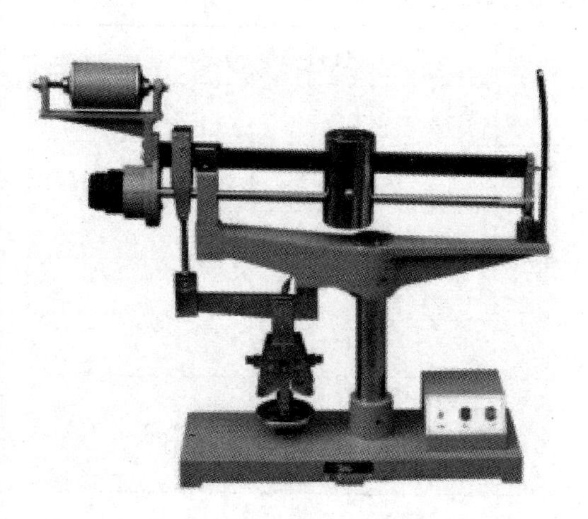

图 2-16　水泥抗折试验机

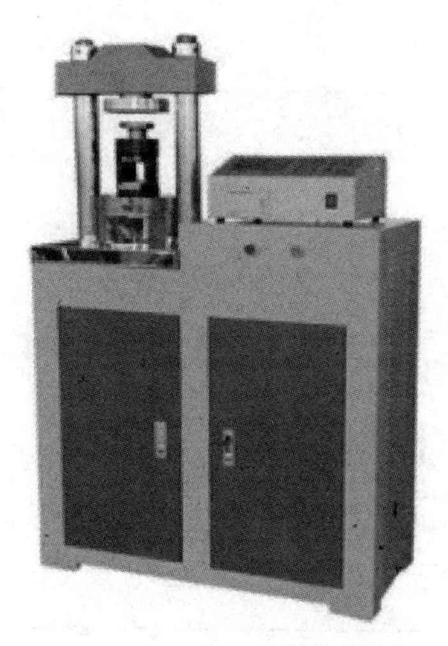

图 2-17　水泥抗压试验机

抗折强度测定时将试件放入抗折夹具内，应使侧面与圆柱接触。调整夹具，使杠杆在试件折断时尽可能地接近平衡位置。加荷速度为 50±10 N/s，直至试件折断，读取数据。抗压强度测定需用抗压夹具，半截棱柱体的受压面积为 40 mm×40 mm。测试时，以试件的侧面作为受压面，试件的底面靠紧定位销，并使夹具对准抗压试验机的压板中心。加荷速度为 2400±200 N/s。

①抗折强度计算。

抗折强度 f 按下式进行计算(精确到 0.1 MPa)：

$$f = \frac{1.5FL}{b^3} \tag{2-1}$$

式中：F——折断时施加于棱柱体中部的荷载(N)；

L——支撑圆柱之间的距离(mm，取 100 mm)；

b——棱柱体正方形截面的边长(mm，取 40 mm)。

以一组三个棱柱体抗折强度的平均值作为试验结果。当三个强度值中有一个超出平均值±10%时，应剔除后再取平均值作为抗折强度试验结果。当有两个都超出平均值的±10%时，试验结果作废。

②抗压强度。

抗压强度 f_c 按下式进行计算（精确到 0.1 MPa）：

$$f_c = \frac{F_c}{A} \tag{2-2}$$

式中：F_c——破坏时的最大荷载（N）；

A——受压部分面积，40×40=1600（mm^2）。

抗压强度以一组三个棱柱体上得到的六个抗压强度测定值的算术平均值为试验结果。如六个测定值中有一个超出六个平均值的±10%，就应剔除这个结果，以剩下五个的平均数为结果。如果五个测定值中再有超过它们平均数的±10%的值，则此组结果作废。

根据《通用硅酸盐水泥》（GB 175—2007）规定，硅酸盐水泥分为 42.5、42.5R、52.5、52.5R、62.5、62.5R 等 6 个强度等级（R 为早强型）。国家标准规定，各强度等级水泥在各龄期的强度值符合表 2-3 的要求。

表 2-3　硅酸盐水泥各龄期的强度要求

强度等级	抗压强度/MPa		抗折强度/MPa	
	3 d	28 d	3 d	28 d
42.5	≥17.0	≥42.5	≥3.5	≥6.5
42.5R	≥22.0		≥4.0	
52.5	≥23.0	≥52.5	≥4.0	≥7.0
52.5R	≥27.0		≥5.0	
62.5	≥28.0	≥62.5	≥5.0	≥8.0
62.5R	≥32.0		≥5.5	

水泥的强度主要取决于水泥的矿物组成和细度。在配制混凝土时，水泥强度等级的选择应与混凝土强度等级相适应。水泥强度等级过高或过低，会导致水泥用量过少或过多，对混凝土的技术性能及经济效果都不利。用低强度等级水泥配制高强混凝土，会使水泥的用量过大，不经济，且由于水泥用量过多，还会引起混凝土的收缩和水化热的增大；用高强度等级水泥配制低强混凝土，会因水泥用量过少而影响混凝土拌合物的和易性（不便施工操作）和密实度，导致混凝土的强度及耐久性降低。

（6）水化热。

水泥在水化中所放出的热量称为水化热，单位是 J/kg。水化热主要集中在水化初期放出，水化放热量和放热速度主要取决于水泥的矿物成分和细度。熟料矿物中 C_3A、C_3S 的含量越多，水泥颗粒越细，水化热越大。

对于大体积混凝土工程，水化热既有利，又有弊。如对于某些大型基础、大坝、桥墩等大体积混凝土，水化热是有害的因素。因为水泥水化放出的热量积聚在混凝土内部散发很缓慢，混凝土表面与内部温差过大、膨胀不均匀而导致温度应力，致使混凝土开裂破坏。因此，大体积混凝土工程应选择中、低热水泥。

冬季施工时，水化热有利于水泥的正常凝结硬化，防止混凝土受冻。

(7)碱含量。

水泥中的碱含量以 $Na_2O+0.658K_2O$ 的计算值表示,国家标准规定水泥的碱含量应该不超过0.6%。碱含量过高的水泥在使用后有可能与具有活性的骨料发生碱骨料反应,给工程造成危害。

5.硅酸盐水泥的特性与应用

(1)凝结硬化速度快、强度高。

硅酸盐水泥的熟料含量高,水化及凝结硬化速度快;硅酸三钙含量高,使得水泥的早期和后期强度均较高。它主要用于地上、地下和水中重要结构的高强度混凝土和预应力混凝土工程,还适用于早期强度要求高和冬季施工的混凝土工程。

(2)水化放热量大。

硅酸盐水泥中含有较多的硅酸三钙及铝酸三钙,它们的放热大且放热速度快,用于冬季施工可避免冻害。但水化热高不宜用于大体积混凝土工程。

(3)抗冻性好。

水泥石的抗冻性主要取决于它的孔隙率和孔隙特征。硅酸盐水泥如采用较小水胶比,并经充分养护,可获得密实的水泥石。因此,这种水泥适用于严寒地区遭受反复冻融的混凝土工程。

(4)耐腐蚀性差。

硅酸盐水泥的熟料含量高,水泥石中含有较多的氢氧化钙和水化铝酸钙,所以不宜用于经常受流动及压力水作用的混凝土工程,也不宜用于海水、矿物水、硫酸盐等腐蚀性环境下的工程。

(5)耐热性较差。

硅酸盐水泥石中的水化产物在250～300 ℃时会产生脱水现象,强度开始下降,当温度达到700～1000 ℃时,水化产物分解,水泥石的结构几乎完全破坏。所以不宜用于有高温要求的混凝土工程。

(6)抗碳化能力强。

水泥石中的氢氧化钙与空气中的二氧化碳反应生成碳酸钙,碱度降低的过程称为碳化。硅酸盐水泥水化后密实度高,且氢氧化钙含量高,碳化引起水泥的碱度降低不明显,所以抗碳化性能好。它适用于重要的钢筋混凝土结构、预应力混凝土结构及二氧化碳浓度高的环境。

(7)耐磨性好。

硅酸盐水泥强度高,耐磨性好,适用于道路、地面等对耐磨性要求高的混凝土工程。

2.1.2 通用水泥

根据《通用硅酸盐水泥》(GB 175—2007)规定,通用水泥包括硅酸盐水泥、普通硅酸盐水泥、矿渣硅酸盐水泥、火山灰质硅酸盐水泥、粉煤灰硅酸盐水泥及复合硅酸盐水泥。硅酸盐水泥前面已经介绍,其他几种通用水泥是在硅酸盐水泥的基础上加入了其他不同种类和数量的混合材料制得的。

1.通用水泥中的混合材

混合材一般为天然的矿物材料或工业废料,是为了改善水泥性能、调节水泥强度等级而加入水泥中去的。根据其性能可分为活性混合材和非活性混合材。活性混合材作为掺合料起到辅助胶凝作用;非活性混合材起到填充作用。

(1)活性混合材料。

常温下能与硅酸盐水泥一起加水拌合后,反应生成具有水硬性产物的混合材料称为活性混合材料。常用的活性混合材料有粉煤灰、粒化高炉矿渣和火山灰等。

活性混合材料的矿物成分主要是活性 SiO_2 和 Al_2O_3,它们与水泥熟料的水化产物 $Ca(OH)_2$ 发生反应,生成水化硅酸钙和水化铝酸钙,反应如下:

$$x\mathrm{Ca(OH)_2} + \mathrm{SiO_2} + m\mathrm{H_2O} \longrightarrow x\mathrm{CaO}\cdot\mathrm{SiO_2}\cdot(m+x)\mathrm{H_2O}$$

$$x\mathrm{Ca(OH)_2} + \mathrm{Al_2O_3} + n\mathrm{H_2O} \longrightarrow y\mathrm{CaO}\cdot\mathrm{SiO_2}\cdot(n+y)\mathrm{H_2O}$$

反应式中的 x、y 值取决于混合材料的种类、石灰与活性氧化物的比例、环境温度以及反应所延续的时间等,一般为等于或略大于 1。

掺混合材料的硅酸盐水泥的水化,首先是熟料矿物的水化,水泥熟料矿物水化后的产物又与活性氧化物反应,生成具有胶凝性质的水化产物。凝结硬化过程基本上与硅酸盐水泥相同,因此称为二次水化反应。水泥熟料水化生成的 $Ca(OH)_2$ 是易受腐蚀的成分,二次水化减少了 $Ca(OH)_2$ 的含量,相应提高了水泥石的抗腐蚀性能。

(2)非活性混合材料。

非活性混合材料又称填充性混合材料,它与水泥矿物成分或水化产物不发生化学反应或作用甚微。掺入水泥中主要起调节水泥强度等级、增加水泥产量、降低水化热等作用。常用的非活性混合材料有磨细石英砂、石灰石粉、黏土及磨细的块状高炉矿渣与炉灰等。

2. 掺混合材料的硅酸盐水泥

(1)普通硅酸盐水泥。

凡由硅酸盐水泥熟料,再加入 6%~20%混合材料及适量石膏,经磨细制成的水硬性胶凝材料,称为普通硅酸盐水泥,简称普通水泥,代号为 P·O。活性混合材料的最大掺量不得超过 20%,其中允许用不超过水泥质量 5%的窑灰或不超过水泥质量 8%的非活性混合材料来替代。

普通水泥按照国家标准《通用硅酸盐水泥》(GB 175—2007)的规定,分为 42.5、42.5R、52.5 和 52.5R 等四个强度等级。普通水泥各龄期强度应符合表 2-4 的规定。

表 2-4 普通硅酸盐水泥各龄期的强度要求

强度等级	抗压强度/MPa		抗折强度/MPa	
	3 d	28 d	3 d	28 d
42.5	≥17.0	≥42.5	≥3.5	≥6.5
42.5R	≥22.0		≥4.0	
52.5	≥23.0	≥52.5	≥4.0	≥7.0
52.5R	≥27.0		≥5.0	

初凝时间不得早于 45 min,终凝时间不得迟于 10 h。其他技术指标如细度、体积安定性、三氧化硫、氧化镁等的规定与硅酸盐水泥一致。

普通硅酸盐水泥中绝大部分仍为硅酸盐水泥熟料,其性能与硅酸盐水泥相近。但由于掺入了相对较多混合材,与硅酸盐水泥相比,早期硬化速度稍慢,抗冻性与耐磨性能也略差，但耐侵蚀性有所改善。在应用范围方面，与硅酸盐水泥也相同，广泛用于各种混凝土或钢筋混凝土工程，是应用面最广、用量最大的水泥品种。

(2)矿渣硅酸盐水泥。

凡由硅酸盐水泥熟料、粒化高炉矿渣及适量石膏磨细制成的水硬性胶凝材料，称为矿渣硅酸盐水泥，简称矿渣水泥，代号为P·S。矿渣水泥中粒化高炉矿渣掺加量为>20%且≤70%，允许用石灰石、窑灰和火山灰质混合材料中的一种材料代替矿渣，代替数量不得超过水泥质量的8%。

根据矿渣掺量的不同，矿渣水泥分为A型和B型，A型矿渣掺量为>20%且≤50%，代号为P·S·A；B型矿渣掺量为>50%且≤70%，代号为P·S·B。

(3)火山灰硅酸盐水泥。

凡由硅酸盐水泥熟料和火山灰质混合材料、适量石膏磨细制成的水硬性胶凝材料，称为火山灰质硅酸盐水泥，简称火山灰水泥，代号为P·P。火山灰水泥中火山灰质混合材料掺加量为>20%且≤40%。

(4)粉煤灰硅酸盐水泥。

凡由硅酸盐水泥熟料和粉煤灰、适量石膏磨细制成的水硬性胶凝材料，称为粉煤灰硅酸盐水泥，简称粉煤灰水泥，代号为P·F。粉煤灰水泥中粉煤灰掺加量为>20%且≤40%。

与硅酸盐水泥或普通水泥相比，矿渣水泥、火山灰水泥、粉煤灰水泥这三种水泥的共同特点是：由于掺入了较多的混合材料，单位体积中硅酸盐水泥熟料矿物成分的比例下降。因而凝结硬化速度较慢，早期强度较低，但后期强度增长较多；水化放热速度慢，放热量也低；对温度的敏感性较大，温度较低时硬化很慢，温度较高时硬化速度大大加快，因此适合高温养护；由于熟料含量低，易引起腐蚀的水化产物氢氧化钙和水化铝酸钙减少，耐腐蚀性好。由于水化热放热量少，早期强度低，使得抗冻性较差。氢氧化钙减少使得碱度降低，这会使抗碳化性能下降。

此外，矿渣水泥和火山灰质水泥干缩性大，而粉煤灰水泥的干缩性小，抗裂性好。火山灰水泥的保水性好、抗渗性较高。矿渣水泥的耐热性较好，但保水性较差。

矿渣水泥、火山灰水泥及粉煤灰水泥除能用于地面以上的工程外，还特别适用于地下的一般混凝土和大体积混凝土工程，以及蒸汽养护的混凝土构件，也适用于有一般硫酸盐侵蚀的混凝土工程。

(5)复合硅酸盐水泥。

凡由硅酸盐水泥熟料和两种或两种以上的混合材料、适量石膏磨细制成的水硬性胶凝材料，称为复合硅酸盐水泥，简称复合水泥，代号为P·C。复合水泥中混合材料掺加量为>20%且≤50%。允许用符合规定的窑灰代替混合材料，代替数量不得超过水泥质量的8%，掺矿渣时混合材料掺量不得与矿渣水泥重复。

复合水泥掺入了两种或两种以上的混合材料，可以弥补掺单一混合材料时性能的不足。如单掺矿渣，水泥浆容易泌水；单掺火山灰质混合材料，水泥浆黏度大，两者复合则具有良好的黏聚性和保水性，有利于施工。矿渣中CaO含量相对较高，而粉煤灰中SiO_2含量多，两者复掺成分上互补，可促进水化，使水泥石结构更加密实。总之，复合水泥的特性与矿渣水泥、火山灰水泥及粉煤灰水泥有不同程度的相似，又取决于所掺混合材料的种类、掺量及相对比例。

依据国家标准《通用硅酸盐水泥》(GB 175—2007)的规定，矿渣水泥、火山灰水泥、粉煤灰水泥和复合水泥分为 32.5、32.5R、42.5、42.5R、52.5 和 52.5R 等六个强度等级的各龄期强度不得低于表 2-5 的规定。

表 2-5 矿渣水泥、火山灰水泥、粉煤灰水泥和复合水泥各龄期的强度要求

强度等级	抗压强度/MPa		抗折强度/MPa	
	3 d	28 d	3 d	28 d
32.5	≥10.0	≥32.5	≥2.5	≥5.5
32.5R	≥15.0		≥3.5	
42.5	≥15.0	≥42.5	≥3.5	≥6.5
42.5R	≥19.0		≥4.0	
52.5	≥21.0	≥52.5	≥4.0	≥7.0
52.5R	≥23.0		≥4.5	

以上四种水泥中，三氧化硫含量的要求，矿渣水泥不超过 4.0%，其余水泥不超过 3.5%。细度、凝结时间、体积安定性等的要求与普通水泥相同。四种水泥氧化镁含量不大于 6%。

3. 通用水泥的选用

实际工程当中，通用水泥应根据水泥的特性，结合混凝土的工程特点及工程所处的环境来选用，可参见表 2-6。

表 2-6 通用硅酸盐水泥的特性与应用

	硅酸盐水泥 P·Ⅰ、P·Ⅱ	普通水泥 P·O	矿渣水泥 P·S	火山灰水泥 P·P	粉煤灰水泥 P·F	复合水泥 P·C
特性	凝结硬化快；水化热大；早期、后期强度高；抗冻性好；耐腐蚀性差；耐热性差；耐磨性好；抗碳化性好	凝结硬化较快；水化热较大；早期强度略低、后期强度高；抗冻性较好；耐腐蚀性较差；耐热性较差；耐磨性好；抗碳化性较好	凝结硬化速度慢；水热化低；早期强度低，但后期强度增长快；抗冻性较差；耐腐蚀性好；耐热性较好；泌水率大；干缩较大；抗渗性差	抗渗性较好；保水性好；耐热性不及矿渣水泥；耐磨性差；其他与矿渣水泥相似	干缩较小；抗裂性较好；其他性能与矿渣水泥相似	与所掺主要混合材料的水泥相近
适用范围	早期强度要求高的混凝土；有抗冻要求的混凝土；有耐磨要求的混凝土	与硅酸盐混凝土基本相同	大体积混凝土；受耐蚀性介质作用的混凝土；高温养护的混凝土一般耐热混凝土	有抗渗要求的混凝土；其他同矿渣水泥	有抗裂要求的混凝土；其他同矿渣水泥	与所掺主要混合材料的水泥相近

续表

	硅酸盐水泥 P·Ⅰ、P·Ⅱ	普通水泥 P·O	矿渣水泥 P·S	火山灰水泥 P·P	粉煤灰水泥 P·F	复合水泥 P·C
不适用范围	大体积混凝土;受腐蚀的混凝土;耐热混凝土;高温养护混凝土	与硅酸盐混凝土基本相同	早期强度较高的混凝土;有抗冻要求的混凝土;抗渗性要求高的混凝土	早期强度较高的混凝土;有抗冻要求的混凝土;干燥环境的混凝土;有耐磨要求的混凝土	早期强度较高的混凝土;有抗冻要求的混凝土;抗碳化要求的混凝土	与掺主要混合材料的水泥类似

需要指出的是,目前在很多混凝土工程当中,为减少混凝土的水化热、提高抗化学侵蚀性,可以有两种技术路径:从通用水泥的特性分析可以选用矿渣水泥、火山灰水泥、粉煤灰水泥或复合水泥等耐腐蚀性较强的水泥;也可以用硅酸盐水泥或普通水泥,在配制混凝土的时候掺入矿物掺合料和化学外加剂,这两种方法本质上是一样的。近十几年来,随着粉煤灰、矿渣粉等矿物掺合料在混凝土工程中的广泛应用,混凝土的生产以第二种技术路径为主,水泥基本上使用普通硅酸盐水泥。

4. 水泥的储存

(1)水泥的储存。

水泥应按不同生产厂家、不同品种、强度等级、出厂日期等分别储存和运输,避免混用、错用。存储过程中要注意防水防潮,水泥仓库应保持干燥通风,库房底面高出室外底面不少于 30 cm。袋装水泥的垛高不宜超过 10 袋,短期存储也不宜超过 15 袋,四周与墙面和窗户的距离不小于 30 cm,垛堆的下面应垫高 20 cm,以防止吸潮。水泥垛应设立标识牌,标明生产厂家、品种、强度等级和出厂日期等信息。

目前工程当中水泥的供应多采用散装,应按品种、强度等级及出厂日期存放,采用铁皮水泥罐仓或散装水泥库。

水泥的使用应遵循先进先出的原则,尽量缩短库存时间。一般存储条件下,3 个月后水泥的强度约降低 10%～20%,6 个月后约降低 15%～30%。因此,水泥的储存期一般不超过 3 个月。超过期限的,必须重新检验水泥的强度,并应按实际强度进行使用。

(2)受潮水泥的处理与使用。

水泥在运输或储存过程中若受潮,应根据实际情况酌情处理后再使用,具体见表 2-7。

表 2-7 受潮水泥的鉴别、处理与使用

受潮情况	处理方法	使用
有粉块,用手可捏碎(受潮较轻)	将粉块压碎	经试验后,按实际强度使用
部分结成硬块(受潮较严重)	硬块筛除,粉块压碎	经试验后,按实际强度使用,可用于受力小的部位,或强度要求不高的工程
大部分结成硬块(受潮严重)	将硬块粉碎、磨细	不能作为水泥使用,只能作为混材料使用

2.1.3 特种水泥

特种水泥是指具有某些特殊性能,适合特定用途或能发挥特殊作用并赋予建筑物特别功能的水泥品种。我国习惯上将硅酸盐水泥、普通硅酸盐水泥、矿渣硅酸盐水泥、火山灰硅酸盐水泥、粉煤灰硅酸盐水泥和复合硅酸盐水泥归为通用水泥,除此之外的其他水泥品种都归于特种水泥的范畴。

1. 快硬硅酸盐水泥

凡由硅酸盐水泥熟料和适量石膏磨细制成,以 3 d 抗压强度表示强度等级的水硬性胶凝材料,称为快硬硅酸盐水泥,简称快硬水泥。

由于快硬水泥中适当提高了 C_3S 和 C_3A 的含量,所以具有早强、快硬的效果。快硬水泥的细度要求 80 μm 的方孔筛筛余(%)不超过 10%;初凝时间不早于 45 min,终凝时间不迟于 10 h;体积安定性必须合格。国家标准中依据水泥的 1 d 和 3 d 的强度值,将快硬水泥划分为 32.5、37.5 和 42.5 三个强度等级,各强度等级、各龄期的强度值不能低于表 2-8 中的规定。

表 2-8 快硬水泥各强度等级、各龄期强度值(GB 199—1990)

强度等级	抗压强度/MPa			抗折强度/MPa		
	1 d	3 d	28 d①	1 d	3 d	28 d①
32.5	15.0	32.5	52.5	3.5	5.0	7.2
37.5	17.0	37.5	57.5	4.0	6.0	7.6
42.5	19.0	42.5	62.5	4.5	6.4	8.0

①供需双方参考指标。

快硬水泥凝结硬化快,早期、后期强度均高,抗渗性、抗冻性强,水化热大,耐蚀性差,适用于早强、高强混凝土及紧急抢修工程和冬季施工的混凝土工程。不适用于大体积混凝土及耐蚀要求的混凝土工程。快硬水泥的存期较其他水泥短,不宜久存,自出厂日起若超过 1 个月,应重新检验强度,合格后方可使用。

2. 中、低热硅酸盐水泥

由适当成分的硅酸盐水泥熟料、适量石膏,磨细制成的具有中等水化热的水硬性胶凝材料,称为中热硅酸盐水泥,简称中热水泥,代号为 P·MH。中热水泥的强度等级为 42.5。

由适当成分的硅酸盐水泥熟料、适量石膏,磨细制成的具有低水化热的水硬性胶凝材料,称为低热硅酸盐水泥,简称低热水泥,代号为 P·LH。低热水泥的强度等级为32.5 和 42.5。

中、低热硅酸盐水泥各龄期强度值不能低于表 2-9 中的规定。

表 2-9 中、低热水泥和低热矿渣水泥各龄期强度值(GB 200—2017)

水泥品种	强度等级	抗压强度/MPa			抗折强度/MPa		
		3 d	7 d	28 d	3 d	7 d	28 d
中热水泥	42.5	12.0	22.0	42.5	3.0	4.5	6.5
低热水泥	32.5	—	10.0	32.5	—	3.0	5.5
	42.5	—	13.0	42.5	—	3.5	6.5

此外,《中热硅酸盐水泥　低热硅酸盐水泥　低热矿渣硅酸盐水泥》(GB 200—2017)中规定,中、低热硅酸盐水泥中的三氧化硫含量不得超过 3.5%;初凝时间不早于 60 min,终凝时间不迟于 720 min;水泥的比表面积不应低于 250 m^2/kg。各龄期水化热不得超过表2-10中的数值。

表 2-10 中、低热水泥和低热矿渣水泥各龄期水化热值(GB/T 200—2017)

水泥品种	强度等级	水化热/(kJ/kg)		
		3 d	7 d	28 d
中热水泥	42.5	251	293	—
低热水泥	32.5	197	230	290
	42.5	230	260	310

注:水热化的测定按《水泥水化热测定方法标准规范》(GB/T 12959—2008)进行。

中、低热水泥主要用于大体积建筑物或厚大的基础工程,如港口、码头、大坝等水工构筑物,大型设备基础以及高层建筑物基础筏板等混凝土工程。这类工程所用水泥的水化热受到严格限制,过多的水化热会导致混凝土内外温差过大,从而出现温度应力裂缝问题。

3. 白色与彩色硅酸盐水泥

由白色硅酸盐水泥熟料加入适量石膏,磨细制成的水硬性胶凝材料,称为白水泥。硅酸盐水泥的颜色通常呈灰色,主要是因为含有较多的 Fe_2O_3 及其他杂质,当 Fe_2O_3 含量下降到 0.35%～0.4%时接近白色,因此生产白水泥的关键是降低 Fe_2O_3 的含量。在白水泥磨粉时,加入适当的颜料,即制成彩色水泥。

《白色硅酸盐水泥》(GB/T 2015—2017)中规定,白水泥的细度要求 80 μm 方孔筛筛余(%)不超过 10%;初凝时间不早于 45 min,终凝时间不迟于 10 h;用沸煮法检验体积安定性必须合格,SO_3 含量不得超过 3.5%;按 3 d 和 28 d 的强度值将白水泥分为 32.5、42.5和 52.5 三个强度等级。各强度等级、各龄期的强度值不得低于表 2-11 中的规定。

表 2-11 白水泥各强度等级、各龄期强度值

强度等级	抗压强度/MPa		抗折强度/MPa	
	3 d	28 d	3 d	28 d
32.5	12.0	32.5	3.0	6.0
42.5	17.0	42.5	3.5	6.5
52.5	22.0	52.5	4.0	7.0

白水泥的白度是白水泥的一项重要技术指标。目前,白度是通过光电系统组成的白度计对可见光的反射程度确定的。将白水泥样品装入压样器中压成表面平整的白板,置于白度计中测得白度,以其表面对红、绿、蓝三原色光的反射率与氧化镁标准白板的反射率比较,用相对反射百分率表示。白水泥的白度不得低于87。白水泥中加入颜色,必须具有良好的大气稳定性及耐久性,不溶于水,分散性好,抗碱性强,不参与水泥水化反应,对水泥的组成和特性无破坏作用等。

白水泥主要用于建筑物内外墙的粉刷及天棚、柱子的粉刷,还可用于贴面装饰材料的勾缝处理;配制各种彩色砂浆用于抹灰,如常用于水刷石、斩假石等,模仿天然石材的色彩、质感,具有较好的装饰效果;配制彩色混凝土,制作彩色水磨石等。

4. **抗硫酸盐硅酸盐水泥**

抗硫酸盐水泥是指对于硫酸盐侵蚀具有较强抵抗能力的水泥。与普通的硅酸盐水泥相比,这种水泥主要是限制了水泥熟料矿物组成中铝酸三钙和硅酸三钙的含量,使侵入水泥石结构的硫酸盐难以产生破坏性的"水泥杆菌"。根据抗硫酸盐性能分为中抗硫酸盐水泥和高抗硫酸盐水泥两类。以特定矿物组成的硅酸盐水泥熟料,加入适量石膏,磨细制成的具有抵抗中等浓度硫酸根离子侵蚀的水硬性胶凝材料,称为中抗硫酸盐硅酸盐水泥,简称中抗硫酸盐水泥,代号为P·MSR。以特定矿物组成的硅酸盐水泥熟料,加入适量石膏,磨细制成的具有抵抗较高浓度硫酸根离子侵蚀的水硬性胶凝材料,称为高抗硫酸盐硅酸盐水泥,简称高抗硫酸盐水泥,代号为P·HSR。

此外,《抗硫酸盐硅酸盐水泥》(GB 748—2005)中规定,抗硫酸盐水泥中的比表面积不应低于280 m^2/kg;初凝时间不早于45 min,终凝时间不迟于10 h;用沸煮法检验的体积安定性必须合格,SO_3 含量不得超过2.5%;硅酸三钙和铝酸三钙的含量应符合表2-12的规定。

表2-12　抗硫酸盐水泥中硅酸三钙和铝酸三钙的含量(GB 748—2005)

分类	硅酸三钙含量/%	铝酸三钙含量/%
中抗硫酸盐水泥	≤55.0	≤5.0
高抗硫酸盐水泥	≤50.0	≤3.0

按3 d和28 d的强度值将抗硫酸盐水泥分为32.5和42.5两个强度等级,各强度等级、各龄期的强度值不得低于表2-13中的规定。

表2-13　抗硫酸盐水泥各强度等级、各龄期强度值(GB 748—2005)

强度等级	抗压强度/MPa		抗折强度/MPa	
	3 d	28 d	3 d	28 d
32.5	10.0	32.5	2.5	6.0
42.5	15.0	42.5	3.0	6.5

抗硫酸盐水泥除了具有较强的抗侵蚀能力外,还具有较低的水化热和较高的抗冻性,特别适用于受硫酸盐侵蚀的海港、水利、地下、隧道、道路和桥梁基础等工程。

5. **道路水泥**

由道路硅酸盐水泥熟料、0～10%活性混合材料和适量石膏磨细制成的水硬性胶凝材料，称为道路硅酸盐水泥，简称道路水泥。

道路水泥熟料中含有较多的铁铝酸四钙，其矿物组成的要求为 C_3A 含量不超过 5%，C_4AF 含量不小于 15.0%。限制 C_3A 含量主要是因为水化铝酸钙孔隙较多、干缩大，降低其含量可以减少水泥的干缩。提高 C_4AF 含量是为了增加水泥的抗折强度和耐磨性。

道路硅酸盐水泥（GB 13693—2017）中规定，道路水泥中 SO_3 含量不超过 3.5%，MgO 含量不超过 5.0%；水泥的初凝时间不早于 90 min，终凝时间不迟于 720 min；比表面积为 300～450 m^2/kg；28 d 干缩率不得大于 0.1%；28 d 磨耗量不得大于 3.0 kg/m^2。道路水泥强度等级根据抗折强度分为 7.5 和 8.5 两个等级，各强度等级、各龄期的强度值不得低于表 2-14 中的规定。

表 2-14　道路水泥各强度等级、各龄期强度值（GB/T 13693—2017）

强度等级	抗折强度/MPa		抗压强度/MPa	
	3 d	28 d	3 d	28 d
7.5	4.0	7.5	21.0	42.5
8.5	5.0	8.5	26.0	52.5

道路水泥的主要特点是抗折强度高，早期强度较高，耐磨性好，干缩小，抗冲击性好。它适用于建造混凝土公路路面，也可用于公路和铁路桥梁、飞机场跑道、城市广场、停车场、火车站站台等。

6. 砌筑水泥

在硅酸盐水泥熟料中加入规定的混合材料和适量石膏，经磨细制成的保水性较好的水硬性胶凝材料，称为砌筑水泥。

《砌筑水泥》（GB/T 3183—2017）中规定，砌筑水泥的初凝时间不早于 60 min，终凝时间不迟于 720 min；SO_3 含量不超过 3.5%；80 μm 方孔筛筛余（%）不超过 10%；体积安定性用沸煮法检验必须合格；保水率不低于 80%。砌筑水泥的强度等级根据 7 d 和 28 d 的抗压和抗折强度分为 12.5、22.5 和 32.5 三个等级。各强度等级、各龄期的强度值不得低于表 2-15 中的规定。

表 2-15　砌筑水泥各强度等级、各龄期强度值（GB/T 3183—2017）

强度等级	抗压强度/MPa			抗折强度/MPa		
	3 d	7 d	28 d	3 d	7 d	28 d
12.5	—	7.0	12.5	—	1.5	3.0
22.5	—	10.0	22.5	—	2.0	4.0
32.5	10.0	—	32.5	2.5	—	5.5

砌筑水泥主要用于建筑工程中的砌筑、抹面砂浆、垫层混凝土等，因为其强度较低，不能用于结构混凝土。

2.2　细骨料——砂

混凝土的骨料也称集料，按其颗粒大小不同分为细骨料和粗骨料。粒径小于 4.75 mm

的岩石颗粒称为细骨料，粒径大于 4.75 mm 的称为粗骨料。

河砂与机制砂

普通混凝土的细骨料主要采用天然砂和机制砂。天然砂是自然生成的，经人工开采和筛分的粒径小于 4.75 mm 的岩石颗粒。按产源不同，天然砂分为河砂、湖砂、山砂和淡化海砂，不包括轻质、风化的岩石颗粒。天然砂(除山砂外)表面光滑、洁净，颗粒多为球状，拌制的混凝土拌合物流动性好，但与水泥之间的黏结力较差。其中河砂的品质最好，应用最多。山砂表面粗糙，颗粒多棱角，与水泥间有很好的粘接，但拌制的混凝土拌合物流动性较差。当缺乏天然砂时，可采用机制砂。

机制砂也称人工砂，是经除土处理，由机械破碎、筛分制成的粒径小于 4.75 mm 的岩石、矿山尾矿或工业废渣颗粒，不包括轻质、风化的岩石颗粒。表面粗糙，颗粒多棱角，经过除土处理后较清洁，但成本较高。由机制砂和天然砂混合制成的砂称为混合砂。

《建设用砂》(GB/T 14684—2011)规定，砂的技术要求包括：有害杂质含量的限值、含泥量和泥块含量、细度和颗粒级配及物理性质的要求等。根据技术要求从高到低，把砂分为Ⅰ类、Ⅱ类、Ⅲ类三种类别，其中Ⅰ类砂的性能最好。

2.2.1 有害杂质含量

混凝土用砂应颗粒坚实、清洁、不含杂质。根据《建设用砂》(GB/T 14684—2011)规定，砂中的有害杂质主要有云母、轻物质、有机物、硫化物及硫酸盐、氯化物、贝壳等。云母呈薄片状，表面光滑，容易沿着解理面裂开，与水泥黏结不牢，会降低混凝土强度；硫酸盐和硫化物将对硬化后的水泥石结构产生腐蚀；有机物通常是植物的腐烂产物，能妨碍、延缓水泥的正常水化，降低混凝土的强度；氯盐能引起混凝土中的钢筋锈蚀，破坏钢筋与混凝土的黏结，使保护层混凝土开裂。砂中各有害杂质含量应符合表 2-16 的规定。

表 2-16 砂中有害杂质含量限值

项目	指标		
	Ⅰ类	Ⅱ类	Ⅲ类
云母(按质量计)/%	≤1.0	≤2.0	
轻物质(按质量计)/%	≤1.0		
有机物	合格		
硫化物及硫酸盐(按 SO_3 质量计)/%	≤0.5		
氯化物(按氯离子质量计)/%	≤0.01	≤0.02	≤0.06
贝壳(按质量计)/%	≤3.0	≤5.0	≤8.0

注：贝壳含量指标仅适用于海砂，其他砂种不做要求。

2.2.2 砂的含泥量、泥块含量和石粉含量

砂中的含泥量是指粒径小于 0.075 mm 的颗粒含量；泥块含量是指砂中大于 1.18 mm，经水洗、手捏后变成小于 0.6 mm 的颗粒含量；石粉含量是指机制砂中粒径小于 0.075 mm 的颗粒含量。

泥和泥块含量也是砂的有害物质，它们会黏附在砂的表面，使水泥石与砂的黏结力

下降，降低混凝土的强度和耐久性。同时，泥和泥块的吸水性极强，在保持坍落度不变的情况下会增大混凝土的用水量，加大混凝土的收缩。所以，混凝土用砂必须严格控制泥和泥块的含量，根据《建设用砂》(GB/T 14684—2011)中的规定，砂的含泥量和泥块含量采用水洗法进行测试。天然砂中泥和泥块的含量应符合表2-17的规定。

表2-17　砂中泥和泥块含量限值

项目	指标		
	Ⅰ类	Ⅱ类	Ⅲ类
含泥量(按质量计)/%	≤1.0	≤3.0	≤5.0
泥块含量(按质量计)/%	0	≤1.0	≤2.0

人工砂在生产过程中不可避免地要产生石粉，尽管石粉的粒径小于0.075 mm，但与天然砂中的泥是有很大区别的。两者的成分不同，在混凝土中所起的作用也不同。石粉与制作机制砂所用石材的化学成分一样，大量研究表明，石粉可以增加混凝土中粉体量，在保证低水泥用量的情况下，配制出工作性符合要求的混凝土，还可减小混凝土的孔隙率，提高密实度，减少离析和泌水。因此，适宜的石粉含量对混凝土是有益的。

石粉质量控制的指标是亚甲蓝(MB)值，亚甲蓝值是用于判定机制砂中粒径小于0.075 mm颗粒的吸附性能的指标。当亚甲蓝值较低时石粉需水行为好，对混凝土是有益的，反之则有不利影响。根据《建设用砂》(GB/T 14684—2011)中的规定，机制砂亚甲蓝值≤1.4或亚甲蓝快速法试验合格时，石粉含量和泥块含量应符合表2-18的规定；当机制砂亚甲蓝值>1.4或亚甲蓝快速法试验不合格时，石粉含量和泥块含量应符合表2-19的规定。

表2-18　机制砂中石粉含量和泥块含量(MB值≤1.4或快速法试验合格)

项目	指标		
	Ⅰ类	Ⅱ类	Ⅲ类
MB值	≤0.5	≤1.0	≤1.4或合格
石粉含量(按质量计)/%	≤10.0		
泥块含量(按质量计)/%	0	≤1.0	≤2.0

表2-19　机制砂中石粉含量和泥块含量(MB值>1.4或快速法试验不合格)

项目	指标		
	Ⅰ类	Ⅱ类	Ⅲ类
石粉含量(按质量计)/%	≤1.0	≤3.0	≤5.0
泥块含量(按质量计)/%	0	≤1.0	≤2.0

2.2.3　粗细程度和颗粒级配

1. 砂的粗细程度

砂的粗细程度是指不同粒径的砂粒混合在一起的总体粗细程度，常用细度模数(M_x)表示。细度模数越大，表示砂越粗，细度模数越小，表示砂越细。

2. 砂的颗粒级配

砂的颗粒级配指不同粒径砂粒相互搭配的比例情况,用级配区或筛分曲线来表示。骨料级配合理,可获得较小的空隙率和比表面积。这样不仅可节约水泥,而且可改善混凝土的和易性,提高混凝土的强度和耐久性。骨料的颗粒级配如图 2-18 所示。

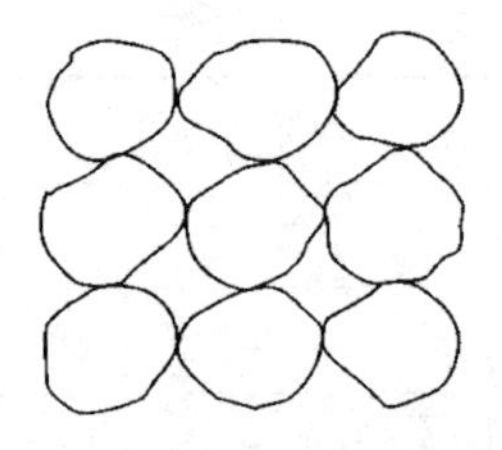

(a)单粒径的砂粒堆积

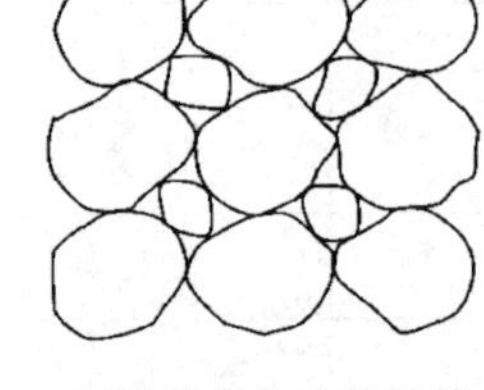

(b)两种粒径的砂粒堆积

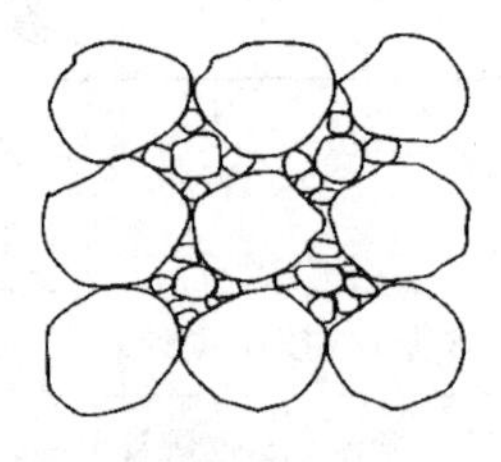

(c)三种粒径的砂粒堆积

图 2-18　骨料的颗粒级配

3. 砂的粗细程度与颗粒级配的评定

砂的粗细程度和颗粒级配,都是通过筛分析方法进行评定的。

扫一扫:砂的筛分试验

按要求称取砂样 500 g(砂样预先过 9.5 mm 的筛,剔除 9.5 mm 以上的颗粒),将试样倒入按孔径大小从上到下组合的套筛(孔径依次为 4.75 mm、2.36 mm、1.18 mm、0.6 mm、0.3 mm、0.15 mm)上用摇筛机进行筛分,如图 2-19 所示。摇筛 10 min 后取下套筛,按筛孔大小顺序再逐个用手筛,直至各号筛全部筛完为止。

然后称取各筛上的筛余量,计算各筛的分计筛余百分率,即各号筛的筛余量与试样总量之比,分别用 a_1、a_2、a_3、a_4、a_5、a_6 表示。再计算累计筛余百分率,即该号筛的分计筛余百分率加上该号筛以上各筛的分计筛余百分率之和,分别由 A_1、A_2、A_3、A_4、A_5、A_6 表示。分计筛余百分率和累计筛余百分率的关系见表 2-20。

图 2-19　电动摇筛机

砂的细度模数 M_x 按下式计算(精确至0.01):

$$M_x = \frac{(A_2 + A_3 + A_4 + A_5 + A_6) - 5A_1}{100 - A_1} \tag{2-3}$$

式中:M_x——细度模数;

A_1、A_2、A_3、A_4、A_5、A_6——分别为 4.75 mm、2.36 mm、1.18 mm、0.60 mm、0.30 mm、0.15 mm 筛的累计筛余百分率。

表 2-20　分计筛余百分率和累计筛余百分率的关系

筛孔尺寸/mm	分计筛余/%	累计筛余/%
4.75	a_1	$A_1 = a_1$
2.36	a_2	$A_2 = a_1 + a_2$

续表

筛孔尺寸/mm	分计筛余/%	累计筛余/%
1.18	a_3	$A_3=a_1+a_2+a_3$
0.60	a_4	$A_4=a_1+a_2+a_3+a_4$
0.30	a_5	$A_5=a_1+a_2+a_3+a_4+a_5$
0.15	a_6	$A_6=a_1+a_2+a_3+a_4+a_5+a_6$

细度模数取两次试验结果的算术平均值，并精确至0.1，且两次试验的细度模数之差不得超过0.20。

建筑用砂按细度模数分为粗、中、细三种规格，其细度模数分别为粗砂(3.7～3.1)、中砂(3.0～2.3)、细砂(2.2～1.6)。实际工程上应优先选用中砂或粗砂，粗砂适合配制流动性小的或干硬性混凝土；中砂适合配制各种混凝土。细砂的比表面积大，需水量大，配制的混凝土工作性能不稳定。若选用细砂，应严格控制用砂量和用水量等，并加强施工管理。

砂的颗粒级配用级配区或筛分曲线来判定。累计筛余百分率取两次试验结果的算术平均值，精确至1%。根据0.60 mm筛的累计筛余百分率分为1区、2区、3区三个级配区，见表2-21。

表2-21　砂的颗粒级配区范围

筛孔尺寸/mm	累计筛余百分率/%					
	天然砂			机制砂		
	1区	2区	3区	1区	2区	3区
4.75	10～0	10～0	10～0	10～0	10～0	10～0
2.36	35～5	25～0	15～0	35～5	25～0	15～0
1.18	65～35	50～10	25～0	65～35	50～10	25～0
0.60	85～71	70～41	40～16	85～71	70～41	40～16
0.30	95～80	92～70	85～55	95～80	92～70	85～55
0.15	100～90	100～90	100～90	97～85	94～80	94～75

确定出砂属于某一个级配区后，再逐级进行对照，每一级累计筛余百分率应处于相应的范围内。国家标准规定，除4.75 mm和0.60 mm筛外允许略有超出，但超出总量应不大于5%。满足以上条件，则可判定砂的颗粒级配合格，否则颗粒级配为不合格。一般认为，处于2区级配的砂，其粗细适中，级配较好，是配制混凝土的最理想级配区。根据《建设用砂》(GB/T 14684—2011)中的规定，I类砂应该满足2区级配范围的要求。

为了更直观地反映砂的颗粒级配，还可以用筛分曲线来判定。以天然砂为例，以累计筛余百分率为纵坐标，根据表2-21的数值，可以画出砂的三个级配区的筛分曲线，如图2-20所示。通过观察所画的砂的筛分曲线是否完全落在三个级配区的任一区内，即可判定砂颗粒级配是否合格。

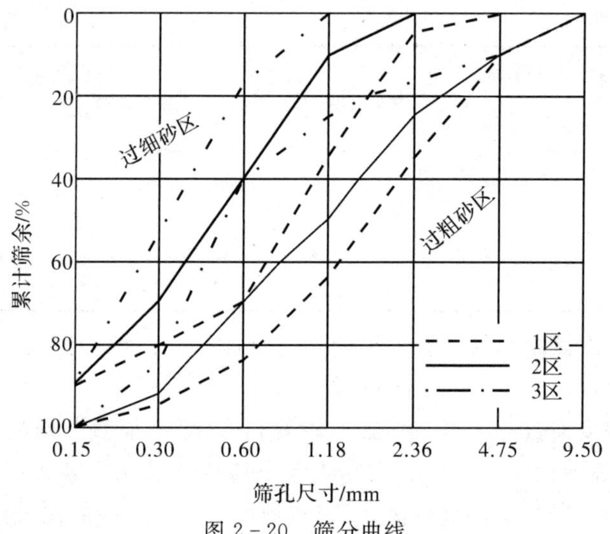

图 2-20 筛分曲线

同时，也可以根据筛分曲线的偏向情况，大致判定砂的粗细程度，当筛分曲线偏向右下时，表示砂较粗；筛分曲线偏向左上时，表示砂较细。

实际工程中，经常用人工掺配的方法来改善砂的颗粒级配，或者使级配不合格的砂经过掺配合格后来使用。

例题 2-1：某砂样经筛分试验，各筛的筛余量如下表所示。试计算其细度模数，判定粗细程度并用级配区评定其级配情况。

筛孔尺寸/mm	4.75	2.36	1.18	0.60	0.30	0.15	<0.15
筛余量/g	10	95	115	100	90	70	20
分计筛除率/%							
累计筛除率/%							

解：计算各筛的分级筛余百分率和累计筛余百分率，如下表：

筛孔尺寸/m	4.75	2.36	1.18	0.60	0.30	0.15	<0.15
筛余量/g	10	95	115	100	90	70	20
分计筛除率/%	2	19	23	20	18	14	4
累计筛除率/%	2	21	44	64	82	96	100

计算砂的细度模数：

$$M_x = \frac{(A_2 + A_3 + A_4 + A_5 + A_6) - 5A_1}{100 - A_1} = \frac{(21 + 44 + 64 + 82 + 96) - 5 \times 2}{100 - 2} = 3.0$$

对照砂细度模数的范围，$M_x = 3.0$，在 2.3～3.0 范围，可知该砂属于中砂。根据 $A_4 = 60\%$ 知道砂属于 2 区砂，其他各筛的累计筛除率均未超出 2 区砂的规定范围，因此该砂样级配合格。

2.2.4 表观密度和堆积密度

1. 表观密度

砂的表观密度是砂颗粒单位体积（包括内封闭孔隙）的质量。通常情况下，砂的表观密度不小于 2500 kg/m³。根据《建设用砂》(GB/T 14684—2011)中的规定，砂的表观密度用容量瓶(见图 2-21)，采用排水法进行测试。

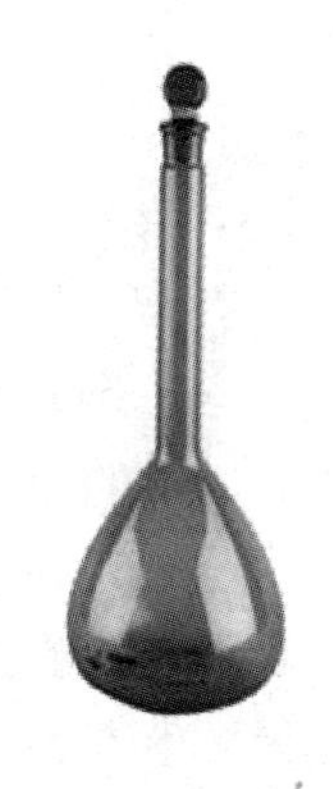

图 2-21 500 mL 容量瓶

称取干燥的试样 300 g，先于容量瓶中加入少量水，再将试样装入容量瓶，注入水至接近 500 mL 的刻度处，用手旋转摇动容量瓶，使砂样充分摇动，排除气泡，塞紧瓶盖，静置 24 h。然后用滴管小心加水至容量瓶 500 mL 刻度处，塞紧瓶塞，擦干瓶外水分，称出其质量 m_1。倒出瓶内水和试样，洗净容量瓶，再向容量瓶内注水至 500 mL 刻度处，塞紧瓶塞，擦干瓶外水分，称出其质量 m_2。砂的表观密度按公式(2-4)计算：

$$\rho_0=\left(\frac{m_0}{m_0+m_2-m_1}-\alpha_t\right)\times\rho_{水} \tag{2-4}$$

式中：ρ_0——表观密度(kg/m³)；

$\rho_{水}$——水的密度(取 1000 kg/m³)；

m_0——烘干试样的质量(g)；

m_1——试样、水及容量瓶的总质量(g)；

m_2——水及容量瓶的总质量(g)；

α_t——水温对表观密度影响的修正系数，见表 2-22。

表 2-22 水温对砂的表观密度影响的修正系数

水温/℃	15	16	17	18	19	20	21	22	23	24	25
α_t	0.002	0.003	0.003	0.004	0.004	0.005	0.005	0.006	0.006	0.007	0.008

2. 堆积密度和空隙率

砂粒在堆积状态下的质量除以其堆积体积(既含颗粒内部的孔隙，又含颗粒之间空隙在内的总体积)，称堆积密度。砂的堆积密度分为松散堆积密度和紧密堆积密度。通常情况下，砂的松散堆积密度不小于 1400 kg/m³，空隙率不大于 44%。

松散堆积密度采用 1 L 的容量筒进行测定。将试样烘干，筛除大于 4.75 mm 的颗粒，将试样用漏斗或料勺从容量筒中心上方 50 mm 处徐徐倒入，让试样以自由落体落下，当容量筒上部试样呈锥体，且容量筒四周溢满时，即停止加料。然后用直尺沿筒口中心线向两边刮平(试验过程应防止振动容量筒)，称出试样和容量筒总质量，精确至 1g。砂的松散堆积密度按式(2-5)计算：

$$\rho_1=\frac{m_1-m_2}{V} \tag{2-5}$$

式中：ρ_1——松散堆积密度(kg/m³)；

m_1——容量筒和试样总质量(g)；

m_2——容量筒质量(g)；

V——容量筒的容积(L)。

砂的空隙率按式(2-6)计算：

$$P=\left(1-\frac{\rho_1}{\rho_0}\right)\times 100 \tag{2-6}$$

式中：P——空隙率(%)；

ρ_1——样的松散堆积密度(kg/m^3)；

ρ_0——试样的表观密度(kg/m^3)。

2.2.5 砂的坚固性

砂在自然风化和其他外界物理、化学因素作用下抵抗破裂的能力，称为砂的坚固性。天然砂的坚固性用硫酸钠溶液侵蚀法进行检验。配制一定溶度的硫酸钠溶液，不同粒级的砂粒在溶液中浸泡 20 h，再在 105±5 ℃的烘箱中烘烤 4 h，为一个试验循环。砂样经 5 次这样的循环后，其质量损失应符合表 2-23 的规定。

表 2-23 砂的坚固性指标

项目	指标		
	Ⅰ类	Ⅱ类	Ⅲ类
质量损失/%	≤8		≤10

机制砂除了满足坚固性指标要求外，压碎指标值还应满足表 2-24 的规定。

表 2-24 砂的压碎指标

项目	指标		
	Ⅰ类	Ⅱ类	Ⅲ类
单级最大压碎指标/%	≤20	≤25	≤30

2.2.6 碱骨料反应

水泥、外加剂或环境中的碱与骨料中的活性 SiO_2 在潮湿环境中发生反应，导致混凝土膨胀开裂而破坏。混凝土用砂经碱骨料反应试验后，试件应无裂缝、酥裂、胶体外溢等现象发生，在规定的试验龄期膨胀率应小于 0.10%。

2.3 粗骨料——石子

卵石和碎石

普通混凝土常用的粗骨料分为卵石和碎石两类。卵石是由自然风化、水流搬运和分选、堆积形成的，粒径大于 4.75 mm 的岩石颗粒。碎石是天然岩石、卵石或矿山废石经机械破碎、筛分制成的，粒径大于 4.75 mm 的岩石颗粒。

天然的卵石表面光滑，多为球形，与水泥的黏结力较差，用卵石拌制的混凝土拌合物和易性好，但混凝土硬化后强度较低；卵石堆积的空隙率和表面积小，拌制混凝土时水泥浆用量较少。碎石表面粗糙、多棱角，与水泥有很好的黏结，用碎石拌制的混凝土拌合物流动性较差，但混凝土硬化后强度较高。

根据《建设用卵石、碎石》(GB/T 14685—2011)，按卵石、碎石的技术要求从高到低，可将其分为Ⅰ类、Ⅱ类、Ⅲ类三种类别，其中Ⅰ类石子的性能最好。

2.3.1 有害物质

粗骨料中的有害物质主要有有机物、硫化物及硫酸盐等。《建设用卵石、碎石》(GB/

T 14685—2011)规定，混凝土用卵石、碎石中有害物质不应超过表 2-25 的规定。

表 2-25　粗骨料中有害物质限值

项目	指标		
	Ⅰ类	Ⅱ类	Ⅲ类
有机物	合格		
硫化物及硫酸盐(按 SO_3 质量计)/%	≤0.5	≤1.0	

2.3.2　含泥量和泥块含量

粗骨料的含泥量是指粒径小于 0.075 mm 的颗粒含量；泥块含量是指粒径大于 4.75 mm 经水洗、手捏后小于 2.36 mm 的颗粒含量。石子当中的泥和泥块对混凝土的影响与砂当中相似，危害更甚。根据《建设用卵石、碎石》(GB/T 14685—2011)的规定，粗骨料的含泥量和泥块含量采用水洗法进行测试，含量应符合表 2-26 的规定。

表 2-26　粗骨料中泥和泥块含量限值

项目	指标		
	Ⅰ类	Ⅱ类	Ⅲ类
含泥量(按质量计)/%	≤0.5	≤1.0	≤1.5
泥块含量(按质量计)/%	0	≤0.2	≤0.5

思考题 2-4：石子当中的泥和泥块与砂当中的泥有什么不同？

查看答案

2.3.3　针、片状颗粒含量

卵石、碎石颗粒的长度大于该颗粒所属相应粒级平均粒径 2.4 倍的为针状颗粒；厚度小于平均粒径 0.4 倍的为片状颗粒。

针、片状颗粒受力时容易折断，相互堆积时颗粒间的空隙较大，其含量多时，可使混凝土拌合物的流动性和强度都降低。

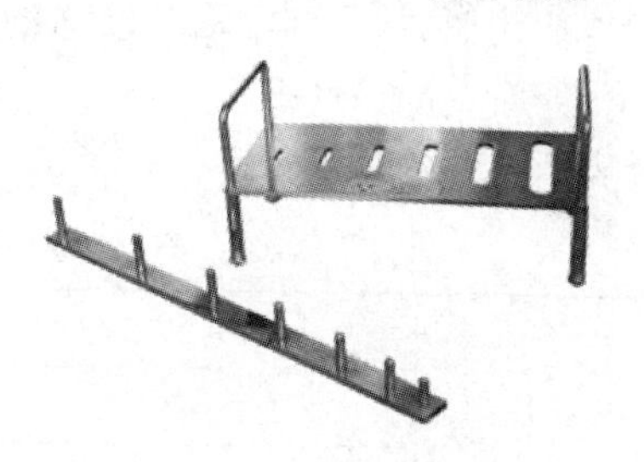

图 2-22　针片状规准仪

针、片状颗粒含量的测定采用规准仪法，如图 2-22 所示。首先将称好的试样通过筛分进行分级，每一粒级分别用规准仪逐粒检验，凡颗粒长度大于针状规准仪上相应间距者，为针状颗粒；颗粒厚度小于片状规准仪上相应孔宽者，为片状颗粒。所有针状和片状颗粒占试样总质量的百分数即为粗骨料的针、片状颗粒含量。

根据《建设用卵石、碎石》(GB/T 14685—2011)的规定，石子中针、片状颗粒含量不能超过表 2-27 的限值。

表 2-27　粗骨料针、片状颗粒含量限值

项目	指标		
	Ⅰ类	Ⅱ类	Ⅲ类
针、片状含量/%	≤5	≤10	≤15

2.3.4 最大粒径与颗粒级配

1. 最大粒径

粗骨料的最大粒径是指公称粒级的上限，用 D_m 表示。粗骨料的最大粒径增大，空隙率及表面积都减小，包裹粗骨料所需的水泥浆量就会减少，可节约水泥，有助于提高混凝土的密实性、减少混凝土的水化热和收缩，对大体积混凝土工程有利。但骨料最大粒径也不宜过大，建筑行业中混凝土粗骨料的最大粒径不宜超过 40 mm，水工混凝土的最大粒径可达 120～150 mm。

最大粒径还受结构尺寸、钢筋疏密及施工条件的影响。《混凝土质量控制标准》(GB 50164—2011)规定，粗骨料的最大粒径不得超过结构截面最小尺寸的 1/4，同时不得超过钢筋间最小净距的 3/4，对于混凝土实心板，粗骨料最大粒径不得超过板厚的 1/3，且不得超过 40 mm。对于大体积混凝土，粗骨料最大公称粒径不宜小于 31.5 mm。对于高强混凝土，粗骨料最大公称粒径不宜大于 25 mm。

此外，对于泵送混凝土，为了防止混凝土泵送时堵塞管道，保证泵送顺利进行，粗骨料的最大粒径与输送管内径之比不宜过大。

2. 颗粒级配

石子的筛分试验

大小不一的粗骨料相互组合搭配的比例关系叫作颗粒级配。级配良好的石子其空隙率和总表面积均较小，可获得较大的堆积密度和较低的堆积空隙率，能有效地减少水泥用量。石子的级配好坏对混凝土强度等性能的影响比砂更明显。

石子的颗粒级配同样采用筛分法测定，粗骨料套筛的筛孔尺寸为 2.36 mm、4.75 mm、9.50 mm、16.0 mm、19.0 mm、26.5 mm、31.5 mm、37.5 mm、53.0 mm、63.0 mm、75.0 mm 及 90.0 mm。根据石子的最大粒径选择方孔筛进行筛分，筛分方法和砂的相似，从大到小取各级筛的筛余量，计算分级筛余(%)和累计筛余(%)，根据《建设用卵石、碎石》(GB/T 14685—2011)的规定，普通混凝土用碎石、卵石的颗粒级配应符合表 2-28 的要求。

表 2-28 普通混凝土用碎石、卵石的颗粒级配

公称粒径/mm		累计筛余/%											
		筛孔尺寸/mm											
		2.36	4.75	9.50	16.0	19.0	26.5	31.5	37.5	53.0	63.0	75.0	90.0
连续粒级	5～16	95～100	85～100	30～60	0～10	0							
	5～20	95～100	90～100	40～80	—	0～10	0						
	5～25	95～100	90～100	—	30～70	—	0～5	0					
	5～31.5	95～100	90～100	70～90	—	15～45	—	0～5	0				
	5～40	—	95～100	70～90	—	30～65	—	—	0～5	0			
单粒级	5～10	95～100	80～100	0～15	0								
	10～16		95～100	80～100	0～15								
	10～20		95～100	85～100		0～15	0						

续表

公称粒径/mm		累计筛余/%											
		筛孔尺寸/mm											
		2.36	4.75	9.50	16.0	19.0	26.5	31.5	37.5	53.0	63.0	75.0	90.0
单粒级	16～25			95～100	55～70	25～40	0～10						
	16～31.5		95～100		85～100			0～10	0				
	20～40			95～100		80～100			0～10	0			
	40～80					95～100			70～100		30～60	0～10	0

粗骨料级配有连续粒级和单粒级两种。连续粒级从 5 mm 开始至最大粒径 D_m，各粒级均占一定比例。单粒级的公称粒级从某一粒径（不一定是 5 mm）开始至最大粒径 D_m。单粒级用于组成具有要求级配的连续粒级，也可与连续粒级混合使用，以改善级配或配成较大密实度的连续粒级。在混凝土配合比设计时应优先选用连续级配。单粒级一般不宜单独用来配制混凝土，如必须单独使用，则应做技术经济分析，并通过试验证明不发生离析或影响混凝土的质量。

单粒级的粗骨料在现代混凝土中应用越来越受到重视，为便于分级制备和运输，可在搅拌站进行分仓存储。如按 5～10 mm、10～16 mm、16～25 mm 三个单粒级分仓存储，使用时按低松散堆积空隙率的原则，进行试验确定最佳配比，这样能保证粗骨料的良好级配，配制的混凝土水泥用量少，和易性好，体积稳定性也较好。

2.3.5　表观密度与堆积密度

1. 表观密度

石子的表观密度是石子颗粒单位体积（包括内封闭孔隙）的质量。通常情况下，石子的表观密度应大于 2500 kg/m³。测定石子的表观密度有静水天平法（见图 2-23）和广口瓶法。

图 2-23　静水天平

（1）静水天平法。

取质量为 m_0 的干燥试样装入吊篮，并浸入盛水的容器中浸泡 24 h 使石子吸水饱和，称出吊篮及试样在水中的质量 m_1，再称取吊篮在同样温度水中的质量 m_2。表观密度 ρ_0 按式（2-7）计算：

$$\rho_0 = \left(\frac{m_0}{m_0 + m_2 - m_1} - \alpha_t\right) \times \rho_{水} \tag{2-7}$$

式中：$\rho_{水}$——水的密度（可取 1000 kg/m³）；

m_0——烘干试样的质量（g）；

m_1——吊篮及试样在水中的质量（g）；

m_2——吊篮在水中的质量（g）；

α_t——水温对表观密度影响的修正系数。

(2)广口瓶法。

取质量为 m_0 的干燥试样浸入盛水的容器中浸泡 24 h 使石子吸水饱和，然后装入广口瓶中。向瓶中添加饮用水，直至水面凸出瓶口边缘。然后用玻璃片沿瓶口迅速滑行，使其紧贴瓶口水面，以玻璃板下无明显气泡为准。擦干瓶外水分后，称出试样、水、瓶和玻璃片总质量 G_1。将瓶洗净并重新注入饮用水，用同样方法盖上玻璃板，擦干瓶外水分后，称出水、瓶和玻璃片总质量 G_2。表观密度 ρ_0 按式(2-8)计算：

$$\rho_0 = \left(\frac{G_0}{G_0 + G_2 - G_1} - \alpha_t\right) \times \rho_{水} \tag{2-8}$$

式中：$\rho_{水}$——水的密度(1000 kg/m³)；

G_0——烘干试样的质量(g)；

G_1——试样、水、瓶和玻璃片的总质量(g)；

G_2——水、瓶和玻璃片的总质量(g)

α_t——水温对表观密度影响的修正系数。

2. 堆积密度与空隙率

石子在堆积状态下的质量除以其堆积体积(既含颗粒内部的孔隙，又含颗粒之间空隙在内的总体积)，称堆积密度，分为松散堆积密度和紧密堆积密度。空隙率是指堆积体中空隙的体积占总体积的百分比。通常情况下，石子的松散堆积密度应大于 1350 kg/m³，空隙率小于 47%。

松散堆积密度是用小铲将试样从容量筒口中心上方 50 mm 处徐徐倒入，让试样以自由落体落下，当容量筒上部试样呈锥体且容量筒四周溢满时，即停止加料。除去凸出容量筒口表面的颗粒，并以合适的颗粒填入凹陷部分，使表面稍凸起部分和凹陷部分的体积大致相等(试验过程应防止触动容量筒)，称出试样和容量筒总质量。

松散堆积密度按式(2-9)计算：

$$\rho_1 = \frac{m_1 - m_2}{V} \tag{2-9}$$

式中：ρ_1——松散堆积密度(kg/m³)；

m_1——容量筒和试样的总质量(g)；

m_2——容量筒质量(g)；

V——容量筒的容积(L)。

空隙率按式(2-10)计算：

$$P = \left(1 - \frac{\rho_1}{\rho_0}\right) \times 100 \tag{2-10}$$

式中：P——空隙率(%)；

ρ_1——试样的松散堆积密度(kg/m³)；

ρ_0——试样的表观密度(kg/m³)。

2.3.6 强度

石子作为混凝土的“骨架”，其强度的高低对混凝土的影响是至关重要的，卵石、碎石的强度可采用岩石立方体抗压强度和压碎值指标两种方法进行检验。当可以找到石子的母岩时，可直接测定其立方体抗压强度，当找不到石子的母岩时，可通过测定压碎指标来间接评定石子的强度。

1. 岩石的立方体抗压强度

将碎石的母岩制成直径与高均为 5 cm 的圆柱体试件或边长为 5 cm 的立方体试件，在吸水饱和状态下，测定其极限抗压强度值。根据《建设用卵石、碎石》(GB/T 14685—2011)标准规定：在水饱和状态下，岩石立方体抗压强度火成岩不小于 80 MPa，变质岩不小于 60 MPa，水成岩不小于 30 MPa。

火成岩又称为岩浆岩，是由地壳内部熔融岩浆上升冷凝而成，是组成地壳的主要岩石。常用的岩浆岩有花岗岩、玄武岩等。变质岩是指地壳中的各类岩石，在地层的压力和温度作用下，原岩石在固体状态下发生再结晶作用，其矿物组成、结构构造和化学成分发生部分或全部改变所形成新的岩石。常用的变质岩有大理岩、石英岩、片麻岩等。水成岩又称为沉积岩，是由地表的各类岩石经自然界的风化作用破坏，被风力水流和冰川搬迁后再沉淀堆积，在地表或地表下不太深的地方形成的岩石，如石灰岩等。

2. 压碎指标

压碎指标表示石子抵抗压碎的能力，以间接地推测其相应的强度，其值越小，说明强度越高。《建设用卵石、碎石》(GB/T 14685—2011)规定：粗骨料的压碎指标应满足表 2-29的规定。

表 2-29 粗骨料压碎指标的限值

项目	指标		
	Ⅰ类	Ⅱ类	Ⅲ类
碎石压碎指标/%	≤10	≤20	≤30
卵石压碎指标/%	≤12	≤14	≤16

压碎指标的测定是将一定质量(约 3000 g)的气干状态下粒径范围为 9.5～19 mm 的石子装入标准圆模内(见图 2-24)，放在压力机上均匀加荷至 200 kN，保持 5 s。卸荷后用孔径为 2.36 mm 的筛筛除被压碎的细粒，称出筛余量，按式(2-11)计算压碎指标值：

$$Q_e = \left(\frac{G_1 - G_2}{G_1}\right) \times 100\% \qquad (2-11)$$

图 2-24 压碎值测定仪

式中：Q_e——压碎指标值(%)；

G_1——试样的质量(g)；

G_2——压碎试验后筛余的试样质量(g)。

2.3.7 坚固性

石子的压碎值指标试验

石子在自然风化和其他外界物理、化学因素作用下抵抗破裂的能力称为石子的坚固性。骨料由于干湿循环或冻融交替等作用引起体积变化导致混凝土破坏。骨料越密实、强度越高、吸水性越小，其坚固性越高，而结构越疏松、矿物成分越复杂，构造越不均匀，其坚固性越差。石子的坚固性用硫酸钠溶液法检验，试样经5次循环后其质量损失应符合表2-30的规定。

表2-30 石子的坚固性指标

项目	指标		
	Ⅰ类	Ⅱ类	Ⅲ类
质量损失/%	≤5	≤8	≤12

2.3.8 骨料的含水状态

骨料的含水状态可分为全干状态、气干状态、饱和面干状态和湿润状态，如图2-25所示。全干状态是骨料烘干后，所有可蒸发的水分已被清除干净；气干状态是骨料在空气当中自然晾干后的状态，内部仍含有少量的水；当骨料所有可渗透的孔隙都充满水，而表面没有水膜时称为饱和面干状态；当骨料吸水饱和，同时表面还有吸附的游离水时，称为湿润状态。

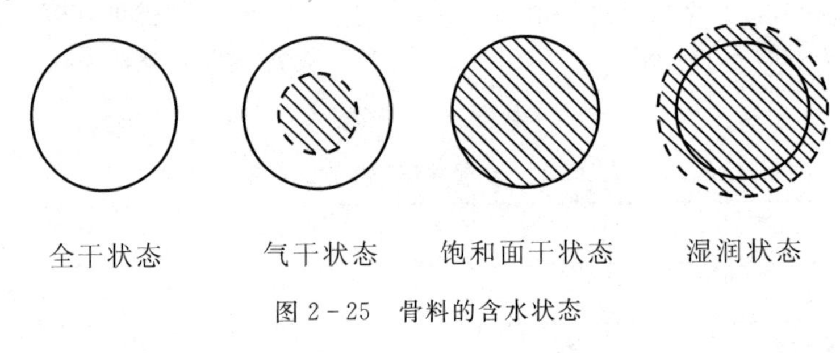

图2-25 骨料的含水状态

不同状态下，骨料的含水率不同，对于配制的混凝土和易性、强度和耐久性都有一定影响。《普通混凝土配合比设计规程》(JGJ 55—2011)规定，在进行配合比设计时以干燥状态的骨料为准。而实际生产过程中，混凝土的含水状态也会经常发生改变，需要随时对混凝土的配合比进行调整，保证混凝土质量的稳定。

2.4 水

水是混凝土的基本组分之一，水泥只有与水接触后才能发生化学反应形成具有黏结能力的胶凝材料，并将砂石材料结合成为一个整体。水的用量是配制混凝土最重要的控制参数之一，用水量的过量或不足都会严重影响混凝土的性能。通常认为，饮用水用于拌制混凝土是没有问题的，而且一些不适合饮用的水经过检验合格后也可用于拌制混凝土。拌合水的主要控制指标是氯离子、硫酸根离子、钾离子、钠离子的含量等，对于预应力混凝土的拌合用水控制指标更为严格。

对混凝土用水的质量要求包括以下几个方面：

(1)不得影响混凝土的和易性及凝结硬化；

(2)不得有损于混凝土强度的发展和耐久性；

(3)不得加快钢筋锈蚀或导致预应力钢筋脆断；

(4)不得污染混凝土表面。

《混凝土用水标准》(JGJ 63—2006)规定，水中各杂质含量应符合表 2－31 的规定。

表 2－31　混凝土拌合用水水质要求

项目	预应力混凝土	钢筋混凝土	素混凝土
pH 值	≥5.0	≥4.5	≥4.5
不溶物/(mg/L)	≤2000	≤2000	≤5000
可溶物/(mg/L)	≤2000	≤5000	≤10000
氯离子/(mg/L)	≤500	≤1000	≤3500
硫酸盐/(mg/L)	≤600	≤2000	≤2700
碱含量/(rag/L)	≤1500		

注：碱含量按 $Na_2O+0.658K_2O$ 计算值表示。采用非碱活性骨料时，可不检验水的碱含量。

本章小结

混凝土的基本组成材料包括水泥、细骨料、粗骨料、水，本章主要介绍了各组成材料的主要技术要求和相关的检验方法。

水泥是普通混凝土中最关键、最重要的组成材料，本节以硅酸盐水泥为基础，对水泥的生产、矿物组成、水化硬化过程及其影响因素等做了较深入的阐述。水泥的技术指标主要包括细度、标准稠度用水量、凝结时间、体积安定性及强度等，对各项技术指标的要求、检验方法均进行了详细的介绍。在学习硅酸盐水泥的基础上，本节还介绍了工程上常用的六大通用水泥组成及其特性，并通过对比讲述通用水泥的选用方法。对一些特种水泥的概念及相关技术要求也进行了简单的介绍。

普通混凝土的骨料包括砂和石子，本节主要介绍了砂的技术指标，包括有害杂质含量、含泥量、泥块含量和石粉含量、粗细程度和颗粒级配、表观密度和堆积密度、坚固性等。石子的技术指标主要包括有害物质、含泥量和泥块含量、针片状颗粒含量、最大粒径与颗粒级配、表观密度和堆积密度、强度、坚固性等。粗、细骨料重点应该掌握的是各项技术指标的试验及有关的数据计算与处理方法。

课后练习题

一、填空题

1. 普通混凝土的基本组成材料包括________、________、________和________。

2. 水泥生产所需的原材料中，提供 Ca^{2+} 的是________，提供 Si^{2+} 的是________。

3. 水泥熟料当中常含有一定的有害成分，主要有________、________、________和________等。

4.《通用硅酸盐水泥》(GB 175—2007)规定，硅酸盐水泥的细度用________表示。

5. 粉煤灰水泥的凝结硬化速度________、早期强度________、水化热________、抗侵蚀性________。

6. 用筛分析法检验水泥细度时，80 μm 方孔筛的筛余量不得大于________，

45 μm方孔筛的筛余量不得大于___________。

7.若硅酸盐水泥需要早强时,可采取的措施是提高熟料中___________的含量,但这样会使水泥的___________提高。

8.用低强度水泥配制高强混凝土,会使得水泥的用量________,水化热__________且不经济。

9.引起水泥体积安定性不良的因素有_________、_________和___________。

10.河砂的表面_____________,拌制的混凝土流动性___________,与水泥的黏结强度较_______。

11.砂的粗细程度用_____________表示,该值越大,意味着砂越________。

12.砂的颗粒级配可用___________和_____________表示。

13.中砂的细度模数范围是___________,筛分试验中用____________号筛来区分砂属于哪个区。

14.泥和泥块会加大混凝土的___________,使流动性___________。

15.相同配和比的情况下,卵石拌制的混凝土流动性较____________,而碎石拌制的混凝土强度较___________。

16.根据《建设用卵石、碎石》(GB/T 14685—2011)的规定,粗骨料的颗粒级配有_________和___________,工程中一般采用的是___________。

17.石子的坚固性用_______________法测试,经过5次循环后,所测石子的质量损失越大意味着__________________。

18.石子的压碎值试验中,筛上残留的颗粒的质量越多,表示石子的压碎值越____,石子强度越___________。

二、简答题

1.简述水泥在混凝土中的作用。

2.为什么把硅酸盐水泥的生产简述为“两磨一烧”?

3.硅酸盐水泥熟料的矿物组成有哪些?

4.硅酸盐水泥的水化产物有哪些?

5.如何区分Ⅰ型硅酸盐水泥和Ⅱ型硅酸盐水泥?

6.国家标准中规定通用水泥的初凝时间和终凝时间对施工有什么重要的意义?

7.何为水泥的体积安定性?体积安定性不良的水泥有什么危害?造成体积安定性不良的原因是什么?

8.某工程工期较紧,现有强度等级为42.5的硅酸盐水泥和粉煤灰水泥,从有利于按期完工的角度看,应选用哪种水泥更有利?

9.称取50 g矿渣水泥,采用80 μm方孔筛进行筛析,筛余量为4 g,试判断该水泥细度是否合格。

10.什么是砂中的泥和泥块?其对砂的危害是什么?

11.什么是砂的粗细程度和颗粒级配?

12.什么是筛分试验时的分计筛余和累计筛余?

13.如何用级配区判定砂的级配是否合格?有超出级配范围时如何处理?

14.粗骨料的针、片状颗粒是什么?其对拌制的混凝土有什么危害?

15. 粗骨料的强度有哪些检验方法？

16. 试述石子的压碎值试验的主要步骤。

17. 什么是粗骨料的最大粒径？工程中粗骨料的最大粒径受哪些条件限制？

18. 什么是粗骨料的连续级配、单粒级？单粒级在工程中有什么作用？

19. 如何根据粗骨料的筛分结果判定级配是否合格？

20. 混凝土用水的质量要求有哪些？

三、计算题

1. 某硅酸盐水泥进行强度等级测定，在抗折试验机和压力试验机上的试验结果读数如下表，试评定其强度等级。

龄期	抗折破坏荷载/N		抗压破坏荷载/kN	
	3 d	28 d	3 d	28 d
试验读数结果	1400	3100	55、58	80、100
	1900	3300	60、70	107、110
	1800	3200	58、62	106、107

2. 取 500 g 砂样经筛分试验，各筛的筛余量如下表所示。试计算其细度模数，并判定其级配情况。

筛孔尺寸/mm	4.75	2.36	1.18	0.60	0.30	0.15	<0.15
筛余量/g	25.0	43.5	81.0	163.5	113.5	55.0	17.0
分计筛余百分率/%							
累计筛余百分率/%							

3. 取 5000 g 石子经筛分试验，各筛的筛余量如下表所示。试根据筛分结果确定该石子的最大粒径，并判定其级配情况。

筛孔尺寸/mm	2.36	4.75	9.50	16.0	19.0	26.5	31.5	37.5	53.0
筛余量/g	253	565	870	1450	1250	457	137	0	0
分计筛余百分率/%									
累计筛余百分率/%									

第3章 混凝土的基本性能

混凝土的各组成材料按照一定的比例混合在一起的拌合物称为新拌混凝土，新拌混凝土必须具有良好的和易性，便于施工操作，以获得均匀密实的结构。混凝土经成形、捣实后进入硬化阶段，随着水泥水化的进行，混凝土的强度逐渐提高，到达规定龄期形成满足力学性能要求的水泥石结构。混凝土在服役过程中，由于受到外界环境的作用，必须具有一定的耐久性能，才能在正常使用期间不发生破坏。此外，越来越多的工程实例表明，混凝土从水化初期一直到完全硬化以后很长一段时间内，都受到体积变形的影响，这就涉及混凝土的变形性能。

3.1 新拌混凝土的性能

3.1.1 和易性

混凝土在凝结硬化之前称为新拌混凝土，它必须具备良好的和易性。和易性又称工作性，是指混凝土拌合物易于各工序施工操作（搅拌、运输、浇筑、振捣），并能获得质量均匀、成型密实的混凝土的性能。和易性是一项综合技术指标，包括流动性、黏聚性和保水性三个主要方面的含义。

1. 流动性

流动性是指拌合物在自重或施工机械振捣作用下，能产生流动并均匀密实地填充整个模型的性能。流动性的大小反映了混凝土拌合物的稀稠程度，流动性好的混凝土拌合物操作方便，易于浇筑、振捣和成型。

2. 黏聚性

黏聚性是指拌合物在施工过程中，各组成材料互相之间有一定的黏聚力，不出现分层离析，保持整体均匀的性能。黏聚性反映了混凝土拌合物的均匀性，黏聚性良好的拌合物易于施工操作，不会产生分层和离析的现象。黏聚性差时，会造成混凝土质地不均，振捣后易出现蜂窝、空洞等现象，影响混凝土的强度和耐久性。

3. 保水性

保水性是指混凝土拌合物在施工过程中具有一定的保持内部水分而抵抗泌水的能力。保水性反映了混凝土拌合物的稳定性。保水性差的混凝土拌合物会在混凝土的内部形成透水通道，影响混凝土的密实性，并降低混凝土的强度及耐久性。

混凝土拌合物的这些性能既互相联系，又互相矛盾。例如，增加拌合物的用水量，可以提高其流动性，但可能降低黏聚性和保水性。因此，拌合物的和易性是三个方面性能的综合，施工时应兼顾这些性能。

3.1.2 和易性的评定

混凝土拌合物的和易性是一项满足施工工艺要求的综合性质，现在还没有一个指标能对和易性进行完整反映。从和易性的几个方面分析，流动性对新拌混凝土的性质影响最大。因此，通常测定和易性是以流动性为主，兼顾其他方面的性能。测混凝土拌合物的和易性方法有两种，即坍落度法和维勃稠度法。

1. 坍落度法

坍落度法是迄今为止历史最悠久也是使用最广泛的测试方法。它最早在1922年作为ASTM（美国材料与试验协会的英文缩写，其英文全称为American Society for Testing and Materials）标准出现。《普通混凝土拌合物性能试验方法标准》（GB/T 50080—2016）规定，坍落度试验适用于测定骨料最大粒径不超过40 mm、坍落度不小于10 mm的混凝土拌合物的流动性。

测试坍落度的主要仪器为坍落度筒（见图3-1），它是用金属板制成的圆台形筒，上口直径100 mm，下口直径200 mm，高度为300 mm。坍落度筒的上下截面平行，且与锥体轴心垂直，筒外焊有两个把手，近下端焊有脚踏板，筒的内壁光滑。为方便加料，设置一个加料漏斗。插捣用的捣棒是由直径为16 mm的圆钢筋制成，将钢筋端部磨圆。

具体的测试方法为：

（1）首先用湿布擦拭坍落度筒及其他可与混凝土接触的用具，将坍落度筒置于水平的、不吸水的刚性底板上，漏斗置于坍落度筒顶部并用双脚踩紧踏板。

（2）用小铲将拌好的拌合物分三层装入筒内，每层装入高度约为筒高的1/3，每层要用捣棒沿螺旋方向由边缘向中心插捣25次。插捣底层时应贯穿整个深度，插捣其他层时，要插至下一层的表面。

混凝土的坍落度试验

（3）插捣完毕，除去漏斗，用抹刀刮去多余拌合物，并抹平，清除筒四周拌合物。在3～7 s内垂直平稳地提起坍落度筒，将筒轻轻放在拌合物旁，避免振动拌合物。当试样不再继续坍落或坍落时间达到30 s时进行测试，坍落度等于模具的高度和在底板上的混凝土样品的高度的差值（见图3-2）。坍落度的读数以mm计，并精确至5 mm。

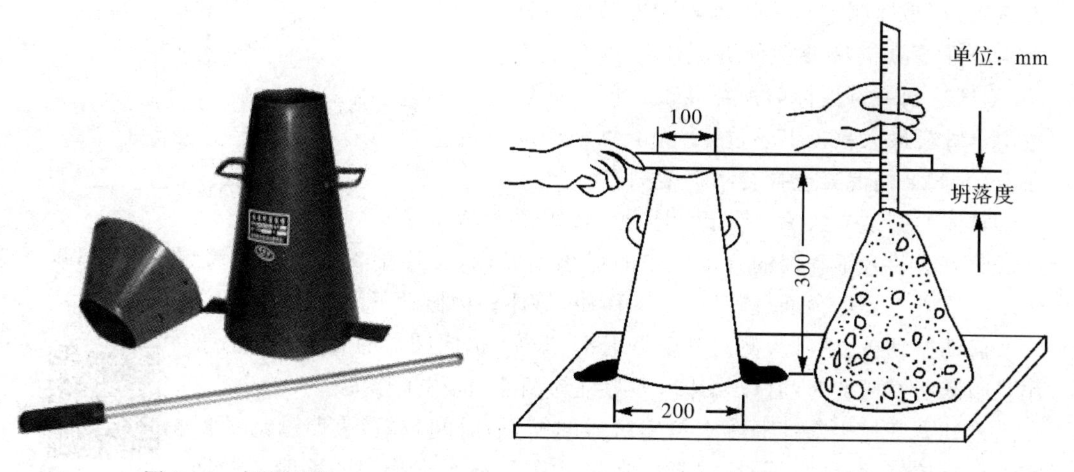

图3-1 坍落度筒

图3-2 混凝土坍落度的测定

（4）混凝土拌合物黏聚性、保水性的评定。黏聚性的检验方法是用捣棒在已坍落的混凝土锥体侧面轻轻敲打，若锥体整体慢慢下沉，则表示黏聚性良好，若锥体倒塌或部分崩裂，则表示黏聚性不好；对于坍落度比较大的混凝土，锥体下沉后呈圆饼状，可用料铲铲起少量混凝土后，通过倾斜料铲观察混凝土滑落的状态来评定其黏聚性。

保水性以混凝土拌合物中稀浆析出的程度来评定，坍落度筒提起后，若有较多的稀浆从混凝土四周底部析出，锥体部分的混凝土也因失浆而骨料外露，则说明混凝土拌合物保水性差；若坍落度筒提起后，无稀浆或仅有少量稀浆从四周底部析出，则说明混凝土拌合物保水性良好。

根据坍落度大小，可将混凝土拌合物分成 4 级，见表 3－1。

表 3－1　混凝土根据坍落度大小的分级

类别	坍落度值/mm
大流动性混凝土	≥160
流动性混凝土	100～150
塑性混凝土	50～90
低塑性混凝土	10～40

依据普通混凝土拌合物性能试验方法标准(GB/T 50080—2016)的规定，当混凝土拌合物的坍落度大于 220 mm 时，还应测试扩展度。可用钢尺测量混凝土扩展后最终的最大直径和最小直径，在这两个直径之差小于 50 mm 的条件下，用其算术平均值作为坍落扩展度值。

2. 维勃稠度法

坍落度小于 10 mm 的混凝土称为干硬性混凝土，对于干硬性的混凝土，坍落度法已不再适用，和易性测定常采用维勃稠度试验。其基本原理是靠机械振动使混凝土锥体产生流动，测试达到一定指标时所需要的时间。此法适用于骨料最大粒径不超过 40 mm、维勃稠度在 5 s～30 s 的混凝土拌合物稠度测定。

1—振动台；2—容器；3—坍落度筒；4—透明圆盘；5—旋转架

图 3－3　维勃稠度仪

具体的测试方法为：将新拌混凝土按坍落度试验方法装入维勃仪的容量筒中的坍落度筒内，缓慢垂直提起坍落筒，将透明圆盘置于新拌混凝土锥体顶面(圆盘可上下移动，随拌和物振动下沉，圆盘也跟着下沉)。

启动振动台，用秒表测出其受振坍平、振实，透明圆盘的底面完全为水泥浆布满所经历的时间(以 s 计)，即为维勃稠度，也称工作度。

混凝土的维勃稠度试验

维勃稠度代表新拌混凝土振实所需的能量，时间越短，表明越易被振实。它能较好地反映干硬性混凝土在振动作用下便于施工的性能。根据维勃稠度的大小可将混凝土拌合物分成 4 级，见表 3－2。

表 3-2 混凝土根据维勃稠度大小的分级

类别	维勃稠度/s
超干硬性混凝土	≥31
特干硬性混凝土	30～21
干硬性混凝土	20～11
半干硬性混凝土	10～5

3.1.3 影响混凝土和易性的因素

1.浆体的数量

浆体是由水泥、矿物掺合料和水拌制而成的混合物，具有一定的流动性和可塑性。增加混凝土单位体积中浆体的数量，能使骨料周围有足够的浆体包裹，改善骨料之间的润滑性能，从而使混凝土拌合物的流动性提高。

若浆体过少，则不能填满骨料的空隙，更不能包裹所有的骨料表面形成润滑层，流动性和黏聚性也比较差。但浆体数量不宜过多，否则会出现流浆现象，黏聚性变差，同时对混凝土的强度和耐久性都有影响，且胶凝材料用量也大，不经济。因此，浆体的用量应以满足和易性和强度的要求为度，不宜过多，也不宜过少。

2.浆体的稠度

浆体的稠度主要取决于水胶比（1 m^3 混凝土中水与胶凝材料用量的比值）大小，用W/B表示。传统的四组分混凝土中胶凝材料只有水泥，不掺加其他的矿物掺合料，水胶比即为混凝土中水与水泥的质量比，此时也称水灰比（W/C）。

在胶凝材料用量不变的情况下，水胶比越小，浆体越稠，骨料运动的阻力越大，则拌和物的流动性越小，但黏聚性会变好。当水胶比过小时，浆体干稠，拌和物流动性太小，使施工困难，混凝土密实性差。反之，水胶比过大时，浆体过稀，其流动性过大。拌和物黏聚性、保水性变差，产生流浆、离析现象，并严重影响混凝土的强度。

所以要有合适的水胶比。在实际工程中，水胶比要根据混凝土所要求的强度和耐久性确定。当混凝土的坍落度小于设计要求，即流动性差时，若只增加用水量，会造成水胶比增大，不仅可能使混凝土的黏聚性变差，还可能影响拌合物硬化以后的性能。所以应维持水胶比不变，同时增加水和胶凝材料的用量。

3.水泥的品种和细度

不同品种的水泥的需水量不同，使得其对混凝土拌合物也有一定的影响。

一般来说，当水胶比相同时，用普通硅酸盐水泥所拌制的混凝土拌合物的流动性大、保水性好；用矿渣水泥时保水性差；用粉煤灰水泥时，流动性好，黏聚性和保水性也较好；用火山灰水泥时，流动性小，黏聚性和保水性较好。

水泥的细度越大，比表面积越大，需水量相应增加。拌制的混凝土流动性小，但是黏聚性和保水性好。

4.骨料的影响

骨料的品种、粒径、级配和表面状态等都对混凝土拌合物的和易性产生影响。

级配良好的砂、石骨料配制的混凝土拌和物，和易性较好。因为空隙率低，使得胶凝材料浆体填满空隙后，能充分包裹骨料，包裹层较厚，减小了骨料间的摩擦力，从而增大了混凝土拌和物的流动性。

砂的细度模数越小，总表面积越大，需要包裹的浆体量多，容易使混凝土流动性变差；卵石比碎石拌制混凝土拌和物和易性略好；碎石的针、片状含量多，和易性差；骨料的杂质含量多，尤其是含泥量和泥块含量，会使和易性变差。

5. *砂率*

砂率（S_p）是指混凝土内砂的质量占砂（S）、石（G）总量的百分比，如式（3-1）所示：

$$S_p = \frac{S}{S+G} \times 100\% \tag{3-1}$$

在混凝土拌合物体系中，可以认为是砂填充粗骨料的空隙，而胶凝材料浆体则填充砂的空隙，同时有一定的富余量去包裹并润滑骨料的表面，使混凝土具有一定的流动性。

砂率的变化可引起骨料的空隙率和总表面积的变化，因而可影响混凝土拌和物的和易性。砂率过大时，由于细骨料（砂）的比重变大，使得骨料的总表面积增大，使得包裹骨料的浆体量不足，混凝土变得干稠；砂率过小时，填充石子空隙的砂减少，砂与浆体形成的砂浆减少，不能充分填满石子的空隙和包裹石子的表面，造成骨料间摩擦力变大，流动性变差。

因此，选择砂率应该是在用水量及胶凝材料用量一定的条件下，使混凝土拌合物获得良好的和易性（见图 3-4）；或在保证良好和易性的同时，胶凝材料的用量最少（见图 3-5）。此时的砂率值称为合理砂率（或最佳砂率）。

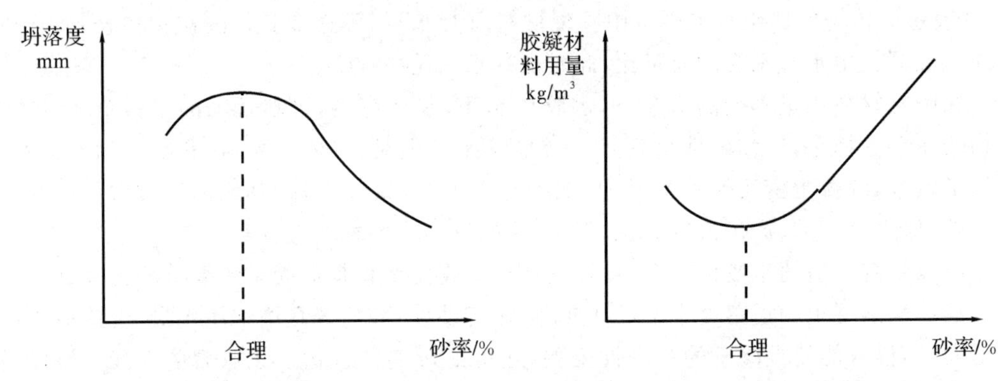

图 3-4　砂率与坍落度的关系（用水量和胶凝材料用量一定）

图 3-5　砂率与胶凝材料用量的关系（坍落度一定）

合理砂率一般需要通过试验确定，在进行配合比设计时，可根据《普通混凝土配合比设计规程》（JGJ 55—2011）规定，查表 3-3 初步确定混凝土的砂率，再经过试验进行适配调整，并最终确定。

表 3-3　混凝土砂率（%）

水胶比（W/B）	卵石最大公称粒径/mm			碎石最大公称粒径/mm		
	10.0	20.0	40.0	16.0	20.0	40.0
0.40	26～32	25～31	24～30	30～35	29～34	27～32
0.50	30～35	29～34	28～33	33～38	32～37	30～35

续表

水胶比(W/B)	卵石最大公称粒径/mm			碎石最大公称粒径/mm		
	10.0	20.0	40.0	16.0	20.0	40.0
0.60	33～38	32～37	31～36	36～41	35～40	33～38
0.70	36～41	35～40	34～39	39～44	38～43	36～41

6. **外加剂和掺合料**

外加剂对混凝土拌和物和易性有影响，如减水剂、引气剂能改善拌和物的和易性，包括增大流动性，改善黏聚性和保水性。随着外加剂技术的进步，通过添加不同品种外加剂来提高混凝土的和易性，已经成为最直接和有效的手段。

掺合料也会对混凝土的和易性有很大影响。如掺入优质粉煤灰时，具有一定的减水效果，同时还可延缓水泥的水化速度，使混凝土的和易性提高。但是，品质较差的掺合料，也会降低混凝土的和易性，如品质差的粉煤灰需水量比可能达到120%，对和易性的影响是不利的。不同品种的掺合料需水量也不一样，常用的几种矿物掺合料中，粉煤灰的需水量最低，矿渣次之，硅灰则需水量较高。因此，在配制混凝土时，应尽量选择需水量较小的矿物掺合料。

7. **时间**

混凝土拌和后，水化随即开始，随着时间的延长，具有胶凝性质的水化产物数量逐渐增加。同时，混凝土中的水一部分参与了水化，一部分蒸发到空气中，这都会使得混凝土拌和物的流动性越来越差，坍落度变小，这种现象称为混凝土的坍落度损失。所以混凝土拌和物搅拌均匀后，应尽快地进行施工。

8. **温度和湿度**

随着环境的温度升高，水泥水化速度变快，凝结时间缩短，坍落度损失变大。尤其在夏季高温条件下施工时，温度的影响更为显著。空气湿度如果过小，混凝土的水分蒸发较快，也会降低拌合物的流动性。

针对影响混凝土和易性的因素，在实际施工中，可采用如下措施调整混凝土拌和物的和易性：

(1)在水胶比不变的情况下，适当增加胶凝材料浆体的数量；

(2)改善骨料的级配，尽可能选择级配良好的骨料；选择粒型较好，针片状颗粒含量少的粗骨料；尽量采用较粗的砂子；控制砂、石的含泥量和泥块含量；

(3)选择适宜的水泥品种，掺用化学外加剂和优质的矿物掺合料；

(4)通过试验，选用合理砂率等。

3.1.4　混凝土拌合物的离析和泌水

3.1.4.1　离析

混凝土的离析

混凝土拌合物在浇筑前各组分分离造成不均匀和失去连续性的现象，称为离析。

离析有两种形式，一是骨料从拌合物中分离；二是稀水泥浆从拌合物淌出。前者多发生于浆体用量少的混凝土,后者多发生于水胶比较大的混凝土中。

1.产生离析的原因

离析是粗骨料与砂浆分离而导致拌合物不均匀的现象,产生的原因可以归结为以下几个方面:

(1)拌合物各组分的密度有差异。

由于粗骨料和砂浆的密度不同,使得粗骨料产生沉降,轻骨料有可能出现上浮,造成拌合物不均匀。两者的密度相差越大,离析越严重。

(2)长距离的运输或泵送。

混凝土在远距离运输过程中,由于颠簸使得产生离析的倾向增大。在泵送过程中,混凝土在管内沿输送方向在压力下向前运动,流动性好的砂浆往往先行,而粗骨料则滞后,从而造成离析,严重时会造成管道堵塞。

(3)振捣时间过长。

混凝土在浇筑后,为使部位更加均匀,往往要进行振捣。但振捣的时间不宜过长,否则混凝土在机械力的作用下有可能发生离析。

(4)水胶比过大。

水胶比过大时,浆体的黏性较差,骨料将更容易从拌合物中分离出来,浆体也更容易上浮,造成混凝土的分层。

2.防止离析的措施

防止混凝土发生离析最根本的要求是,胶凝材料浆体应具有较高的黏度,保证各组分之间的黏结力。具体来说包括以下几个方面:

(1)合理设计配合比,如水胶比不宜过大,砂率不宜过小,保证足够的胶凝材料用量,满足施工要求的前提下尽量采用较小的坍落度;

(2)使用级配良好的骨料,注意控制粗骨料的最大粒径;

(3)合理规划搅拌站的位置,尽量避免长距离的运输;

(4)注意浇注的位置,避免从高处下落,横向流动不宜过长,必要时可先用容器接料;

(5)严格控制振捣的时间。

3.1.4.2 泌水

混凝土在浇筑后,因固体颗粒下沉,水上升并在混凝土表面析出的现象称为泌水。反映泌水程度的参数是泌水率,泌水率指混凝土拌合物单位面积析出的水量与混凝土拌合物的含水量之比。

泌水使混凝土的上层含水量增大,下层含水量减少,水胶比不同,使得混凝土的质量不均匀。上层强度低,耐磨性差。部分泌水停留在粗骨料或钢筋的下表面,导致骨料与水泥、粗骨料与砂浆、钢筋与混凝土之间的黏结力下降,致使混凝土的强度和耐久性下降。而且,泌水经过粗骨料下表面并绕过粗骨料上升,形成连通的孔道,降低了混凝土的密实度。混凝土泌水后还会使得表面变的疏松,产生起皮或粉尘现象,影响混凝土的外观质量。

混凝土的泌水

1.产生泌水的原因

引起混凝土泌水的主要原因是骨料的级配不良,具体来说就是细颗粒不足,在混凝土中易形成泌水的通道。此外，混凝土的水胶比过大，单方用水量过多，浆体的黏聚性不足会导致泌水产生。

2. 防止泌水的措施

(1)尽量降低混凝土的单方用水量，满足施工要求的前提下尽量采用较小的坍落度。

(2)使用级配良好的骨料。此外，碎石由于单位用水量较卵石大，所以泌水率较大。

(3)提高水泥的细度。水泥越细，比表面积越大，需水量越大，拌和物的黏聚性好，可减少泌水。

(4)使用凝结时间短的水泥。若水泥能在较短的时间内发生水化，并尽快地凝结硬化，能有效减少泌水。

(5)加入减水剂和引气剂，或某些掺合料。减水剂可以减少拌合物的拌合用水量，引气剂所引入的气泡能吸附一定量的水，增加保水性。

(6)需要注意的是，严重的泌水应该避免。而少量的泌水危害不大，且利于表面的修整。

3.1.5 新拌混凝土的其他技术要求

1. 表观密度

新拌混凝土的表观密度是指混凝土拌合物捣实后的单位体积的质量，可直观混凝土拌合物的密实程度，与混凝土的强度存在一定的联系，因而可以间接评价混凝土的质量。普通混凝土拌合物的表观密度应该在 2400 kg/m^3 左右，采用容重法进行测定。

2. 凝结时间

和水泥一样，混凝土的凝结时间在施工过程中有着十分重要的意义。尽管混凝土的凝结硬化主要是水泥水化造成的，但由于混凝土中往往掺入各种外加剂和掺合料，使得两者的凝结时间又有不同。

混凝土的凝结时间的测定首先要用 4.75 mm 的方孔筛筛出砂浆，再用贯入阻力仪(见图 3-6)来测定。

3. 含气量

混凝土在搅拌过程中会引入一定量的气泡，对于混凝土的密实度、强度、耐久性都有影响。冬季施工的混凝土常采用掺加引气剂的方式来提高抗冻性，但含气量过大则会使强度明显下降，因此通过试验控制引气剂的掺量非常重要。

含气量的表示方法为混凝土的气泡体积与全部混凝土体积之比的百分数，用含气量测定仪(见图 3-7)进行测定。

图 3-6 贯入阻力仪

图 3-7 含气量测定仪

4. 压力泌水率

泌水率即泌水量与混凝土拌合物含水量之比，压力泌水率是反映混凝土在一定压力作用下的保水性能的一个指标，尤其适用于泵送施工的混凝土，是表征其稳定性的一个重要参数。采用压力泌水仪（见图 3-8）进行测定。

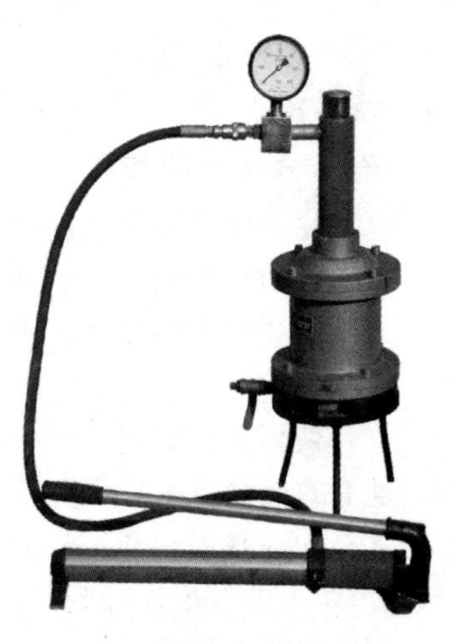

图 3-8　混凝土压力泌水仪

3.2　混凝土的力学性能

混凝土的力学性能主要包括抗压强度、抗拉强度、抗折强度、抗压弹性模量等。强度是指材料抵抗外力而不受破坏的能力，是混凝土硬化后最主要的力学性质，也是混凝土质量控制的主要指标。其中抗压强度最大，抗拉强度最小。所以在进行结构设计时，混凝土主要用来承受压荷载，尽量避免承受拉荷载。当必须承受拉载荷时，应在混凝土内配入钢筋，靠钢筋来承受拉力。

混凝土的立方体抗压强度试验

3.2.1　抗压强度

3.2.1.1　立方体抗压强度与轴心抗压强度

1. 立方体抗压强度

混凝土的立方体抗压强度是指标准试件在压力作用下直至破坏，单位面积所能承受的最大压力。即通常所指的混凝土的抗压强度，它是工程中最常用到的混凝土力学性能。

《普通混凝土力学性能试验方法标准》(GB/T 50081—2019)规定，抗压强度采用尺寸为 150 mm×150 mm×150 mm 的标准立方体试件。在标准条件（温度 20±2 ℃，相对湿度 95%以上）下或在温度为 20±2 ℃的不流动的 $Ca(OH)_2$ 饱和溶液中养护 28 d，所测得的抗压强度值为混凝土立方体抗压强度，以 f_{cu} 表示。

当骨料最大粒径较大或较小时，可以采用非标准尺寸的试件，但应换算成标准试件的强度。换算方法是将所测得的强度乘以相应的换算系数（见表 3-4）。

表 3-4　试件尺寸及强度值换算系数

试件边长/mm	允许骨料最大粒径/mm	换算系数
100×100×100	31.5	0.95
150×150×150	40	1.00
200×200×200	63	1.05

混凝土强度等级按照混凝土立方体抗压强度标准值（$f_{cu,k}$）确定，依据《混凝土质量控制标准》(GB 50164—2011)，混凝土的强度等级划分为 C10、C15、C20、C25、C30、C35、C40、C45、C50、C55、C60、C65、C70、C75、C80、C85、C90、C95 和 C100 共 19 个等级。其中“C”表示混凝土，“C”后面的数字表示混凝土立方体抗压强度标准值。如 C30 表示混凝土立方体抗压强度标准值为 30 MPa。

混凝土立方体抗压强度标准值，是指按标准方法测得的具有 95%强度保证率的抗压强度值。实际施工过程中，即使是相同配比的混凝土，在不同时间、不同批次测得的立方体抗压强度值也会有一定的波动，且通常符合正态分布的统计规律。在混凝土立方体抗压强度值的总体分布中，强度高于($f_{cu,k}$)的百分率为95%。例如C30指所有混凝土中，有95%能达到30 MPa。

2. 轴心抗压强度

实际应用中的混凝土结构很多是棱柱体或圆柱体，实际高度比受力面积要大得多，为了能更好地反映混凝土实际抗压性能，混凝土在进行结构设计时，常以轴心抗压强度为设计依据。《普通混凝土力学性能试验方法》(GB/T 50081—2019)规定，轴心抗压强度采用150 mm×150 mm×300 mm的棱柱体作为标准试件，测得的抗压强度即为轴心抗压强度f_{cp}。

混凝土的轴心抗压强度f_{cp}与立方体抗压强度f_{cu}之间具有一定的关系，两者的比值在一定范围内波动。同一种混凝土的轴心抗压强度往往低于立方体抗压强度，二者的关系为$f_{cp}\approx(0.7\sim0.8)f_{cu}$。

思考题3-1：列举一些常见的棱柱体或圆柱体混凝土结构物。

查看答案

3.2.1.2 影响抗压强度的因素

1. 水泥品种和强度等级

混凝土的强度发展主要是由水泥的水化决定的，因而水化速度快的水泥，其强度发展也快。通用水泥中的硅酸盐水泥和普通硅酸盐水泥，由于活性高，强度发展快；而含有较多矿物掺合料的水泥活性较低，早期水化速度和强度增长相对较慢，但到后期由于矿物掺合料的火山灰效应，可以使混凝土的后期强度差别减小。

水泥粉磨的细度越大，水化活性越大，其强度发展也快。

一般情况下，相同种类的水泥，强度等级越高，则硬化后水泥石的强度越高，对骨料的胶结力就越强，配制的混凝土的强度也就越高。

2. 水胶比

在水泥强度等级一定时，混凝土的强度主要取决于水胶比。若不掺加其他的矿物掺合料，则为水灰比。

从理论上讲，水泥水化的需水量一般只占到水泥质量的23%左右，但拌制混凝土时，这样的用水量会使得混凝土过于干稠。为了满足施工时对混凝土和易性的要求，常需要多加一些水，一般要达到水泥质量的40%以上。这样，在混凝土硬化过程中，水泥水化后多余的水蒸发会留下气孔，造成混凝土的密实度降低，强度下降。因而水胶比越小，硬化后的孔隙率就小，混凝土的强度就越高。但水胶比过小，拌和物过稠，施工困难，使得混凝土振捣不密实，反而导致混凝土强度下降(见图3-9)。

瑞士学者Bolomy通过大量的试验研究，并应用数学统计的方法证明，混凝土强度与水灰比呈曲线关系，而与灰水比呈直线关系(见图3-10)。其强度计算公式是

$$f_{cu}=\alpha_a f_{ce}\left(\frac{C}{W}-\alpha_b\right) \tag{3-2}$$

式中：f_{cu}——混凝土28 d龄期的抗压强度值，MPa；

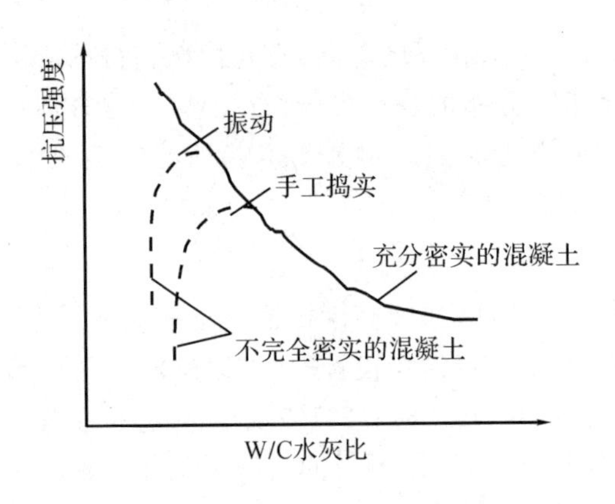

图 3-9　抗压强度与水灰比的关系

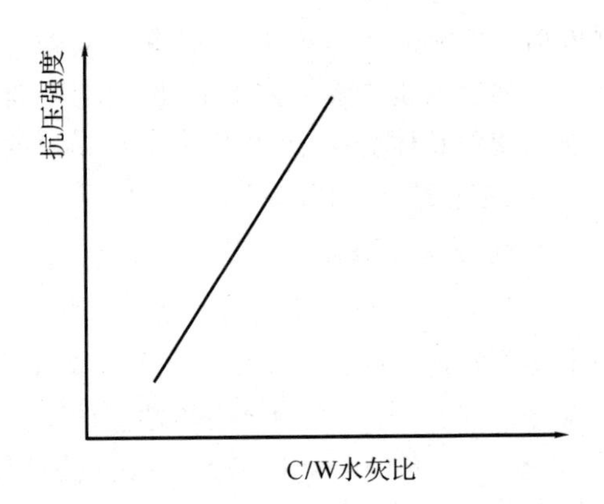

图 3-10　抗压强度与灰水比的关系

f_{ce}——水泥 28 d 抗压强度的实测值，MPa；

C/W——混凝土的灰水比；

α_a，α_b——回归系数，与粗骨料的品种有关，查表 3-5。

表 3-5　混凝土中粗骨料的回归系数

回归系数	碎石混凝土	卵石混凝土
α_a	0.53	0.49
α_b	0.20	0.13

当无法取得水泥的 28 d 强度实测值时，可用式(3-3)进行估算。

$$f_{ce} = \gamma_c f_{ce,g} \tag{3-3}$$

式中：$f_{ce,g}$——水泥的强度等级值，MPa；

γ_c——水泥强度等级值的富余系数，查表 3-6。

表 3-6　水泥强度等级值的富余系数

水泥强度等级	32.5	42.5	52.5
富余系数	1.12	1.16	1.10

Bolomy 公式是混凝土配合比设计的重要基础，延续了近 100 年。在实际应用中，当水泥强度等级确定，配制某种强度的混凝土时，可以估算应采用的水灰比值；当已知所用水泥强度等级和水灰比时，可估计混凝土 28 d 可能达到的抗压强度值。

现代混凝土在四组分的基础上，掺入了矿物掺合料和化学外加剂，胶凝材料变成了以水泥为主的复合胶凝材料体系，水灰比的说法逐渐被水胶比取代。《普通混凝土配合比设计规程》(JGJ 55—2011)对 Bolomy 公式进行了修正：

$$f_{cu} = \alpha_a f_b \left(\frac{B}{W} - \alpha_b\right) \tag{3-4}$$

式中：f_b——胶凝材料(水泥与矿物掺合料按使用比例混合)28 d 胶砂强度的实测值，MPa；

B/W——混凝土的胶水比。

3. **骨料的影响**

通常情况下，骨料对于普通混凝土强度的影响较小，尤其是在中、低强混凝土中。硬化后的混凝土体系包括水泥石、骨料和界面过渡区，三者的强度共同决定混凝土的强度，受力时强度最低的部分最先破坏，因而对混凝土强度影响大。中、低强混凝土中，骨料的强度一般比混凝土中硬化水泥石和界面过渡区的强度都要高，因而对混凝土强度影响不大。而在高强混凝土中，硬化水泥石及界面过渡区强度较高，与骨料强度的差距较小，骨料对混凝土强度的影响也凸显出来。骨料强度越高，所配制的混凝土强度也越高。

除强度外，骨料的级配、粒径、形状和表面特征都对界面过渡区有不同程度的影响，从而影响混凝土的强度。骨料的级配良好、砂率适当时，相互堆积的结构密实，有利于混凝土强度的提高。如果混凝土中有害杂质较多且骨料品质较差（如含泥量、泥块含量高，有大量针片状颗粒及风化的岩石）、级配不良时，混凝土强度就会降低。

碎石表面粗糙，具有一定的吸附性，黏结力比较大，卵石表面光滑，黏结力较低。因而，在水泥强度等级和水胶比相同的条件下，碎石混凝土的强度比卵石混凝土的强度略高。特别是在水胶比较小时，因此配制高强混凝土应首选碎石。

4. 搅拌、运输和振捣

（1）搅拌。

在一定的时间内，混凝土拌合物的搅拌时间越长，拌合越均匀，强度也越高。如对于干硬性的混凝土，搅拌时间应适当延长，以使水泥与水能混合均匀。但搅拌时间过长则会引起混凝土的离析，实际施工过程中应根据混凝土的特性来合理选择搅拌时间。

此外，混凝土各组成材料的投料方式不同，对强度也有一定的影响。常规投料方式是把水泥、粗细骨料、水、外加剂等一次投入到搅拌机中进行搅拌。这种搅拌方法容易使水泥颗粒聚块成团，不能充分水化，各组分材料之间也易形成大量气泡，影响混凝土的强度。大量的研究表明采用分次投料的搅拌工艺可适当提高混凝土的强度。如预拌水泥砂浆法（水泥＋砂＋水投入搅拌，再加入石子）、预拌水泥净浆法（水泥＋水投入搅拌再加入砂、石）和水泥裹砂法（全部石子、砂和 70％水投入搅拌 10～20 s，再加入全部水泥搅拌 30 s，最后加入剩下的 30％水搅拌 60 s）等。生产混凝土采用的分次投料法，是在传统的一次投料法基础上将投料顺序，搅拌方式上变动而形成的。其优点在于，采用此方法生产混凝土克服了水泥浆难以把砂石完全均匀包裹的缺陷，从而达到增加混凝土强度或是节约水泥的目的。

（2）运输。

混凝土拌合物在运输过程中应保持拌合物的均匀性，长距离运输过程应考虑混凝土可能发生的离析对强度的影响。若在运送至浇筑点时发现混凝土离析，应快速搅拌至均匀后再进行浇筑，而且注意不能超过混凝土的初凝时间。

（3）振捣。

为获得均匀密实的混凝土，拌合物在浇筑后必须充分捣实。通常在适当时间范围内，延长振捣时间可以提高混凝土的强度。但对于流动性较大的混凝土，振捣时间过长容易发生离析，从而降低混凝土强度。因而要有一个合适的振捣时间。

5. 养护

养护是指采取一定措施，使混凝土在处于适当温度和足够湿度的环境中进行硬化。在混凝土浇筑完成后，应及时进行充分养护，养护不当将使混凝土强度及耐久性下降。

养护温度高，水泥水化快，混凝土强度发展快，但温度也不宜过高，否则会产生过多的水化热,使混凝土容易开裂。养护温度降低,水化反应变慢,当温度低至冰点以下时,水化就停止了,且有冰冻破坏的危险,使强度降低。故冬季施工时,应采取一定的保温措施,使混凝土在正常温度条件下凝结、硬化,当强度达到一定的初始强度时,方可停止保温。若混凝土在达到临界强度之前即受负温作用,会导致混凝土中自由水结冰膨胀,使混凝土发生早期冻伤,强度随之下降。

环境湿度是保证水泥正常水化的另一个重要条件。在充足的湿度条件下,水泥水化的就充分,使混凝土强度发展顺利;若湿度不够,则由于水分大量蒸发,水泥缺水而不能正常水化,而且造成结构疏松、干裂,严重影响混凝土强度。受干燥作用的时间越早,造成的干裂越严重,结构越疏松,强度损失越大。

一般情况下,混凝土标准养护的时间越长,后期强度越高,如图 3－11 所示。《混凝土质量控制标准》(GB 50164—2011)规定:对于采用硅酸盐水泥、普通硅酸盐水泥、矿渣硅酸盐水泥拌制的混凝土,采用浇水和潮湿覆盖的养护时间不得少于 7 d;对于采用火山灰硅酸盐水泥、粉煤灰硅酸盐水泥、复合硅酸盐水泥配制的混凝土,或掺用缓凝型外加剂的混凝土以及大掺量矿物掺合料的混凝土,采用浇水和潮湿覆盖的养护时间不得少于 14 d。

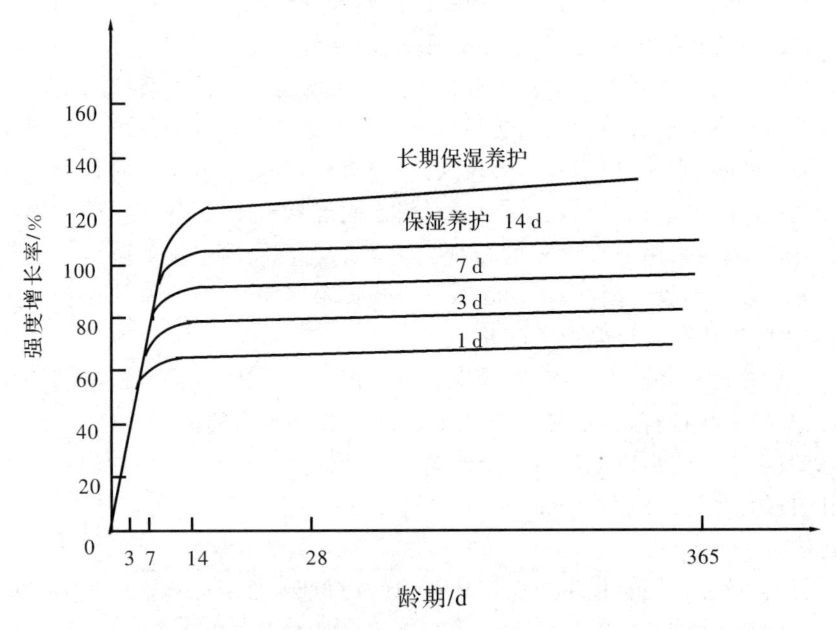

图 3－11　混凝土强度与养护时间、龄期的关系

6. **龄期**

混凝土在正常养护条件下,其强度随龄期增长而提高。在最初 3～7 d,强度增长较快,28 d 达到设计强度的规定值,之后强度还会继续发展,但较为缓慢。当某一龄期 n 大于等于 3 d 时,该龄期混凝土的抗压强度 f_n 与 28 d 强度 f_{28} 存在如下关系:

$$\frac{f_n}{f_{28}}=\frac{\lg n}{\lg 28} \tag{3-5}$$

式中:f_n——n 天的混凝土立方体抗压强度($n \geqslant 3$ d);

f_{28}——28 天的混凝土立方体抗压强度。

根据上式,可由测得的混凝土的早期强度,估算其 28 d 的强度;或者可由混凝土 28 d

的强度，推算 28 d 前混凝土达到某一强度需要养护的天数，以便确定混凝土拆模、构件起吊、放松预应力钢筋、制品养护、出厂等日期。

查看答案

思考题 3－2：如何根据混凝土的 28 d 强度推测早期强度？

7. 外加剂和掺合料

不同类型的外加剂对混凝土强度的影响也有不同。如减水剂能减少混凝土拌合用水量，可以提高混凝土的强度；引气剂可以增加基体的孔隙率，因此会对混凝土的强度有负面影响；早强剂可以提高混凝土的早期强度。

矿物掺合料替代部分水泥，也会对强度产生不同的影响。如粉煤灰和矿渣粉会降低混凝土的早期强度，但后期强度相差会很小。硅灰会显著提高混凝土的强度，常用来配制高强混凝土。

3.2.1.3　抗压强度的测试

1. 试验方法

试件从养护地点取出后，将试件表面多余的水擦拭干净，及时放到混凝土压力试验机（见图 3－12）上进行试验。加压时，应持续而均匀地加荷，不宜过快，直至试件破坏。加荷速度可参考表 3－7。

图 3－12　混凝土压力试验机

表 3－7　抗压试件加载速率

混凝土强度/MPa	＜C30	≥C30，且＜C60	≥C60
加载速率/(MPa/s)	0.3～0.5	0.5～0.8	0.8～1.0

混凝土立方体试件抗压强度按下式计算（精确至 0.1 MPa）：

$$f_{cu}=\frac{F}{A} \tag{3-5}$$

式中：f_{cu}——混凝土立方体试件抗压强度（MPa）；

F——破坏荷载（N）；

A——试件承压面积（mm^2）。

一组混凝土应检测三个试件，以三个试件算术平均值作为该组试件的抗压强度值。三个试件中的最大值或最小值中，如有一个与中间值的差值超过中间值的±15％，则把最大及最小值一并舍去，取中间值作为该组试件的抗压强度值。如最大值、最小值与中间值的差均超过中间值的±15％，则该组试件的试验结果无效。

思考题 3－3：混凝土强度的计算规则与水泥强度计算规则有什么不同？

查看答案

2. 试验条件对结果的影响

同种混凝土的强度测试结果从理论上说应该是一致的，而实际上不同的试验条件下，试验的结果往往有一定的差别。

(1)试件尺寸。

相同的混凝土,试件尺寸越小测得的强度越高。原因是试件尺寸较大时,试件内部存在孔隙等缺陷的概率就高,这就造成有效受力面积的减小和应力集中,从而引起混凝土强度的测定值偏低。如前面提到的非标准尺寸的试件 100 mm×100 mm×100 mm 立方体试件,应将所测得的强度乘以相应的换算系数 0.95,方可得到与标准试件一致的抗压强度值。

(2)试件的形状。

当试件受压面积($a \times a$)相同而高度(h)不同时,高宽比(h/a)越大,抗压强度越小。原因是当试件受压时,试件受压面与试件承压板之间的摩擦力,对于试件相当于承压板的横向膨胀起着约束作用,如图 3-13(a)所示,该约束有利于强度的提高。越接近试件的端面,这种约束作用就越大,在离端面大约$\sqrt{3}\,a/2$ 范围以外,约束作用才消失,通常称这种约束作用为“环箍效应”,试件破坏时呈棱锥状,如图 3-13(b)所示。如前所述,同一种混凝土的轴心抗压强度往往低于立方体抗压强度。

(3)表面状态。

混凝土试件承压面的状态,也是影响混凝土强度的重要因素。若试件表面有油污,受压时的环箍效应会大大减小,试件将出现直裂破坏,见图 3-13(c)所示,测定的强度值偏低。

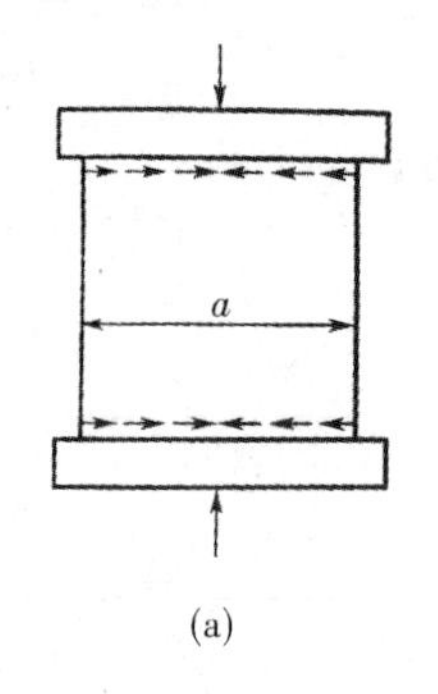

(a)

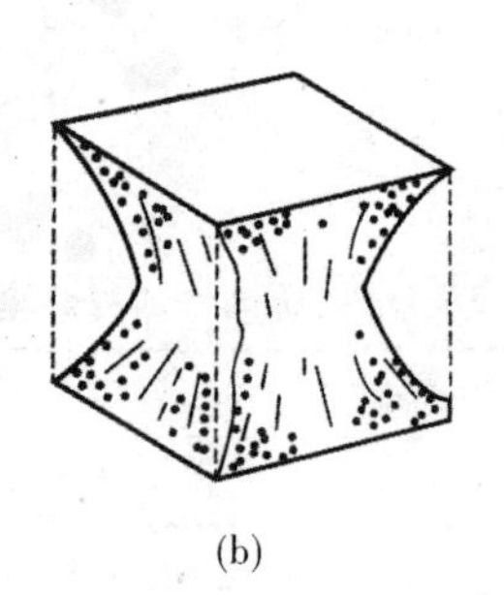
(b)

(c)

图 3-13 混凝土受压时的环箍效应

(4)加荷速度。

在一定范围内提高加荷速度,会导致混凝土强度测定值偏高。这是由于如果加载速度较大,混凝土裂纹扩展速度较慢,使得混凝土受力发生破坏时,对应的混凝土裂纹尚未来得及充分扩展,最终混凝土在较小的裂纹尺寸条件下发生破坏,使得破坏荷载较高,从而强度测试值偏高。国标规定,测定混凝土抗压强度的加荷速度为 0.3~1.0 MPa/s(见表 3-7),且应均匀地进行加荷。如果采用 150 mm×150 mm×150 mm 的标准立方体试件,进行抗压试验时的加荷速度为:0.3~1.0 MPa/s×22500 mm^2=6750~22500 N/s,即每秒 6.75~22.5 kN。

3.2.2 劈裂抗拉强度

混凝土的抗拉强度比较低,只有抗压强度的 1/20~1/10,并且混凝土强度等级越高,这个比值越小。所以混凝土在工作时,一般不依靠其承受拉力。

抗拉强度主要用来评价混凝土的抗裂性,并且与混凝土和钢筋的黏结强度有密切关系。抗拉强度越大,抗裂性越好,混凝土与钢筋的黏结强度也越大。试验室测试混凝土的抗拉强度，可采用轴心受拉试验和劈裂试验来测得混凝土的抗拉强度。直接受拉试验操作比较复杂，且结果不准确。一般采用的是劈裂抗拉试验方法(简称劈拉试验)，如图 3-14 所示。劈拉试验的原理是在试件两相对表面且相互平行的中线上施加均匀分布的压力，在压力作用的竖向平面内即产生均布拉应力。该拉应力随施加荷载而逐渐增大，当其达到混凝土的抗拉强度时，试件将发生拉伸破坏。该破坏属于脆性破坏，破坏效果如同被劈裂开，试件沿两平行中线间的竖向平面劈裂成两半，故称为劈裂抗拉试验。该试验方法简化了抗拉试件的制作，且能较准确地反映试件的抗拉强度。

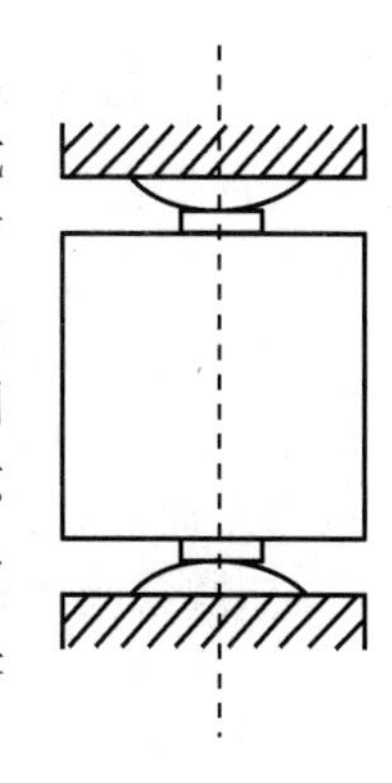

图 3-14 劈裂抗拉试验

《普通混凝土力学性能试验方法》(GB/T 50081—2019)规定，劈裂抗拉强度的试件尺寸为 150 mm×150 mm×150 mm 的标准立方体试件，也可采用 100 mm×100 mm×100 mm 的非标准试件，但测得的劈裂抗拉强度值应乘以尺寸换算系数 0.85。测试时将试件放在试验机下压板的中心位置，在上、下压板与试件之间垫以圆弧形垫块及垫条各一条，垫块与垫条应与试件上、下面的中心线对准并与成型时的顶面垂直，劈裂试验垫块及夹好试件的装置如图 3-15。开动压力机按规定的速度加载，直至试件破坏。劈裂抗拉试验的加载速度见表 3-8。

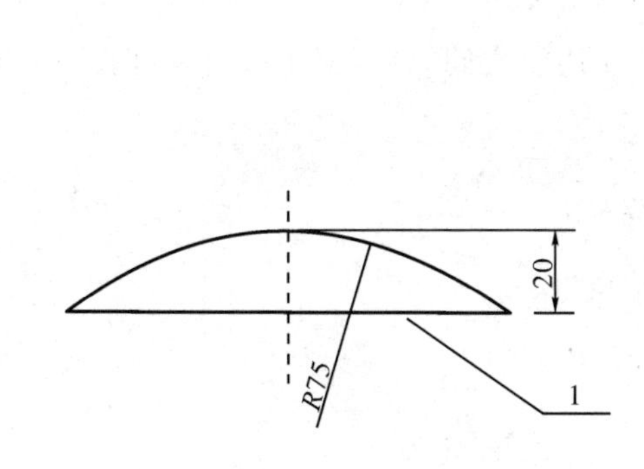

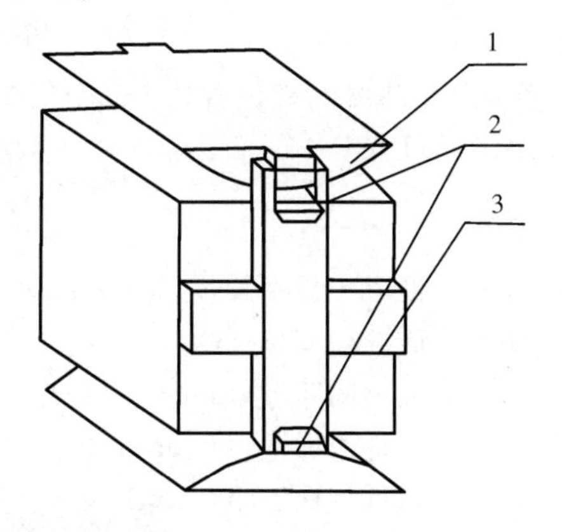

1—垫块；2—垫条；3—支架

图 3-15 劈拉试验装置

表 3-8 劈裂抗拉试验加载速率

混凝土强度/MPa	<C30	≥C30，且<C60	≥C60
加载速率/MPa/s	0.02～0.05	0.05～0.08	0.08～0.10

混凝土劈裂抗拉强度按下式计算(精确至 0.01 MPa)：

$$f_{ts} = \frac{2F}{\pi A} = 0.637\,\frac{F}{A} \tag{3-6}$$

式中：f_{ts}——混凝土劈裂抗拉强度(MPa)；

F——破坏荷载(N)；

A——试件劈裂面面积(mm^2)。

劈裂抗拉试验要求一组混凝土应检测三个试件，劈裂抗拉强度值的确定方法与立方体抗压强度的确定方法相同。

3.2.3 抗折强度

抗折强度是指材料或构件在承受弯曲时到破坏前单位面积上的最大应力。工程中混凝土也有很多情况下是承受弯应力,它是道路、机场跑道等混凝土设计中的重要参数。《普通混凝土力学性能试验方法》(GB/T 50081—2019)规定,抗折强度采用标准尺寸为150 mm×150 mm×600 mm(或 550 mm)的棱柱体试件。标准养护至 28 d 龄期,采用三点弯曲加载方式,如图 3-16 所示。也可采用 100 mm×100 mm×400 mm 的非标准试件,但测得的抗折强度值应乘以尺寸换算系数 0.85。

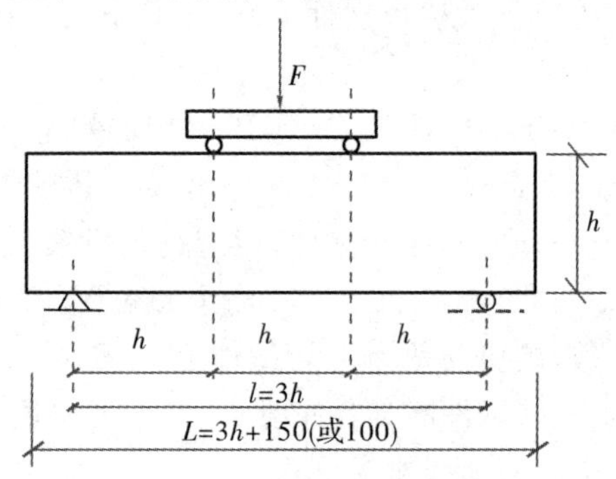

图 3-16 抗折试验示意图

若试件下边缘断裂位置处于二个集中荷载作用线之间,则混凝土抗折强度按下式计算(精确至 0.1 MPa):

$$f_{\mathrm{f}} = \frac{Fl}{bh^2} \tag{3-7}$$

式中:f_{f}——混凝土抗折强度(MPa);

F——破坏荷载(N);

l——支座间跨度(mm);

h——试件截面高度(mm);

b——试件截面宽度(mm)。

一组混凝土应检测三个试件,抗折强度值的确定方法同立方体抗压强度。三个试件中若有一个折断面位于两个集中荷载之外,则混凝土抗折强度值按另两个试件的试验结果计算。若这两个测值的差值不大于这两个测值的较小值的 15%时,则该组试件的抗折强度值按这两个测值的平均值计算,否则该组试件的试验无效。若有两个试件的下边缘断裂位置位于两个集中荷载作用线之外,则该组试件试验无效。

3.2.4 抗压弹性模量

材料在弹性范围内,应力与应变的比值称为弹性模量。混凝土加载时的应力-应变曲线如图 3-17 所示,沿 OAB 到 B 点。卸掉载荷以后,虚线不会回到原点,而是沿 BCD 回到 D 点。图中 δ 为总应变,ε 为弹性应变,η 为残余应变。当荷载不超过混凝土抗压强度的 50%~60%时,反复加荷,混凝土的残余变形将保持不变,这时可认为混凝土发生的是弹性变形。

材料在弹性变形阶段,其应力和应变成正比例关系(胡克定律),其比例系数称为弹性模量。根据静载荷作用下的应力-应变曲线算出的弹性模量,称为静弹性模量。

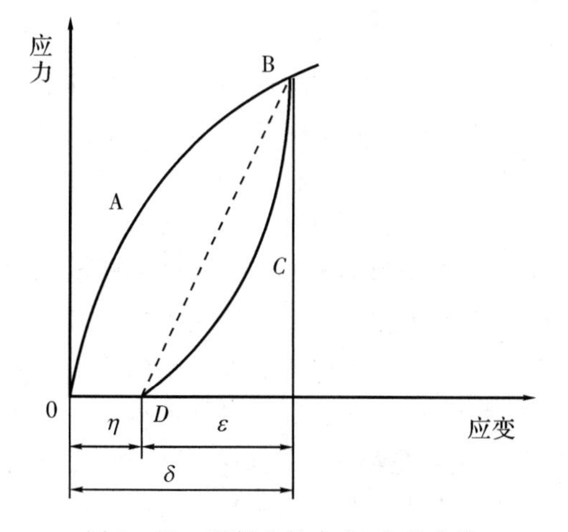

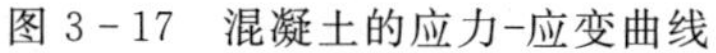

图 3-17 混凝土的应力-应变曲线

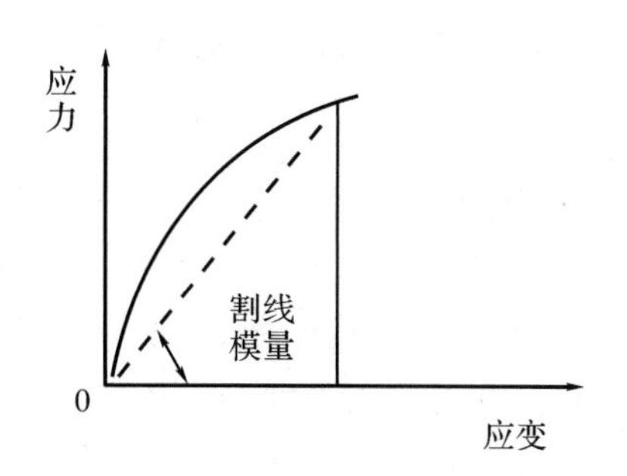

图 3-18 混凝土的割线模量

混凝土的弹性模量通常指受压状态下的静弹性模量，即抗压弹性模量，取 1/3 轴心抗压强度 f_{cp} 对应的应力以下割线模量（应力-应变曲线上任一点与原点连线的斜率，见图 3-18），用 E_c 表示。通常情况下，混凝土的强度越高，弹性模量越大。

图 3-19 弹性模量测定仪

《普通混凝土力学性能试验方法》(GB/T 50081—2019）规定，混凝土的静力受压弹性模量采用棱柱体试件，试件标准尺寸为 150 mm×150 mm×300 mm，每组试验应制备 6 个试件，其中 3 个用来测试轴心抗压强度，3 个用来测定不同应力状态下的应变值。测试抗压弹性模量的夹具如图 3-19 所示，两侧的千分表用来记录混凝土受压时的变形值。

测试前，仔细调整试件在压力试验机上的位置，使其轴心与下压板的中心线对准，以防两侧千分表读数相差过大。用与立方体抗压强试验加载速率一致的加荷速度至少进行两次反复预压，预压的最大荷载为 1/3 轴心抗压强度 F_a。在最后一次预压完成后，用同样的加荷速度加载至基准应力 0.5 MPa(F_0)，记录两侧的变形读数；再用加荷至 F_a，记录两侧的变形读数 ε_a。

混凝土弹性模量按下式计算（精确至 100 MPa）：

$$E_c = \frac{F_a - F_0}{A} \times \frac{L}{\varepsilon_a - \varepsilon_0} \tag{3-8}$$

式中：E_c——混凝土弹性模量(MPa)；

F_a——应力为 1/3 轴心抗压强度时的荷载(N)；

F_0——应力为 0.5 MPa 时的初始荷载(N)；

A——试件承压面积(mm^2)；

L——测量标距(mm)；

ε_a——F_a 时试件两侧变形的平均值(mm)；

ε_0——F_0 时试件两侧变形的平均值(mm)。

弹性模量按3个试件测值的算术平均值计算。如果其中有一个试件的轴心抗压强度值与用以确定检验控制荷载的轴心抗压强度值相差超过后者的20%时，则弹性模量值按另两个试件测值的算术平均值计算；如有两个试件超过上述规定时，则此次试验无效。

3.3 混凝土的体积稳定性

硬化混凝土受到荷载作用时，会产生变形，只是变形量比较小，肉眼观察不到。此外，各种物理或化学的因素也会引起局部或整体的体积变化。如果混凝土处于自由的非约束状态，体积的变化一般不会产生不利影响。而实际使用中的混凝土结构总会受到基础、钢筋或相邻部件的牵制，处于不同程度的约束状态。因此，混凝土的体积变化会由于约束的作用在混凝土内部产生拉应力。混凝土的优点是能承受较高的压应力，而其抗拉强度只有抗压强度的10%。所以，混凝土由于体积变化过大产生的拉应力一旦超过自身的抗拉强度时，就会引起开裂，影响强度和耐久性。

3.3.1 收缩

混凝土收缩是指因内部或外部湿度的变化、化学反应等因素而引起的宏观体积变形。当混凝土处于自由状态时收缩可以通过宏观体积减小来补偿，但实际的混凝土结构总是处于内部约束（如集料）和外部约束（如基础，钢筋或相邻部分）的作用下，因此收缩在约束状态下引起拉应力超过混凝土的抗拉极限时，很容易引起开裂，加速各种有害介质的侵入，严重影响混凝土的耐久性，甚至危害到结构的安全性。

在实际工程中，混凝土的最终收缩实际上是各种因素引起的收缩叠加，包括化学收缩、塑性收缩、温度收缩、干燥收缩和自收缩。

3.3.1.1 化学收缩

混凝土的化学收缩是指在混凝土内水泥水化的过程中，水化产物的绝对体积同水化前水泥和水的绝对体积之和相比，有所减少的现象。化学收缩是客观存在，且不可恢复的，其收缩量随混凝土龄期的延长而增加，大致与时间的对数呈正比。一般在混凝土成型后40 d内收缩量增加较快，以后逐渐趋于稳定。温度的升高、水泥用量的增加、水泥细度的提高，都会增大化学收缩。化学收缩对混凝土结构基本没有破坏作用，但在混凝土内部可能产生微裂缝，从而影响混凝土的承载能力和使用寿命。

3.3.1.2 塑性收缩

混凝土在硬化前，还处于塑性状态时发生的，由固体颗粒下沉，以及混凝土的失水所引起的收缩，称为塑性收缩。当混凝土表面暴露在空气中时，表面失水的速率超过混凝土泌水的上升速率时，混凝土的表面会迅速干燥而产生塑性收缩。由于混凝土表面已经干硬，不能通过塑性变形来适应塑性收缩，且混凝土强度不足以抵抗因收缩受到限制而引起的应力时，就会发生塑性收缩开裂。当新拌混凝土被基底或模板材料吸去水分时，也会在其接触面上产生塑性收缩而开裂。

引起新拌混凝土表面失水的主要原因是水分蒸发速率过大，温度过高、相对湿度低、风的作用等因素都会加速混凝土表面水分的蒸发，增大塑性收缩和开裂的可能。

3.3.1.3 温度收缩

混凝土会随着温度的变化产生热胀冷缩的变形。温度收缩是指混凝土内部由于水化放热温度升高,最后又冷却到环境温度时产生的收缩。升温过程中混凝土还未完全硬化,且弹性模量较低,膨胀变形产生的压应力小;在冷却时随着混凝土强度和弹性模量的增长,收缩变形时所产生的拉应力增大,当超过抗拉强度时即出现开裂。

混凝土中水泥用量越大,水化热及水化温升就会越大。混凝土的导热系数低,散热慢,内部的热量不容易散发出来,因而大体积混凝土的内外温差比较大。这将使内部混凝土的体积产生较大的膨胀,外部混凝土的温度较低而变形量小;降温时,内部混凝土的收缩量相比于外部混凝土也比较大。内外混凝土相互制约,不同的变形量会产生拉应力,严重时使混凝土开裂。

高强混凝土早期的水化速度快,水化放热量大,从而温降收缩应力大,与普通混凝土相比更容易发生温度收缩开裂。

3.3.1.4 干燥收缩

干燥收缩是指混凝土停止养护后,在不饱和空气中失去内部水分而引起的收缩,简称干缩。混凝土干燥收缩产生的原因主要是内部毛细孔中水分的蒸发,在表面张力的作用下使毛细孔中形成负压,随着空气湿度的降低,负压逐渐增大,产生收缩力,使混凝土产生收缩。当毛细管中的水分蒸发完后,若继续处于干燥环境中,则水泥凝胶颗粒的吸附水也部分蒸发,失水的凝胶颗粒由于分子引力的作用,使粒子间的距离变小,使混凝土发生收缩。

若混凝土浇筑以后在水中养护,会产生质量增加和体积膨胀的现象,称为湿胀。湿胀是由于水泥凝胶颗粒吸水所致,水分破坏了胶体的凝聚力,迫使凝胶粒子分离,从而使混凝土体积膨胀。此外,水的浸入使毛细孔的表面张力减小,也会产生少量的膨胀。湿胀的变形量很小,一般对混凝土无破坏作用。

干缩对于混凝土的危害很大,由于混凝土的水分蒸发干燥过程是由表及里进行的,整个过程湿度和干燥变形是不均匀的,即表面收缩大,内部收缩小。内外收缩的不均匀性使得混凝土内部产生拉应力,当拉应力超过其抗拉强度时就会开裂,严重影响混凝土的耐久性。干缩主要是混凝土凝结硬化过程中失水产生的,因此在进行配合比设计时要想办法降低水胶比,减少单方用水量,施工过程中要注意加强养护,减少混凝土水分的散失。

3.3.1.5 自收缩

混凝土在初凝之后随着水化的进行,在恒温恒重条件下体积减小。自收缩产生的原因是随着水泥水化的进行,在硬化水泥石中形成大量微细孔,自由水量逐渐降低,结果产生毛细孔应力,造成硬化水泥石受负压作用而产生收缩。自收缩的产生机理类似于干缩机理,但二者在相对湿度降低的机理上是不同的,造成干缩的原因是由于水分扩散到外部环境中,而自收缩是由于内部水分被水化反应所消耗,水泥石内部相对湿度自发地减小而引起的自身干燥,导致混凝土的收缩变形。

3.3.2 徐变

混凝土在持续荷载的作用下随着时间而增长的变形称为徐变。对混凝土结构的桥梁而言,混凝土徐变既有其有利的方面,亦有不利的方面。如对于大型混凝土桥梁的大体积塔基或锚锭等,混凝土徐变可松弛一部分由于温度收缩所产生的温度应力,避免或减少出现裂缝。但徐变又可引起预应力钢筋混凝土结构的预应力损失,以及塔柱和桥面的长期过大变形。由于混凝土徐变可能产生不利的后果，如国内外一些大跨度桥梁中出现过大的变形，故倍受工程界关注。本节介绍混凝土在长期恒定轴向压力作用下的变形性能。

徐变在加载初期发展较快，而后逐渐减慢，如图 3－20 所示，其延续时间可达数十年。混凝土结构在受拉、受压、受弯时都会产生徐变，并且最终趋于收敛的极限徐变变形一般要比瞬时弹性变形大 1～3 倍。因此在混凝土结构设计中，徐变是一个不可忽略的重要因素。

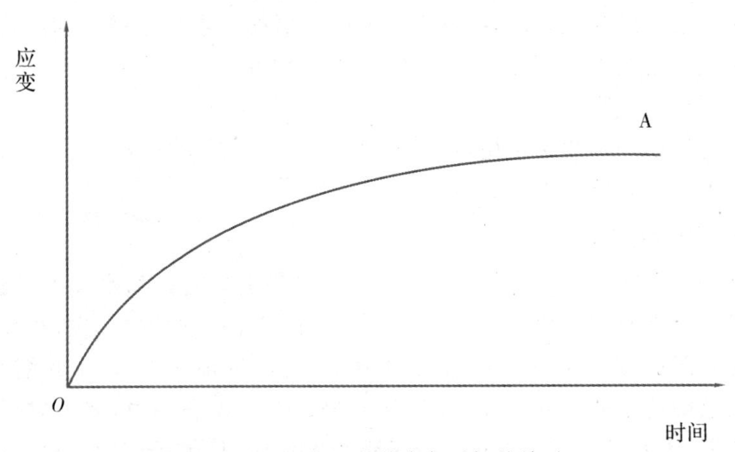

图 3－20　混凝土的徐变与时间的关系

混凝土的徐变是由于水泥石中凝胶体在长期荷载作用下的黏性流动。在水泥凝结硬化的早期，水泥水化程度低，水泥石中的毛细孔较多，凝胶体容易流动，所以徐变发展较快；在后期，随着水泥水化的进行，毛细孔数量减少，凝胶体的流动阻力变大，徐变的发展变得缓慢。

影响混凝土徐变的因素主要包括以下几个方面：

1. 原材料

在加荷龄期和加荷量相同的情况下，水泥的强度发展越快，则加荷时的强度就高，抵抗变形的能力强，混凝土的徐变小，反之徐变大。

骨料的弹性模量越大，抵抗变形的能力也越强，混凝土的徐变越小。

此外，混凝土的徐变主要是水泥石的徐变。水泥石的体积含量越大，混凝土徐变越大。

2. 水胶比

水胶比越大，硬化以后混凝土的孔隙率越大，强度越低，徐变也越大。

3. 外加剂

外加剂的品种不同对徐变的影响不同。通常加入减水剂后，降低水胶比可以减少徐变，而引气剂会加大徐变。

4. 加荷龄期和持荷时间

加荷时混凝土的龄期越短，其徐变越大。徐变可持续很长的时间，但随时间的延长，徐变增长急剧降低，并趋于平缓。

5. 环境湿度与温度

周围空气的相对湿度是影响徐变最重要的外部因素之一。相对湿度越低，徐变越大。混凝土徐变随温度升高而增大。

思考题3-4：同为长期变形，混凝土的收缩和徐变有什么不同？

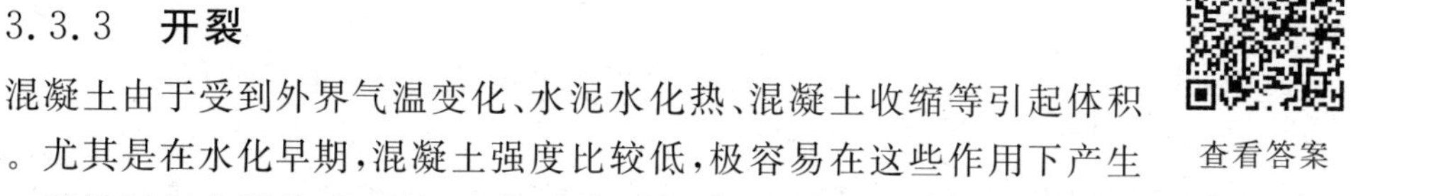

查看答案

3.3.3 开裂

混凝土由于受到外界气温变化、水泥水化热、混凝土收缩等引起体积变形。尤其是在水化早期，混凝土强度比较低，极容易在这些作用下产生开裂。裂缝不仅有损外观，而且会加速侵蚀性介质的进入，引起钢筋腐蚀，破坏整体结构，降低刚度，影响强度和耐久性。

1. 混凝土常见裂缝与预防

(1)沉降裂缝。

沉降裂缝主要是由结构的地基不匀、松软，或回填土不实、浸水而造成的不均匀沉降所致；或者因为模板的刚度不足，支撑出现松动等原因造成。

预防措施：夯实加固地基，保证模板的刚度、支撑牢固，防止地基浸水，模板拆除不宜过早。

(2)塑性收缩裂缝。

塑性收缩裂缝主要由于基础、模板的吸水或漏水，骨料的吸水或因高温、风力过大使混凝土表面失水过快而引起。

预防措施：浇筑前预湿模板和基层，加强养护，加盖塑料薄膜或潮湿的草垫、麻布等，也可喷洒养护剂，严格控制水胶比不能过大。

(3)干缩裂缝。

干缩裂缝主要是由于混凝土硬化后，内部水泥石失水收缩而引起。

预防措施：减少水泥用量，降低水胶比，减少用水量或掺入合适的外加剂，加强养护措施并适当延长养护时间。

(4)温度裂缝。

温度裂缝是由于水泥水化产生大量的水化热，造成与外界温差过高产生不均匀膨胀而导致混凝土开裂。尤其是在大体积混凝土中，混凝土散热较慢，温度裂缝出现得更多。外部气候变化、冰霜作用等也会引起混凝土内外温度不均，导致开裂。

预防措施：选用中、低热水泥，降低水化热；改善混凝土的搅拌工艺，降低浇筑温度；在混凝土中加入一定量的具有减水、增塑、缓凝作用的外加剂；高温季节浇筑时，增设遮阳板；大体积混凝土要分层、分块浇筑并设置冷却水管，便于散热；保证混凝土的养护条件，延长养护时间；混凝土中配置钢筋或掺入纤维增韧材料等。

2. 裂缝的处理

常见裂缝的处理方法主要有以下几种。

(1)表面修补法。

表面修补法适用于稳定和对结构承载能力没有影响的表面裂缝的处理。它包括表面涂抹法和表面贴补法。表面涂抹法是在裂缝的表面涂抹水泥浆、环氧树脂、沥青等材料。表面贴补法是用胶粘剂把橡皮、氯丁橡皮、高分子土工防水材料等贴在裂缝部位的混凝土面上。

(2)灌浆法、嵌缝封堵法。

灌浆法适用于对结构承载能力有影响或有防渗要求的混凝土的裂缝修补。通过利用压力设备将胶结材料压入混凝土的裂缝中，胶结材料硬化后与混凝土形成整体，从而起到封堵加固的目的。它分为化学灌浆(如环氧树脂)和水泥灌浆法(水泥掺入一些混合材料)。

嵌缝法用于修补水平面上较宽的裂缝,直接向缝内灌入不同黏度的树脂。

(3)结构加固法。

当裂缝影响到混凝土结构的性能时,可采用加固法进行处理。常用方法有加大混凝土结构的截面面积、构件的边角处外包型钢、粘贴钢板加固、喷射混凝土补强加固等方法。

(4)混凝土置换法。

对于严重损坏的混凝土结构,可先将损坏的部位剔除,然后换入新的混凝土或水泥砂浆等材料。

(5)仿生自愈合法。

在混凝土中加入某些特殊组分,使得混凝土在出现裂缝时能分泌出部分物质使得裂缝重新愈合。这是一种新的裂缝处理方法。

3.4 混凝土的耐久性能

混凝土在一定的使用环境中,抵抗各种因素的长期破坏,保持其原有性能的能力称为耐久性。它主要包括抗冻性、抗渗性、抗侵蚀性、抗碱骨料反应和抗碳化性等几个方面。

用于各种建筑物的混凝土不仅要求具有足够的强度,保证能安全承受设计荷载,还要求具有良好的耐久性,以便在所处环境和使用条件下经久耐用。和其他建筑材料相比,混凝土的使用寿命是比较长的,它能够适应各种环境,在使用过程中一般不需要进行特殊维护。而近年来出现了一些工程中的混凝土结构未达到设计使用寿命的案例,这使得耐久性问题越来越受到重视。

混凝土的耐久性不同于和易性、强度等指标,不仅取决于材料本身的组成和结构,而且与其所处的环境密切相关,不以环境为前提的耐久性是没有任何意义的。《混凝土结构耐久性设计标准》(GB/T 50476—2019)针对不同的环境类别对混凝土的耐久性设计做出了规定,需要对混凝土的最低强度等级、最大水胶比、最小保护层厚度进行控制。

3.4.1 抗冻性

混凝土在吸水饱和状态下,抵抗多次反复冻融循环而不破坏,同时也不严重降低其各种性能的能力称为抗冻性。

混凝土为多孔性无机材料,内部存在孔隙、毛细管道,易吸水。正常大气压下,温度降到 0 ℃以下时,水会结成冰,体积增大约 9%;温度升高时,冰会融化成水,体积又会减小。水和冰反复的冻融将对其产生很大的应力,当超过混凝土的抗拉强度时就会产生裂缝。裂缝使得混凝土的吸水性增大,在下一次冻融过程中又会引起新的裂缝。这种裂缝的累积使得混凝土的结构变得越来越疏松,最后逐渐被破坏。

很多建筑物表面的水泥砂浆与建筑物剥离,混凝土表层被冻粉化,就是这种冻融作用的结果。寒冷地区,尤其是与水经常接触的地区,对于混凝土的抗冻性要求比较高。

3.4.1.1 抗冻性的评定

1. 慢冻法

慢冻法适用于测定混凝土试件在气冻水融条件下,以经受的冻融循环次数来表示混凝土抗冻性能。慢冻法抗冻试验采用 100 mm×100 mm×100 mm 的立方体试件,每组试件应 3 块。每次试验所需的试件组数应符合表 3-9 的规定，每组试件应 3 块。

表 3-9　慢冻法试验所需要的试件组数

设计抗冻标号	D25	D50	D100	D150	D200	D250	D300	D300 以上
检查强度时的冻融循环次数	25	50	50 及 100	100 及 150	150 及 200	200 及 250	250 及 300	300 及设计次数
鉴定 28 d 强度所需试件组数	1	1	1	1	1	1	1	1
冻融试件组数	1	1	2	2	2	2	2	2
对比试件组数	1	1	2	2	2	2	2	2
总计试件组数	3	3	5	5	5	5	5	5

试件成型后在标准条件下养护 24 d，再浸水 4 d，之后放入冻融试验装置（见图 3-21）中，冷冻期间冻融试验箱内空气的温度应能保持在 −20～−18 ℃范围内；融化期间冻融试验箱内浸泡混凝土试件的水温应保持在 18～20 ℃范围内，每次循环过程中的冻结和融化时间均不应小于 4 h。

图 3-21　冻融试验机

每 25 次循环对冻融试件进行一次外观检查。发现有严重破坏时，应立即进行称重。如试件的平均失重率超过 5%，即可停止其冻融循环试验。当循环达到表 3-9 规定的检查强度时的冻融循环次数，应对试件进行外观检查、称重，再进行抗压强度试验。当质量损失率超过 5%或强度损失率超过 25%，试验即可结束。

我国慢冻法确定的混凝土抗冻等级用符号 D 表示，如 D50、D100、D150、D200 等。符号 D 后的数值以抗压强度损失率不超过 25%，且质量损失率不超过 5%时的最大冻融循环次数来确定。

2. 快冻法

快冻法适用于测定混凝土试件在水冻水融条件下，以经受的快速冻融循环次数来表示的混凝土抗冻性能。此方法不需检测试件强度，主要通过测试动弹性模量来反映混凝土冻融造成的损伤。

快冻法试件如图 3-22 所示，每组试件应 3 块，试件尺寸为 100 mm×100 mm×400 mm，标准条件下养护 24 d 后，浸水 4 d，之后放入冻融试验箱。冻融箱中心温度从 −18±2 ℃至 5±2 ℃，每循环 25 次进行一次测试。测试内容有质量损失率和动弹性模量损失率。动弹性模量测定仪如图 3－22 所示，在试件侧面的中点和距离端部 5 mm 的部位涂抹适当的凡士林，中心为发射点，端部为接收点。当试件的动弹性模量损失达到 40％，质量损失率达 5％时可停止试验。

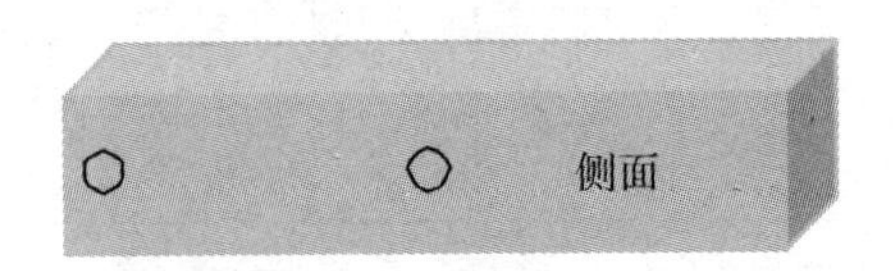

图 3－22　快冻法试件

图 3－23　动弹性模量测定仪

混凝土的抗冻标号以动弹性模量损失率不超过 40％或质量损失率不超过 5％时的最大循环次数，用符号 F 表示，如 F50、F100、F150、F200 等。

混凝土的抗冻等级，应根据工程所处的环境，按有关规定选择。严寒气候条件、冬季冻融交替次数多、处于水位变化区的外部混凝土，以及钢筋混凝土结构或薄壁结构、受动载荷的结构，均应选用较高抗冻等级的混凝土；与海水或与侵蚀性溶液接触的上述各种结构，应选用更高抗冻等级的混凝土。抗冻性好的混凝土，抵抗温度变化、干湿变化等风化作用的能力也较强。因此在温和地区，对外部混凝土也应有一定的抗冻要求，一般不小于 50。保证建筑物抗风化的耐久性。房屋建筑中室内、大体积的内部等不受风雪影响的混凝土，可不考虑抗冻性。

思考题 3－5：混凝土的快冻和慢冻试验的不同点主要是什么？

查看答案

3.4.1.2　影响混凝土抗冻性的因素

1. 水胶比和单方用水量

水胶比大小是影响混凝土抗冻性的主要因素。当水胶比小时，混凝土的密实度高、孔隙率小，混凝土的吸水率低，且毛细孔内的水不容易结冰，所以混凝土不容易发生冻害。此外，水胶比小的混凝土强度高，抗冻性也好。我国各行业规范都根据冻融环境的不同提出了水胶比的最大允许值。

同样，混凝土单方用水量大时，混凝土的孔隙率也会增大，吸水率增大，会导致可冻水量增多，抗冻性降低。

2. 水饱和度

水结冰时体积膨胀约 9％，即当某一密闭容器中水分占容积的 91.7％时，水结冰时刚好充满整个容器而不对容器产生结冰压力。但当容器中水分大于 91.7％时，则因结冰时的体积大于密闭容器的体积而对器壁产生压力。故把水与容器容积之比等于 91.7％视为密闭容器的临界饱和度。

混凝土的毛细孔可近似看作一些密闭的小容器。通常情况下，干燥的混凝土是不会受冻融循环破坏的。当其毛细孔内部含水率超过其临界饱和度时，则会因水的结冰对孔壁产生很大的压力而使毛细孔周围的混凝土遭受破坏。饱和度大，即毛细孔内含水量越多，混凝土越容易冻坏。

3. 含气量

在混凝土内加入适量引气剂时，形成无数封闭的小气孔，这些小气孔均匀分布，且水不易渗入。当邻近孔隙中的水结冰时，能缓解其膨胀压力，因而可获得较高的抗冻等级。

混凝土中封闭气泡除在施工时形成外，主要是由引气剂引入的。大量试验表明，掺引气剂的混凝土比相同条件下不掺引气剂混凝土的抗冻性高数倍。因此，掺引气剂已成为提高混凝土抗冻性的基本措施。

混凝土中引气剂的掺量必须控制在一定范围内，含气量越高，混凝土抗冻性越好。但含气量超过临界值时，混凝土抗冻性反而下降，主要是因为密实度的降低，影响了混凝土的强度。一般来说，混凝土含气量每增加1%，抗压强度下降约3%～5%。

4. 原材料

硅酸盐水泥和普通水泥在生产的时候加入的混合材少，早期水化热大，强度发展快，因而抗冻性较好，其他几种通用水泥掺入了大量的混合材，对混凝土的抗冻性不利。混合材的掺量越大，混凝土的抗冻性越差。

掺合料对混凝土抗冻性的影响主要取决于其自身的特性，研究表明，凡是能改善孔结构和提高强度的掺合料都能提高混凝土的抗冻性。

骨料的抗冻性主要与其本身的吸水率有关。骨料的孔隙率低，吸水率低，则不容易遭受冻融破坏。此外，骨料的粒形、级配不良时，会引起混凝土的单方用水量增大，则会对混凝土的抗冻性产生不利的影响。

5. 施工工艺

混凝土在搅拌、运输、浇筑、成型、养护等过程中，控制不当有可能在混凝土内部产生孔洞、裂缝等结构缺陷，降低混凝土的密实度，从而加大了混凝土遭受冻融破坏的可能。加强养护有助于水泥水化的进行，降低混凝土的孔隙率，混凝土吸水性降低，可提高混凝土的抗冻性。

6. 除冰盐对混凝土的影响

在冬季雨雪过后，高速公路和城市道路上常撒上一层盐，主要成分是 NaCl 或 $CaCl_2$。这些盐可以降低冰点，防止因结冰和积雪使汽车打滑造成交通事故。事实证明，混凝土在有盐的条件下发生的破坏是最严重的冻融破坏形式。工程应用中发现除冰盐不仅加速了冻害，且渗入混凝土中的氯盐又导致严重的钢筋锈蚀。

道路撒除冰盐

3.4.1.3 提高混凝土抗冻性的措施

1. 掺入适量的引气剂

掺加引气剂是提高混凝土抗冻性的有效措施，通常为改善混凝土的抗冻性的最佳含气量在5%左右。应注意含气量不能太大，否则会使抗压强度降低。

2. 降低混凝土的水胶比

水胶比是影响混凝土抗冻性的主要因素，它不仅影响混凝土的密实度，还影响硬化以后混凝土的强度，严格控制水胶比对保证混凝土的抗冻性非常重要。

3.使用较高强度等级的水泥或早强水泥

水泥的强度等级越高,早期强度发展越快,抵抗冻融破坏的能力越强。

4.使用优质的骨料

质地坚硬、孔隙率小的骨料吸水率低,有助于提高混凝土抗冻性。此外,骨料的粒形和级配,对混凝土密实度也有影响,进而影响抗冻性。

5.控制施工质量

混凝土的浇筑和振捣过程应进行严格控制,避免出现孔洞、蜂窝麻面等结构缺陷,这些都会导致混凝土的吸水性增强。注意养护的条件,保证混凝土早期水化过程中的温度和湿度,这些有助于密实度的提高,也可减少开裂,这些都会提高混凝土的抗冻性。

3.4.2 抗渗性

混凝土的渗透性是指某种气体、液体或离子受压力、化学势或在电场作用下在混凝土中渗透、扩散或迁移的难易程度。它反映了混凝土内部的孔隙大小、数量、分布及连通情况。抗渗性差的混凝土由于水及其溶液的浸入,会加重混凝土的侵蚀破坏,影响耐久性能。

3.4.2.1 抗水渗透性

混凝土的抗水渗透性能是指混凝土材料抵抗压力水渗透的能力,它是决定混凝土耐久性最基本的因素。混凝土材料的腐蚀破坏大多是在水及有害液体侵入的条件下发生的。水的进入一方面影响混凝土的物理力学性能,另一方面还会引入有害离子(如氯离子),引起混凝土内部钢筋的锈蚀,同时加剧了冻融循环、硫酸盐侵蚀和碱-骨料反应,导致混凝土品质劣化。

1.逐级加压法

本方法通过逐级施加水压力来测定,以抗渗等级来表示混凝土的抗水渗透性能。逐级加压法采用上口内部直径 175 mm,下口内部直径 185 mm 和高度为 150 mm 的圆台形试件,每组试件应 6 块,在混凝土抗渗仪(见图 3-24)上进行试验。

图 3-24 混凝土抗渗仪

试件成型后养护至 28 d 龄期取出,晾干后进行密封,在试件侧面滚涂一层融化的密封材料(可采用石蜡加少量松香或水泥加黄油),压入预热过的试模中,冷却后应使试件与试模之间无缝隙，防止加压过程中水从侧面渗漏。将密封好的试件装在渗透仪上进行试验，如图 3－25 所示。

图 3－25 密封并安装好的试件

试验从水压为 0.1 MPa 开始，之后每 8 h 增加 0.1 MPa 水压，并且要随时注意观察试件端面的渗水情况。当 6 个试件中有 3 个试件端面有渗水现象时，或加至规定压力（抗渗等级）在 8 h 内 6 个试件中表面渗水试件少于 3 h，即可停止试验，记下当时的水压力。在试验过程中，当发现水从试件周边渗出时，应重新进行密封。

混凝土的抗渗等级以每组 6 个试件中有 3 个试件出现渗水时的水压力来确定，混凝土的抗渗等级按下式计算：

$$P = 10H - 1 \tag{3-9}$$

式中：P——混凝土的抗渗等级；

H——6 个试件中有 3 个试件出现渗水时的水压力（MPa）。

混凝土的抗渗等级分级为 P4、P6、P8、P10、P12，若压力加至 1.2 MPa，第三个试件仍未渗水，则停止试验，试件的抗渗等级以 P12 表示。

2. 渗水高度法

本方法通过硬化混凝土在恒定水压力下的平均渗水高度来表示混凝土的抗水渗透性能，适用于强度等级较高、抗渗性较好的混凝土。在相同的加压条件下，试件的渗水高度越小，则表明混凝土的抗渗性越好。渗水高度法采用与逐级加压法相同的试件，每组 6 块。

按照与逐级加压相同的方法将试件密封、安装好，立即开通 6 个试件相对应的阀门，以 1.2 MPa 的水压加压 24 h。在加压过程中随时观察试件端面的渗水情况，当有某一个试件端面出现渗水时，应停止该试件的试验并应记录时间，并以试件的高度作为该试件的渗水高度。对于试件端面未出现渗水的情况，应在试验 24 h 后停止试验，并及时取出试件。在试验过程中，当发现水从试件周边渗出时，应重新进行密封。

将从抗渗仪上取出来的试件放在压力机上，并应在试件上下两端面中心处沿直径方向各放一根直径为约为 6 mm 的钢垫条，并应确保它们在同一竖直平面内。然后开动压力机，将试件沿纵断面劈裂为两半。试件劈开后，应立即用防水笔描出水痕，以防水分干燥后无法辨别和测量。用钢直尺沿水痕等间距测量 10 个测点的渗水高度值，读数应精确至 1 mm。当读数时若遇到某测点被骨料阻挡，可以靠近骨料两端的渗水高度算术平均值来作为该测点的渗水高度。

单块试件渗水高度应按下式计算(精确至 1 mm):

$$\overline{h}_i = \frac{1}{10}\sum_{j=1}^{10} h_j \tag{3-10}$$

式中:h_j——第 i 个试件第 j 个测点处的渗水高度(mm);

$\overline{h}_i$——第 i 个试件的平均渗水高度(mm),应以 10 个测点渗水高度的平均值作为试件渗水高度的测定值。

一组试件的平均渗水高度应按下式计算(精确至 1 mm):

$$\overline{h} = \frac{1}{6}\sum_{i=1}^{6} \overline{h}_i \tag{3-11}$$

式中 $\overline{h}$ 为一组 6 个试件的平均渗水高度(mm),应以一组 6 个试件渗水高度的算术平均值作为改组试件渗水高度的测定值。

思考题 3-6:总结一下抗水压力渗透的两种试验方法原理有什么不同。

查看答案

3.4.2.2　抗氯离子渗透性

对于钢筋混凝土而言,Cl^- 渗透到混凝土中以后,将使混凝土中的钢筋产生严重的锈蚀,造成混凝土体积膨胀开裂。钢筋的锈蚀过程是一个电化学反应过程,使钢筋表面的铁不断失去电子而溶于水,从而逐渐被腐蚀;与此同时,在钢筋表面形成红铁锈,体积膨胀数倍,引起混凝土结构开裂。没有 Cl^- 或 Cl^- 含量极低的情况下,由于水泥混凝土碱性很强,pH 值较高,钢筋表面的钝化膜使锈蚀难以深入。Cl^- 在钢筋混凝土中会破坏钢筋钝化膜,加速锈蚀反应。当钢筋表面存在 Cl^-、O_2 和 H_2O 的情况下,在钢筋的不同部位发生如下电化学反应:

$$Fe + 2Cl^- \longrightarrow Fe^{2+} + 2Cl^- + 2e$$

$$O_2 + 2H_2O + 4e \longrightarrow 4OH^-$$

进入水中的 Fe^{2+} 与 OH^- 作用生成 $Fe(OH)_2$,在一定的 H_2O 和 O_2 条件下,可进一步生成 $Fe(OH)_3$,产生膨胀,破坏混凝土。当混凝土中 Cl^- 含量较多时,由于 Cl^- 对钢筋的锈蚀,致使混凝土开裂、疏松,从而导致混凝土强度和耐久性降低。曾经有过某些冬季施工的工程,使用 $CaCl^2$ 等氯盐作混凝土早强(防冻、防水)剂,致使大量建筑因钢筋严重锈蚀而过早破坏,付出了昂贵的代价。因此,对于处于氯盐环境中的钢筋混凝土来说,抗氯离子渗透性能显得尤为重要。

现在试验室接受度较广的几种快速 Cl^- 渗透性试验方法主要包括电通量法、RCM 法、NEL 法,以及可用于现场检测的 Permit 法等。

1. 电通量法

氯化物离子的负电荷被吸引到正电极,测试期间电荷的传输量就是氯化物渗透混凝土的量,通过流过的电量评价混凝土渗透性的高低。

将混凝土制作成 ϕ100 mm×50 mm 的试件,真空条件下浸水饱和,然后置于标准夹具中(见图 3-26),通过正极通入 0.3 mol/L 的 NaOH 溶液,负极通入 3%NaCl 溶液。给试件施加 60 V 直流电,通电 6 h,记录流过的电量,并据此评价混凝土渗透性的高低。《混凝土质量控制标准》(GB 50164—2011)根据电通量的高低,将混凝土抗氯离子渗透性能分成了 5 个等级,见表 3-10。

图 3-26 混凝土电通量试验夹具

表 3-10 混凝土抗氯离子渗透性能的等级划分(电通量法)

等级	Q-Ⅰ	Q-Ⅱ	Q-Ⅲ	Q-Ⅳ	Q-Ⅴ
电通量 Q_s/C	$Q_s \geqslant 4000$	$2000 \leqslant Q_s < 4000$	$1000 \leqslant Q_s < 2000$	$500 \leqslant Q_s < 1000$	$Q_s < 500$

2. 快速氯离子迁移系数法(RCM 法)

本方法是测定氯离子在混凝土中非稳态迁移的迁移系数,来确定混凝土抗氯离子渗透性能。RCM 试验采用直径为 100 mm、高度为 50 mm 的圆柱体试件。将试件在饱和面干状态下置于真空容器中进行真空处理,然后在真空泵仍然运转的情况下,将用蒸馏水配制的饱和氢氧化钠溶液注入容器,溶液高度应保证将试件浸没。在试件浸没 1 h 后恢复常压,并应继续浸泡 18±2 h。

将试件装入橡胶套的底部,应在试件齐高的橡胶套外侧安装不锈钢环箍,使试件的圆柱侧面处于密封状态,见图 3-27。将装有试件的橡胶套安装到试验槽中,并安装好阳极板。然后在橡胶套内注入浓度为 0.3 mol/L 的氢氧化钠溶液,并应使阳极板和试件表面均浸没于溶液中。应在阴极试验槽中注入质量溶度为 10%的氯化钠溶液,并应使其液面与橡胶套中的氢氧化钠溶液的液面

喷涂硝酸银的试块

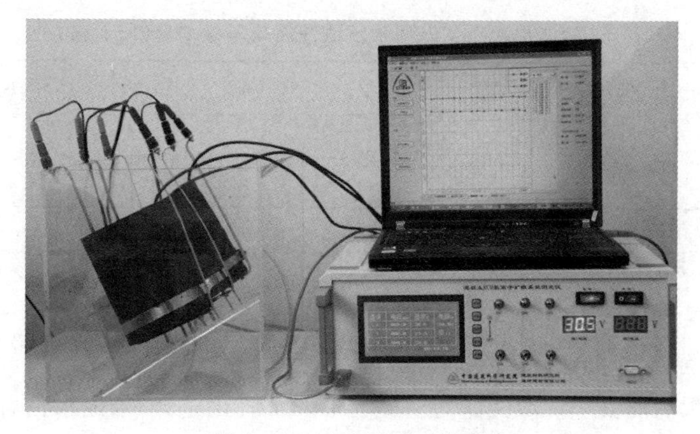

图 3-27 RCM 试验装置

齐平。同时,安装好阴、阳极并通过导线与电气部分连接。先将电压调到 30 V,然后根据测量电流确定最终电压及加压时间。通电完成后,取出试块,用压力试验机将试块沿轴向方向劈开,在混凝土劈裂表面喷涂硝酸银溶液,15 min 后混凝土截面氯离子渗透部分明显变白,测量氯离子渗透深度。利用仪器附带的数据分析软件,可以得出混凝土的氯离子扩散系数。

《混凝土质量控制标准》(GB 50164—2011)根据氯离子迁移系数,将混凝土抗氯离子渗透性能分成了 5 个等级,见表 3-11。

表 3-11　混凝土抗氯离子渗透性能的等级划分(RCM 法)

等级	RCM-Ⅰ	RCM-Ⅱ	RCM-Ⅲ	RCM-Ⅳ	RCM-Ⅴ
氯离子迁移系数 D_{RCM} ($\times 10^{-12}$ m^2/s)	$D_{RCM} \geq 4.5$	$3.5 \leq D_{RCM} < 4.5$	$2.5 \leq D_{RCM} < 3.5$	$1.5 \leq D_{RCM} < 2.5$	$D_{RCM} < 1.5$

3. NEL 法

将混凝土加工成尺寸为 100 mm×100 mm×50 mm 或ϕ100 mm×50 mm 的试件,利用与 RCM 法相同的步骤,用饱和 NaCl 溶液进行真空饱盐。擦去饱盐混凝土试样表面盐水并置于试样夹具上尺寸为的两紫铜电极间(见图 3-28),再用 NEL 型氯离子扩散系数测试系统在低电压下(1～10 V),对饱盐混凝土试样的氯离子扩散系数进行测定。其评价指标可参考表 3-12。

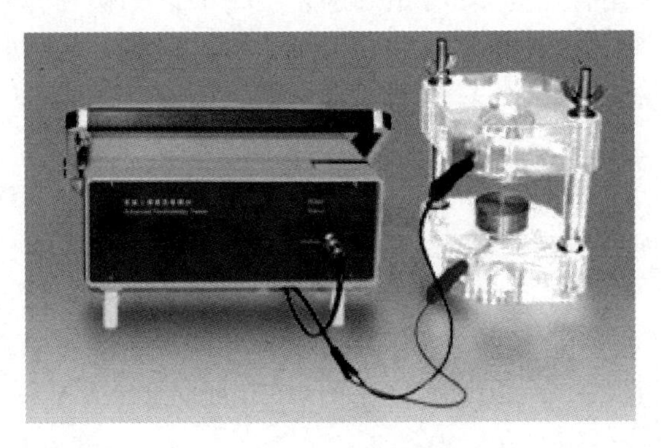

图 3-28　NEL 试验装置

表 3-12　混凝土抗氯离子渗透性能的等级划分(NEL 法)

混凝土渗透性	Ⅰ(很高)	Ⅱ(高)	Ⅲ(中)	Ⅳ(低)	Ⅴ(很低)	Ⅵ(极低)	Ⅶ(可忽略)
氯离子扩散系数 $\times 10^{-14}$ m^2/s	>1000	500～1000	100～500	50～100	10～50	5～10	<5

3.4.2.3　影响抗渗性的因素

影响混凝土抗渗性的因素主要包括几个方面。

1. 水胶比

水胶比是影响混凝土抗渗性能的主要因素。水胶比越大,水泥水化后留下的毛细孔越多,水及其溶液渗透的通道也就越多,因此抗渗性越差。

2. 水化龄期

硬化以后的水泥石结构中，毛细孔的数量、形状和分布情况对混凝土的渗透性有较大影响。当水胶比一定时，水泥水化的龄期越长，水化越彻底，水泥石结构越密实，孔隙率低，孔径小且连通孔少，抗渗性越好。

3. 骨料

一般来说，骨料的最大粒径越大，则界面应力增大，界面缺陷增多，混凝土的抗渗性越差。骨料越致密，内部孔径越小，混凝土的抗渗性越好。

碎石拌制的混凝土的抗渗性比卵石混凝土稍差，主要是因为和易性相同的情况下，用碎石拌制的混凝土用水量比卵石多。

4. 外加剂

在混凝土中掺入一定量的减水剂，可减少单方用水量，从而使混凝土内部的毛细孔数量大大减少，可以提高混凝土的抗渗性。

引气剂可改善混凝土拌合物的和易性，减少离析和泌水现象，引入的气泡能够破坏毛细孔隙的连通性。使硬化浆体中粗大孔隙数量减少，集料与浆体界面结构改善，这些作用有助于提高混凝土的抗渗性。

5. 掺合料

在混凝土中掺入硅灰或优质的粉煤灰、矿粉等掺合料可显著提高混凝土的抗渗性，它们可以与水泥的水化产物 $Ca(OH)_2$ 反应，生成具有胶凝性质的产物，填充到水泥石的孔隙中，使孔隙率降低，孔径尺寸减小，抗渗性提高。

6. 施工工艺

混凝土在浇筑、成型、振捣的过程中，要注意加强质量控制，控制不当有可能在混凝土内部产生孔洞、裂缝等结构缺陷，降低混凝土的密实度，从而降低的混凝土抗渗性。

7. 养护条件

早期保证充分的养护条件和时间，有利于水泥水化的顺利进行，可提高混凝土的抗渗性。若早期养护不良，尤其是湿度不够的情况下，易在混凝土中产生裂缝而使抗渗性降低。

3.4.2.4 提高抗渗性的措施

影响混凝土抗渗性的根本原因是孔隙率和孔隙特征，混凝土的孔隙率越低，孔径越小，连通孔越少，则抗渗性越好。提高抗渗性的措施主要包括：

(1)采用较低的水胶比，在满足和易性要求的情况下尽可能减少用水量；

(2)选用级配优良、含杂质少的骨料；

(3)掺入适量的引气剂和减水剂；

(4)掺入粉煤灰等优质矿物掺合料；

(5)注意控制施工质量；

(6)保证早期养护的温、湿度和时间。

3.4.3 抗侵蚀性

3.4.3.1 抗化学侵蚀性

混凝土来的抗化学侵蚀性是指混凝土在含有侵蚀性介质环境中遭受到化学侵蚀而

不破坏的能力。侵蚀性介质通常包括酸、碱、盐、流动水等，混凝土在这些条件下可能逐渐遭受破坏，耐久性降低。

1.软水的侵蚀

软水是不含或含较少的可溶性钙、镁化合物的水。如雨水、雪水及多数的河水、江水、湖水等。

水泥石中 $Ca(OH)_2$ 等可溶于水的成分，在软水中溶解度较大，且水质越纯溶解度越大。特别是在流动水的冲刷或压力水的渗透作用下会加速溶解，致使水泥石的孔隙增大、强度降低，逐渐被破坏。有研究发现，当氢氧化钙溶出5%时，强度约下降7%；溶出24%时，强度约下降29%。

当水的硬度较高，即水中含有较多的钙、镁离子时，$Ca(OH)_2$ 的溶解度低。且水中的钙、镁离子能与 $Ca(OH)_2$ 反应，生成不溶于水的碳酸钙：

$$Ca(OH)_2+Ca(HCO_3)_2 \longrightarrow 2CaCO_3\downarrow+2H_2O$$

生成的碳酸钙沉积在水泥石中的孔隙内起密实作用，阻止外界水的渗入和内部的 $Ca(OH)_2$ 溶出。因此，水的硬度越高，对水泥石的溶出性腐蚀越小。

2.酸类的侵蚀

水泥的水化产物中大约有20%的 $Ca(OH)_2$，使得水泥石呈碱性，容易与酸性物质发生反应，环境中酸的种类较多，广泛存在于自然界中。

(1)碳酸的腐蚀。

工业污水、地下水中常溶解较多的 CO_2，与水泥石中的 $Ca(OH)_2$ 反应，生成 $CaCO_3$。

$$Ca(OH)_2+CO_2+H_2O \longrightarrow CaCO_3\downarrow+2H_2O$$

$CaCO_3$ 在 CO_2 浓度比较大的水中，生成易溶于水的碳酸氢盐，这个反应是可逆的。

$$CaCO_3+CO_2+H_2O \rightleftharpoons Ca(HCO_3)_2$$

当水中的碳酸浓度较高时，反应向着生成碳酸氢盐的方向进行，生成物易溶于水，会随水而流失，使结构破坏。若水中的碳酸浓度较低时，破坏作用不明显。

(2)其他酸的腐蚀。

在工业废水、地下水、沼泽水中常含有不同种类的酸(如盐酸、硫酸等)，这些酸与混凝土中的 $Ca(OH)_2$ 作用，生成的化合物有的易溶于水，有的体积膨胀，使混凝土受到腐蚀以致破坏。酸与 $Ca(OH)_2$ 的反应可用下列反应式表示：

$$Ca(OH)_2+2H^+ \longrightarrow Ca^{2+}+2H_2O$$

酸的浓度较高时，硅酸盐、铝酸盐会分解成硅胶或铝胶，从而破坏水泥石中的胶凝体结构。

$$3CaO_2\cdot SiO_2\cdot 3H_2O+6H^+ \longrightarrow 3Ca^{2+}+2(SiO\cdot nH_2O)+6H_2O$$

如果酸与混凝土反应生成的是不溶性的钙盐，则在酸侵蚀过程中，这些不溶性钙盐堵塞在混凝土的毛细孔中，减缓了侵蚀速度，但混凝土强度则因水化矿物的不断分解而持续降低，直至最后破坏。

使用高铝水泥的混凝土，对浓度较低的盐酸、硝酸、硫酸等具有较强的抵抗能力，但仍会受到浓度较高的酸的侵蚀。

3.盐的侵蚀

(1)硫酸盐。

在海水、湖沼水、地下水及某些工业污水中，常含有钾、钠、铵等的硫酸盐，它们进入到混凝土内部后，会与水泥中的水化产物如氢氧化钙和水化铝酸钙反应，反应过程常伴随着体积膨胀，使混凝土开裂，结构遭到破坏。

以 Na_2SO_4 为例，与水泥石中的 $Ca(OH)_2$ 发生反应如下：

$$Ca(OH)_2+Na_2SO_4\cdot10H_2O\longrightarrow CaSO_4\cdot2H_2O+2NaOH+8H_2O$$

$Ca(OH)_2$转变为 $CaSO_4\cdot2H_2O$ 体积可增大一倍，若在流动水的条件下，硫酸盐的不断供给会使得 $Ca(OH)_2$不断减少，反应一直持续下去直到 $Ca(OH)_2$消耗完毕。

生成的硫酸钙可再与水化铝酸钙反应，生成水化硫铝酸钙（钙矾石），反应如下：

$$3CaO\cdot Al_2O_3\cdot6H_2O+3(CaSO_4\cdot2H_2O)+20H_2O\longrightarrow 3CaO\cdot Al_2O_3\cdot3CaSO_4\cdot32H_2O$$

生成的水化硫铝酸钙可吸收大量的结晶水，体积显著增大，由于是在已固化的水泥石中发生上述反应，所以对水泥石产生巨大的破坏作用。水化硫铝酸钙的晶体呈针状结晶，通常称为“水泥杆菌”。

硫酸镁对混凝土的侵蚀比其他硫酸盐更强，原因是硫酸镁除能与氢氧化钙、水化铝酸钙发生类似于硫酸钠的反应之外，还能与水泥的另一种重要的水化产物水化硅酸钙反应。

$$3CaO\cdot2SiO_2\cdot nH_2O+3MgSO_4\cdot7H_2O\longrightarrow 3(CaSO_4\cdot2H_2O)+3Mg(OH)_2+2SiO_2\cdot(n-2)H_2O$$

生成物 $Mg(OH)_2$ 的溶解度比 $MgSO_4$ 更低，反应的进行导致水化硅酸钙的不断分解。氢氧化镁还会与硅酸盐凝胶进一步反应，生成水化硅酸镁。相对于硅酸盐凝胶，水化硅酸镁的黏结性更低。因此，水化硅酸镁的出现，意味着混凝土受硫酸镁侵蚀的最后阶段，混凝土已经遭受了严重的破坏。

(2)氯盐。

自然界中的非淡水环境如海水及某些咸水湖中，常含有较多的氯盐，主要包括 NaCl、$MgCl_2$ 等。这些氯盐可与水泥石中的氢氧化钙反应，生成易溶于水的 $CaCl_2$。以氯化镁与 $Ca(OH)_2$ 的反应为例，其反应如下：

$$MgCl_2+Ca(OH)_2\longrightarrow CaCl_2+Mg(OH)_2$$

生成的氯化钙更易溶于水，对水泥石结构不利。同时氯离子的存在也容易引起混凝土内钢筋的锈蚀，加剧结构的破坏。

4.强碱的侵蚀

水泥石本身具有很高的碱性，抵抗碱侵蚀的能力较强，故当碱类溶液浓度不大时，对水泥石的腐蚀不明显，可认为是无害的。

当碱溶液浓度较大时，如 NaOH 会与水化铝酸钙反应生成铝酸钠和 $Ca(OH)_2$，反应如下：

$$3CaO\cdot Al_2O_3\cdot6H_2O+2NaOH\longrightarrow 3Ca(OH)_2+Na_2O\cdot Al_2O_3+4H_2O$$

生成物中的铝酸钠易溶于水，$Ca(OH)_2$ 是引起混凝土腐蚀的重要因素，对于混凝土结构来说都是不利的。除此之外，NaOH 溶液渗入到混凝土孔隙中，与空气中的 CO_2 发生反应生成 Na_2CO_3。

$$2NaOH+CO_2\longrightarrow Na_2CO_3+H_2O$$

Na_2CO_3 沉积在混凝土的毛细孔中，极易吸附结晶水，体积比 NaOH 胀大约 2.5 倍，产生的膨胀应力使混凝土开裂破坏。

除了上述四种典型的混凝土侵蚀类型外，自然界中的其他侵蚀介质(如糖、动物脂肪、酒精、含环烷酸的石油产品等)对混凝土也有一定的侵蚀作用。这些侵蚀作用往往不是独立存在的，而是几种侵蚀共同作用、相互影响，是一个极其复杂的物理化学作用过程。侵蚀介质应呈液体状态，而且要达到一定的溶度，渗透到混凝土内部才能产生较严重的破坏。

根据以上的分析可知，混凝土被侵蚀的内因主要是氢氧化钙、水化铝酸钙的存在以及混凝土结构不密实，外因是环境中各种侵蚀介质的存在。防止混凝土遭受化学侵蚀，可以采取下列措施：

①根据工程特点和所处的环境条件，选用适当的水泥品种。例如采用水化产物中氢氧化钙含量较少的水泥，可提高其对各种侵蚀介质的抵抗能力；采用含铝酸三钙的水泥可抵抗硫酸盐引起的侵蚀；选择含混合材料多[$Ca(OH)_2$ 相对较少]的水泥可提高水泥的耐蚀性。

②提高混凝土的密实度，降低孔隙率，减少侵蚀介质的渗透。实际施工过程中可采用合理设计配合比、降低水胶比、采用减水剂、采用级配良好的骨料等措施。

③当侵蚀作用很强，难以利用混凝土结构自身抵抗侵蚀作用时，可在结构物表面加做耐腐性强、不透水的防护层，如涂刷防水涂料、沥青或合成树脂、粘贴瓷砖等，使侵蚀介质与混凝土隔开，从而达到防腐的目的。

3.4.3.2 抗磨蚀性

工程当中受磨蚀的结构物主要包括道路路面、水工结构物等。道路的路面常受到来自于车辆、行人的冲击和摩擦，而水工结构物如溢流坝、输水隧道、泄洪洞等常受到水流的冲刷及水流中夹杂的泥沙的摩擦作用。磨蚀会使混凝土表面出现磨损、剥落，并使结构物逐渐遭到破坏，影响使用寿命。

1. 道路路面混凝土

路面混凝土的破坏主要来自车辆载荷的长期碾压、摩擦。此外，路面上存在的硬物会加剧车辆和底面摩擦时的破坏力。磨损的结果是混凝土表面的砂浆脱落，粗骨料外露(见图 3－29)，如继续进行有可能出现大的坑洞。

图 3－29　磨损后的路面

一般混凝土的强度越高，硬度越大，抵抗磨损的能力越强。所以具有耐磨要求的混凝土通常设计的强度等级较高，而且应注意减少混凝土的泌水，否则会由于泌水造成浮浆，使表层强度降低，更容易遭受破坏。

2. **水工混凝土**

水工混凝土中容易遭受磨蚀的结构物形式主要包括以下三种情况，如图 3-30 所示。

图 3-30 水工混凝土易受磨蚀的结构

高速水流经过凸凹不平、断面突变或水流急骤转弯的混凝土表面时，使其建筑物表面混凝土产生摩擦、冲击的同时，还会发生气蚀破坏。气蚀是水流的流速急剧改变时，由于压力的变化在局部产生气穴，从而产生局部的高能量冲击，与水流条件和建筑物表面平整度及外形有关。解决气蚀要从混凝土的设计、施工和应用等方面入手，从根本上消除产生气蚀的因素。如采用高强度的混凝土、严格控制施工质量和表面平整度、加强养护措施等。

思考题 3-7：可以从哪些途径来提高混凝土的抗磨蚀性？

查看答案

3.4.4 碱-骨料反应

碱-骨料反应是指水泥、外加剂等组成材料及环境中的碱与骨料中活性矿物在有水的条件下发生反应并导致混凝土开裂破坏的反应。

最早的混凝土理论普遍认为骨料是不具备活性的，不会参与反应。而碱-骨料反应发生的速度又比较慢，由它所引起的破坏可能要很多年以后才表现出来，所以很长一段时间里碱-骨料反应并未被发现。1940 年美国最早发现并证实了碱-骨料反应对混凝土工程的危害，此后世界各地相继出现了各种工程破坏的事例，主要有公路、桥梁、水工及工业与民用建筑等。我国到 20 世纪 90 年代也陆续在一些大型桥梁、铁路轨枕中发现了碱-骨料反应危害的案例，碱-骨料反应也逐渐引起了人们的重视。

根据骨料中碱性矿物的种类不同，碱-骨料反应可分为碱-硅酸反应(ASR)和碱-碳酸盐反应(ACR)。

3.4.4.1 碱-硅酸反应(ASR)

混凝土内部水泥凝胶体中含有 Na_2O、K_2O 等碱性氧化物，当这些物质含量较高时，在有水的条件下，会与骨料中的活性 SiO_2 发生化学反应，生成碱-硅酸盐凝胶，其反应方程式为。

$$Na_2O+SiO_2 \xrightarrow{nH_2O} Na_2O \cdot SiO_2 \cdot nH_2O$$

这种凝胶堆积在骨料与水泥凝胶体的界面，吸水后会产生很大的体积膨胀(约增大 3 倍以上)，导致混凝土开裂破坏。可能含有活性 SiO_2 的骨料有蛋白石、磷石英、方石英、酸性或中性玻璃体的隐晶质火成岩等，其中蛋白石的 SiO_2 活性最高。

3.4.4.2 碱-碳酸盐反应(ACR)

主要表现在骨料中的某些碳酸盐石(如方解石质的白云岩和白云质的石灰岩)与水泥石中的碱性物质，在有水的条件下发生反应，引起混凝土膨胀开裂。

$$CaMg(CO_3)_2+2ROH \longrightarrow Mg(OH)_2+CaCO_3+R_2CO_3$$

$$R_2CO_3+Ca(OH)_2 \longrightarrow 2ROH+CaCO_3$$

反应生产的 ROH 将不断与白云石反应，使白云石晶体遭到侵蚀。反应生成的水镁石及方解石晶体在有限的空间内生长，其所产生的结晶应力会产生较大的体积膨胀，使混凝土结构遭到破坏。

3.4.4.3 碱-骨料反应发生的条件

混凝土中发生碱-骨料反应必须同时具备以下三个条件：

(1)混凝土中碱含量高，可按水泥中含碱量($Na_2O+0.658K_2O$)计大于 0.6%，或按混凝土中的总碱含量计大于 3.0 kg/m^3；

(2)使用了具有活性的骨料，如蛋白石、磷石英、方石英、白云岩等；

(3)混凝土所处的环境中有水存在。

3.4.4.4 碱-骨料反应的预防

针对碱-骨料反应发生的条件，可以采取相应的措施来进行防治。

1.使用非活性的骨料

这是防止碱-骨料反应发生的最安全的措施。重要的混凝土结构物在建造前，应对骨料的碱活性进行检验，检验合格后方能使用。

2.控制水泥和混凝土中的碱含量

当水泥中含碱量低于 0.6%，或按混凝土中的总碱含量计小于 3.0 kg/m^3 时，混凝土液相中的 Na^+、K^+、OH^- 浓度低于临界值，碱-骨料反应难以进行，或反应程度较轻不足以使混凝土开裂。我国《混凝土碱含量限值标准》(CECS 53:93)依据混凝土所处的环境条件，对不用的工程结构分别采取表 3-13 中的碱含量限值或措施。

表 3-13 混凝土碱含量限值

环境条件	混凝土中的最大碱含量/(kg/m^3)		
	一般结构工程	重要结构工程	特殊结构工程
干燥环境	不限制	不限制	3.0
潮湿环境	3.5	3.0	2.1
含碱环境	3.0	用非活性骨料	用非活性骨料

3.使用优质的矿物掺合料

在混凝土中加入某些磨细的矿物掺合料，如粉煤灰、火山灰、矿渣粉等，可延缓或抑制碱-骨料反应。原因是这些活性掺合料能与混凝土中的 $Ca(OH)_2$ 反应生成具有胶凝性质的产物，使体系中的 $Ca(OH)_2$ 减少，且密实了孔隙。水化产物能够吸附混凝土的碱，从而抑制碱-骨料反应的发生。

4. 掺用引气剂

在混凝土中掺入引气剂，能在内部产生大量均匀分布的微小气泡，可减轻因碱-骨料反应产生的膨胀压力，从而减缓碱-骨料反应造成的危害。

5. 采取防水措施

水是碱-骨料反应发生的必要条件，对于有预防碱-骨料反应要求的混凝土，可保持其干燥，防止外界水分的渗入，以减轻危害。

3.4.5 碳化

碳化是指空气中的CO_2与水泥混凝土中的$Ca(OH)_2$反应，生成$CaCO_3$和H_2O，从而使混凝土的碱度降低的现象。反应如下：

$$CO_2 + Ca(OH)_2 \xrightarrow{H_2O} CaCO_3 + H_2O$$

碳化前的水泥凝胶中的$Ca(OH)_2$含量约为20%，混凝土的pH值大约在12～13，呈碱性。碳化后$Ca(OH)_2$浓度下降，pH值变为8.5～10，接近中性。将经过碳化的混凝土试块用劈拉的方式从中间劈开，在断面上均匀地喷上一层浓度为的1%酚酞酒精溶液。经30 s后观察，未碳化部分变成紫红色（碱性），碳化部分不显色。通过测试碳化部分的深度，可评定混凝土的抗碳化性能。

混凝土的孔溶液中通常含有大量的Na^+、K^+及少量的Ca^{2+}等离子，OH^-存在的量较多，可保持离子的电中性，因而pH值较高。在这样的碱性条件下，钢筋表面生成一层致密的钝化膜，这层保护膜能阻碍电化学反应的进行，使钢筋不易生锈。一旦这层钝化膜遭到破坏，孔隙中又有一定的水分和氧存在时，混凝土中的钢筋就会被腐蚀。钝化膜存在的条件就是保持较高的pH值，当pH值小于11.5时钝化膜就开始不稳定，而pH值降到10以下时，就容易发生分解。碳化容易引起钢筋的锈蚀，进而影响结构物的耐久性，应引起足够的重视。

碳化试块

3.4.5.1 碳化对混凝土的影响

碳化对混凝土的影响既有有害的方面，也有有利的方面，概括起来主要有以下几个方面：

(1)碳化改变了混凝土内部的碱性环境，削弱了混凝土对钢筋的保护作用。

(2)碳化由$Ca(OH)_2$生成$CaCO_3$的过程，引起混凝土的收缩，容易使混凝土的表面产生微裂纹。

(3)碳化消耗了水泥的水化产物$Ca(OH)_2$，且生成水，这些有利于促进水泥的进一步水化，提高混凝土的密实度，抗压强度略有提高，抗渗性增强。

3.4.5.2 影响碳化的因素

影响混凝土碳化的因素可分为内因和外因两大方面。内因即和混凝土自身性能有关的因素，如水泥品种与用量、水胶比、外加剂和掺和料、施工质量等。一般能使混凝土的密实度提高因素，有利于提高抗碳化能力。外因包括外界环境条件，如CO_2浓度、相对湿度、温度等。

1. 内部因素

(1)水泥种类。

用普通硅酸盐水泥拌制的混凝土抗碳化能力强于粉煤灰水泥和矿渣水泥。主要因为普通水泥的熟料含量高，$Ca(OH)_2$ 的含量多，对 CO_2 的吸收能力强，抗碳化能力也就强。粉煤灰水泥和矿渣水泥的二次水化会消耗一部分的 $Ca(OH)_2$，所以抗碳化能力弱。通用水泥中的混合材掺量越多，拌制的混凝土碳化速度越快。

(2)水胶比。

水胶比是影响混凝土密实度的重要因素，水胶比越大则硬化以后混凝土的孔隙率越高，密实度低。CO_2 是在混凝土内部的孔隙中扩散的，因而密实度越低抗碳化的能力越弱。

(3)外加剂和掺合料。

适量掺加能提高混凝土密实度的外加剂，如减水剂、引气剂及膨胀剂等，可以提高抗碳化能力。此外，当外加剂用于减少混凝土的水胶比时，可提高其抗碳化能力。

掺合料与水泥的水化产物 $Ca(OH)_2$ 反应，使混凝土的碱度降低，从而使混凝土的抗碳化能力减弱。

(4)施工质量。

混凝土施工过程中的搅拌、浇筑及振捣等工艺过程，对混凝土的密实度有较大影响。合理地确定混凝土的施工工艺措施并加强管理，可以获得质量均匀、成型密实的结构，反之会增大混凝土的孔隙率，从而影响混凝土的抗碳化能力。此外，加强养护有助于提高混凝土的抗碳化能力。

2.外部因素

(1)CO_2 浓度。

环境中的 CO_2 浓度越高，碳化速度就越快。近年来，工业排放的 CO_2 量持续上涨，导致建筑物的碳化速度加快。

(2)温度。

温度越高，混凝土内部孔溶液饱和蒸汽压越高，水分越易蒸发形成孔隙，CO_2 的扩散速度加快，导致碳化也加快。

(3)相对湿度。

碳化反应最适宜湿度为 50%～75%。当相对湿度超过 80%时，混凝土孔隙水处于饱和状态，将阻碍 CO_2 向混凝土内部扩散，从而使混凝土的碳化速度大大降低。在极干燥的环境中，混凝土的含水率低，尽管 CO_2 的扩散速度快，但由于缺少 CO_2 与 $Ca(OH)_2$ 反应所需的水分，碳化反应也难以进行。

本章小结

本章主要介绍了混凝土的基本性能，包括拌合物的性能、力学性能、体积稳定性和耐久性，各性能之间关系密切，是一个有机的整体。

拌合物的性能是混凝土在硬化之前的性质，主要指的是和易性，它是混凝土便于施工的性能。本章讲解了和易性的基本概念和内涵，分析影响混凝土拌合物和易性的因素。并介绍了测试混凝土拌和物和易性的两种方法：坍落度法和维勃稠度法。离析和泌水是混凝土和易性不好的两种表现。

强度是混凝土最重要的性能，关系到结构物的使用安全，并与混凝土其他性有密切关系。混凝土所有强度中以抗压强度最重要，立方体抗压强度标准值是混凝土强度等级的划分依据。影响混凝土强度的主要因素主要包括原材料、水胶比、施工工艺、养护条件和龄期、外加剂和掺合料等。

混凝土的体积稳定性包括收缩、徐变和各种因素引起的混凝土开裂。收缩包括化学收缩、塑性收缩、温度收缩、干燥收缩和自收缩。徐变是在持续荷载的作用下随着时间而增长的变形。收缩和徐变会导致混凝土的开裂，对混凝土的质量造成影响。

耐久性是和结构物使用寿命有关的性质，主要包括抗冻性、抗渗性、抗侵蚀性、抗碱骨料反应和抗碳化性等方面。本章主要介绍了耐久性各方面的主要概念、影响因素及检验评定方法。

课后练习题

一、填空题

1. 混凝土在进行坍落度试验时，应分________层加料，每层插捣________次。

2. 测试塑性混凝土和易性的方法是________，干硬性混凝土用________测试。

3. 相同配合比时，水泥的比表面积越大，混凝土的流动性越________，保持水胶比不变，可通过________来增加流动性。

4. 保持混凝土中的砂石总量不变，增加砂的用量，会使得骨料的总表面积________，流动性________。

5. 混凝土的各种强度当中，________最高，________最小，故实际应用中混凝土主要承受________。

6. 混凝土的水胶比越大，硬化以后的密实度________，抗压强度________。

7. 鲍罗米经验公式中的回归系数 α_a 和 α_b 是依据________的不同来进行取值的。

8. 鲍罗米公式中的 f_{ce} 是指________，当没有实测值时，若采用42.5的水泥，可用水泥的强度标准值乘以________的换算系数。

9. 根据国家标准的规定，对于强度等级为C35的标准立方体试块，进行抗压强度试验时，采用的加载速度为________kN/s。

10. 一般情况下，混凝土的强度越高，弹性模量________。骨料的弹性模量越大，则混凝土的弹性模量________。

11. 徐变是指________。

12. 相同配比的情况下，硅酸盐水泥混凝土的徐变________矿渣水泥配置的混凝土。混凝土的水胶比越大，混凝土的弹性模量________。

13. 混凝土的龄期越长，水泥的水化越彻底，混凝土受压时的徐变________。加荷时间越长，徐变________。

14. 混凝土在凝结硬化之前由失水产生的收缩是________，在硬化以后失水会产生________。

15. 水泥生产过程中，熟料粉磨的时间越长，则水化硬化速度越________，配制的混凝土收缩越________。

16. 混凝土的水胶比越大，硬化以后的密实度________，抗冻性________。骨料的针片状颗粒越多，抗冻性________。

17. 采用逐级加压法进行混凝土抗渗试验时，当6个试件中有________个出现渗水时，即可停止试验。若此时的压力值为 0.7 MPa，则抗渗等级为__________。

18. 检验混凝土试块的氯离子渗透高度时，在试件断面上需喷涂__________溶液；检验碳化深度时，喷涂__________溶液。

19. 硫酸盐的侵蚀是与混凝土中的________反应，生成的硫酸钙与__________反应，生成______________。

20. 混凝土的碱-骨料发生要求水泥的碱含量________，骨料中有__________，此外还要求________________。

21. 碳化的危害主要是改变了混凝土的__________，削弱了____________。

二、简答题

1. 什么叫作混凝土的和易性？和易性的评定应遵循什么原则？
2. 什么叫作水胶比？它对混凝土的和易性有什么影响？
3. 什么叫作砂率？配制混凝土时为什么要找出最佳砂率？
4. 什么叫坍落度损失？它对于施工有什么影响？
5. 影响混凝土拌合物和易性的因素有哪些？可采取什么措施来改善和易性？
6. 什么叫作混凝土的离析？为什么会产生离析？
7. 什么叫作混凝土的泌水？实际应用中如何防止泌水的发生？
8. 影响混凝土强度的因素有哪些？如何才能提高混凝土的强度？
9. 水胶比对混凝土的强度有哪些影响？
10. 养护对混凝土强度有哪些影响？如何通过加强养护来保证混凝土强度的发展？
11. 混凝土的强度发展和龄期之间有什么关系？
12. 影响混凝土强度测试结果的因素有哪些？
13. 混凝土的收缩有哪些类型？发生的原因是什么？
14. 什么叫徐变？它对混凝土有哪些影响？
15. 混凝土的耐久性包括哪些方面？
16. 可采取什么措施来提高混凝土的抗冻性？
17. 影响混凝土抗渗性的因素有哪些？
18. 混凝土的抗化学侵蚀有哪些类型？其侵蚀机理是什么？
19. 混凝土碱-骨料发生的条件是什么？
20. 混凝土的碳化有什么影响？影响碳化的因素有哪些？

三、计算题

混凝土抗压强度测定试验数据如下表所示，计算每块和每组试件的抗压强度值（精确至 0.1 MPa）。

组别	试件尺寸/cm	抗压破坏荷载/kN		
		1	2	3
1	10×10×10	220	230	250
2	15×15×15	530	510	640

第4章 化学外加剂

混凝土外加剂是在混凝土搅拌之前或拌制过程中加入的用以改善新拌混凝土或硬化混凝土性能的一种材料。随着混凝土技术的发展,外加剂逐渐成为传统四大组成材料以外的另一个重要组分。混凝土外加剂的特点是掺量少、作用大,所以有人将其比作食品中的调味素,能起到"四两拨千斤"的作用。在混凝土中掺入外加剂能够改善混凝土的和易性、提高耐久性、节约水泥、加快工程进度以及保证工程质量等,其技术经济效果十分显著。

4.1 外加剂的发展

外加剂作为产品在现代混凝土中应用的历史仅有几十年,比混凝土晚了100多年。但在古代很多建筑中已经出现了用于改善胶凝材料体系性能的添加剂,如古罗马的一些建筑中发现了在火山灰中掺加牛血、牛油、牛奶等,我国古代资料记载,秦始皇在修建万里长城时,以黏土、石灰等作为胶凝材料,用糯米汁、猪血等增加其黏结性能。明代宋应星所著《天工开物》一书中记载了使用黄土、河砂和糯米、杨桃藤汁制备的材料建造蓄水池。欧洲19世纪后期开始在混凝土中掺加石膏、石灰等来调节硬化性能,用氯化钙来提高早期强度。

现代意义上的混凝土外加剂出现于20世纪30年代,1935年美国Master Builder Technology公司的E. W. Scripture研制成功了以纸浆废液为原料的木质素磺酸盐减水剂,并与1937年取得专利,开创了人类使用化学外加剂的新时代。20世纪60年代,日本和德国相继研制成功了以萘磺酸甲醛缩合物和三聚氰胺甲醛缩合物为主要成分的高效减水剂,这标志着水泥混凝土外加剂及其应用技术进入了飞速发展的阶段。到20世纪80年代末,随着高分子技术在外加剂中的应用,日本成功解决了大流动性混凝土的坍落度损失问题,使得新型泵送施工逐渐成为一种主要的混凝土施工工艺。

我国混凝土外加剂的发展起步较晚,最早开始于20世纪50年代。在苏联专家的帮助下,引入了松香皂类引气剂,并在天津塘沽新港、武汉长江大桥等工程中应用,取得了很好的成效。此后又出现了以亚硫酸纸浆废液、制糖工业废蜜等为原料生产的减水剂。到了70年代,以煤焦油的各馏分,尤其是萘及其同系物为主要原料生产的萘系减水剂得到应用,同时三聚氰胺磺酸盐甲醛缩合物高效减水剂也有了一定的发展。90年代以来,随着我国科研水平的提高,外加剂有了突飞猛进的发展,相继研制成功了脂肪族减水剂、氨基磺酸盐减水剂、聚羧酸减水剂等。

外加剂的发展大大拓展了混凝土的应用范围,使得混凝土成为建筑工程中最重要的一种结构材料。普遍使用外加剂已经成为现代混凝土的主要特性,是改善混凝土综合性能的重要手段。

4.2 外加剂的分类

国家标准《混凝土外加剂定义、分类、命名与术语》(GB 8075—2005)中按外加剂的主要功能将混凝土外加剂分为以下4类：

(1)改善混凝土拌合物流变性能的外加剂，其中包括各种减水剂、引气剂和泵送剂等。

(2)调节混凝土凝结时间、硬化性能的外加剂，其中包括缓凝剂、早强剂和速凝剂等。

(3)改善混凝土耐久性的外加剂，其中包括引气剂、防水剂和阻锈剂等。

(4)改善混凝土其他性能的外加剂，其中包括加气剂、膨胀剂、防冻剂、着色剂、防水剂等。

此外，按照外加剂的化学成分又可分为以下几类：

(1)有机类。大部分有机类外加剂属于表面活性剂的范畴，有阴离子型、阳离子型、非离子型及高分子型表面活性剂等，多用作减水剂、引气剂等。

(2)无机类。无机类外加剂包括各种无机盐、一些金属单质和少量氢氧化物等，多用作早强剂、缓凝剂、膨胀剂、着色剂等。

(3)有机无机复合类。有机无机复合类外加剂主要用作早强减水剂、缓凝减水剂、防冻剂等。

外加剂的掺量应以外加剂占混凝土中总胶凝材料质量的百分数表示。实际应用时除应参考厂家的推荐掺量外，还要根据混凝土的原材料、配合比，结合施工条件及外界环境等，经试验确定最佳掺量。

4.3 减水剂

减水剂是指能保持混凝土的和易性不变，而显著减少其拌和用水量的外加剂，是应用最广泛、用量最大的一种混凝土外加剂。

根据《混凝土外加剂》(GB 8076—2008)，减水剂按其减水率大小可分为高性能减水剂(以聚羧酸系高性能减水剂为代表)、高效减水剂(以萘系、密胺系、氨基磺酸盐系、脂肪族系减水剂为代表)和普通减水剂(以木质素磺酸盐类为代表)。

高性能减水剂具有一定的引气性、较高的减水率和良好的坍落度保持性能。与其他减水剂相比，高性能减水剂在配制高强度混凝土和高耐久性混凝土时，具有明显的技术优势和较高的性价比。此外，减水剂还可与其他外加剂复合，形成早强减水剂、缓凝减水剂、引气减水剂等。

4.3.1 常用减水剂

1. 木质素磺酸盐类减水剂

20世纪30年代初，人类开始使用亚硫酸纸浆废液来改善混凝土的和易性，提高混凝土的强度和耐久性。1935年美国的E. W. Scripture研制成功了以纸浆废液为原料的木质素磺酸盐减水剂，揭开了减水剂发展的序幕。

木质素磺酸盐系减水剂根据阳离子的不同分为木质素磺酸钙(简称木钙或M减水剂)、木质素磺酸钠(简称木钠)、木质素磺酸镁(简称木镁)等，统称为木质素系减水剂。目前应用最广的是木钙减水剂。木钙是由生产纸浆或纤维浆的废液，经发酵提取酒精后的残渣，再经磺化、石灰中和、过滤喷雾干燥而制得。木钙减水剂原料丰富，价格低廉，应用十分广泛，常用于一般的混凝土工程，尤其适用于泵送混凝土、大体积混凝土、夏季施工的混凝土等。

木钙减水剂的性能特点包括以下几方面：

(1)掺量较低，一般为水泥质量的0.2%～0.3%，最多不超过0.5%。

(2)减水率10%左右，在保持混凝土强度和坍落度不变的条件下，可节约水泥8%～10%。混凝土28 d抗压强度提高10%～20%，且混凝土抗拉强度、抗折强度、弹性模量、抗渗性及抗冻性等各项性能均有不同程度的提高。

(3)木钙减水剂具有缓凝作用和引气作用，一般在混凝土掺入0.25%的木钙，能使凝结时间延长1～3 h，含气量提高2%左右。若掺量过多，将使混凝土硬化过程变慢，含气量过大，密实度降低，甚至降低混凝土的强度。

(4)可减少水泥水化放热的速率，降低早期水化热，推迟温峰出现的时间，对大体积混凝土和夏季施工混凝土有利。

2.萘系高效减水剂

萘系高效减水剂是以煤焦油中分馏出的萘及萘的同系物为原料，经硫酸磺化、水解、甲醛缩合、氢氧化钠中和、过滤、干燥而得的产品。其主要成分为萘或萘的同系物磺酸盐与甲醛的缩合物，故称为萘系减水剂。萘系减水剂的品种极多，是我国高效减水剂最主要产品。目前国内已有数十种，如NF、NNO、FDN、UNF、MF、建1、JN等，是工程中广泛采用的减水剂。

萘系减水剂的性能特点包括以下几方面：

(1)对水泥有强烈的分散作用，减水作用强。最佳掺量一般为水泥质量的0.5%～1.0%，减水率多在15%～25%。

(2)在水泥用量和水胶比不变的情况下，混凝土的坍落度随其掺量的增加而明显增大。因此可用于配制高流动性混凝土，坍落度可达到200 mm以上。但需注意，当掺量达到一定值以后，再增大减水剂掺量，效果迅速减弱。

(3)混凝土28 d强度可增加20%以上，并有早强作用。在保持坍落度不变的情况下，可配制C60以上的高强度混凝土，主要是利用其高效减水效果来降低水胶比，达到混凝土的高强度。

(4)萘系减水剂能显著提高混凝土的抗渗性、抗冻性和抗碳化性等耐久性能。

(5)掺加萘系减水剂后，在保持强度相同的条件下，若水胶比不变，通过减少用水量可节约水泥20%左右。

(6)萘系减水剂无缓凝效果，混凝土坍落度损失较大，为了解决这一问题，常常与缓凝剂复合使用。

3.水溶性树脂系减水剂

水溶性树脂系减水剂的全称为磺化三聚氰胺甲醛树脂减水剂，它是由三聚氰胺、甲醛、亚硫酸钠，按一定比例，在一定条件下，经过磺化、缩聚而成。我国研制的蜜胺树脂(代号SM)、磺化古玛隆树脂(代号CRS)等均属此类产品。

水溶性树脂系减水剂的各项性能指标达到或超过萘系减水剂，但其价格较高，使用受到一定限制。其主要性能特点包括以下几方面：

(1)对水泥有强烈的分散作用，减水作用强。最佳掺量一般为水泥质量的0.5%～2.0%，减水率15%～27%，最高减水率可达30%。

(2)早强效果好，3 d强度可达不掺减水剂时的28 d强度值，混凝土28 d抗压强度可提高30%～60%。可用来配制高强混凝土，并特别适用于蒸汽养护的混凝土。

(3)混凝土的抗渗性、抗冻性等耐久性能均显著提高。

(4)和萘系减水剂一样,水溶性树脂系减水剂为非引气型减水剂,无缓凝作用。

4. **氨基磺酸盐系减水剂**

氨基磺酸盐系减水剂也被称为单环芳烃型高效减水剂,它是用对氨基苯磺酸钠、苯酚、甲醛为主要原料,在一定温度下经反应缩合而成的一种外加剂。

氨基磺酸盐系减水剂对混凝土性能的影响与萘系高效减水剂相似,主要性能特点包括以下几方面:

(1)掺量低于萘系高效减水剂,对水泥颗粒的分散作用更强。最佳掺量一般为水泥质量的0.5%～0.75%,减水率可达20%～30%。

(2)具有显著的早强和增强作用,掺该类减水剂的混凝土早强效果优于萘系减水剂。

(3)保塑性好,掺氨基磺酸盐系减水剂的混凝土,在初始坍落度相同的条件下,混凝土的坍落度损失明显低于萘系减水剂。

(4)与其他高效减水剂相比,掺氨基磺酸盐系减水剂的混凝土泌水率较大。

5. **脂肪族系减水剂**

脂肪族羟基磺酸盐系减水剂是以羰基化合物为主要原料,缩合得到的一种脂肪族高分子聚合物。成品一般为红棕色液体,固含量为35%～40%。

脂肪族系减水剂的主要性能特点包括以下几方面:

(1)最佳掺量一般为水泥质量的1.5%左右,且在相同掺量的情况下,减水效果优于萘系高效减水剂。

(2)该类减水剂对混凝土早期强度的增长非常有利。3 d可达28 d强度的70%～80%,7 d可达28 d强度的80%～90%。

(3)和萘系高效减水剂相似,在配制大流动性混凝土时的坍落度损失较大。

(4)脂肪族系减水剂会使混凝土表面颜色变深,影响结构物的外观质量,因此主要用于地下混凝土工程,如高强混凝土桩等。

6. **聚羧酸系高性能减水剂**

聚羧酸系高性能减水剂也称聚羧酸系超塑化剂,现行的建工行业标准《聚羧酸系高性能减水剂》(JG/T 223—2017)中规定,该减水剂是由含有羟基的不饱和单体和其他单体共聚而成的,是混凝土在减水、保坍、增塑及环保等方面具有优良性能的系列减水剂。合成聚羧酸系减水剂常用的单体包括不饱和酸、聚链烯基物质、聚苯乙烯磺酸盐或脂、丙烯酸盐或脂、丙烯酸胺等。聚羧酸系减水剂可由二元、三元、四元等单体共聚而成,组成的分子大多呈梳状结构。

与传统的高效减水剂相比,聚羧酸系高性能减水剂具有突出的优点,且随着近些年生产水平的提高和技术的进步,使其成本逐渐降低,因而应用越来越广泛。我国在21世纪初期开始研究和应用聚羧酸减水剂,并迅速发展。可以说聚羧酸系减水剂的出现,使混凝土又进入了一个全新的世界。

聚羧酸系高性能减水剂的主要性能特点包括以下几方面:

(1)具有较高的减水率,最高可达30%以上。可用于配制大流动性、自密实混凝土,且与水泥的相容性好,适用范围广。

(2)可用于配制高强、超高强混凝土,早期和后期强度均有不同程度的提高。

(3)在配制大流动性混凝土时，具有良好的坍落度保持性，1 h可达到100%，2 h达到95%～90%。

(4)具有一定的缓凝和引气作用，可减少早期水化热，降低温升，适用于配制大体积混凝土。

(5)配制的混凝土硬化以后的外观质量好，色泽均匀，光滑而少缺陷。

(6)聚羧酸减水剂生产过程中不使用甲醛、强酸、强碱和工业萘等造成环境污染的有害物质，适用于配制绿色和生态混凝土。

思考题4-1：高性能减水剂与高效减水剂的主要区别是什么？

查看答案

4.3.2　减水剂的作用机理

1.吸附-分散作用

水泥加水拌和后，水泥颗粒间会相互吸引，形成许多絮状物结构。这主要是因为水泥-水体系的界面能比较高，处于不稳定状态，水泥颗粒通过团絮来降低界面能，使体系趋于稳定。团絮状态的颗粒使大约20%～30%的拌和水被包裹在其中，不能发挥作用，混凝土的流动性降低。

当加入减水剂后，减水剂分子的憎水基定向吸附于水泥颗粒表面，亲水基指向水溶液。由于亲水基的电力作用，使水泥颗粒表面带上电性相同的电荷，产生了静电斥力(见图4-1)。从而拆散这些絮状结构，把包裹的游离水释放出来(见图4-2)。这就有效地提高了新拌混凝土的流动性。

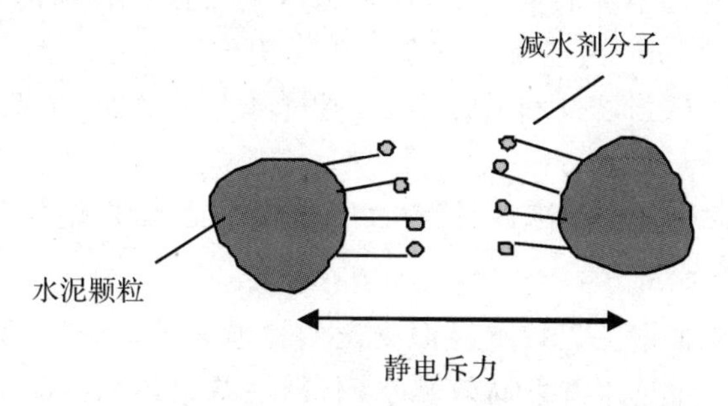

图4-1　减水剂分子吸附产生静电斥力示意图

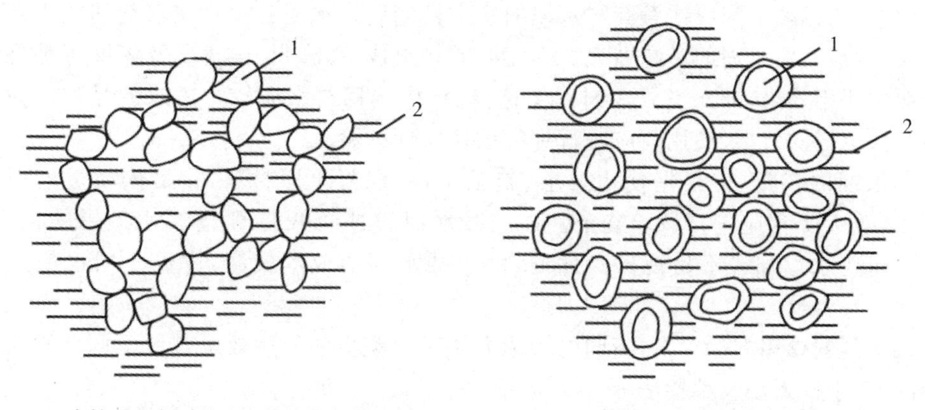

1—水泥颗粒；2—游离水

图4-2　水泥颗粒的团絮-分散示意图

2. 润湿-润滑作用

减水剂分子中的憎水基团定向吸附于水泥颗粒的表面，亲水基指向水溶液。亲水基团极性很强，易与水分子以氢键形式结合，将水吸附在水泥颗粒的表面，在水泥颗粒表面形成了一层稳定的溶剂化水膜，如图 4－3 所示。

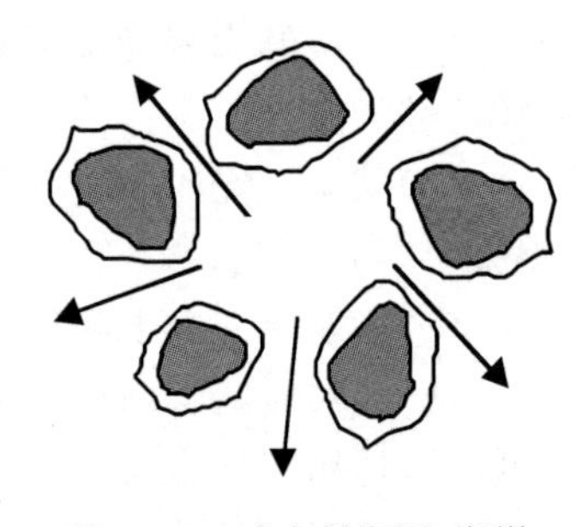

图 4－3　减水剂润湿-润滑作用示意图

这层水膜润湿了水泥颗粒的表面，相当于润滑剂的作用，有利于水泥颗粒的滑动，从而进一步提高了新拌混凝土的流动性。

由于减水剂的吸附-分散作用和润湿-润滑作用，只要使用较少量的水就可以很容易地将混凝土拌和均匀，从而改善新拌混凝土的和易性。也可以在保持坍落度不变的情况下，降低水胶比来减少混凝土的用水量。

4.3.3　减水剂在工程中的应用

1. 使用减水剂的技术经济效果

减水剂是目前工程当中用量最大的一种混凝土外加剂，约占到所有外加剂总用量的 70%～80%。使用减水剂的技术经济效果可以概括为以下几个方面：

(1)在保持混凝土和易性和水泥用量不变时，可减少拌和水量 5%～25%或更多，使得硬化以后的混凝土孔隙率降低，有利于强度和耐久性的提高。

(2)在保持原配合比不变的情况下，掺加减水剂可使拌合物的坍落度大幅度提高，大约可增大 100～200 mm，为混凝土的泵送施工提供了可能。

(3)若保持混凝土的强度及和易性不变，通过降低用水量，可节省水泥 10%～20%，降低了成本。

(4)有利于提高混凝土的抗冻性、抗渗性等耐久性能，延长建筑物的使用寿命。

2. 减水剂的使用方法

使用减水剂时，应根据工程特点及混凝土的性能要求，选择合适的减水剂品种。如欲配制高强度混凝土，可选用萘系高效减水剂；欲浇筑大体积混凝土或要求缓凝的混凝土，则可以选择木钙减水剂；如对混凝土的坍落度保持性要求高，可选用聚羧酸系减水剂等。此外，选择减水剂应注意其与水泥的适应性问题。水泥品种对减水剂的减水效果影响较大，对高效减水剂的影响更大。水泥的矿物组成、掺合料、碱含量及细度等都将影响减水剂的使用效果，因此当减水剂可供选择时，应选用与水泥较为适应的品种。为使减水剂发挥更好的效果，使用前应进行水泥的适应性试验。

减水剂的掺量，应根据使用要求、施工条件、混凝土原材料，在最佳掺量范围内进行调整，重大工程应进行试验确定。高效减水剂的过量掺入，随着减水效果的提高，往往会产生泌水增加等不良现象。此外，由于减水剂的成本较高，过量使用也使工程造价加大。

减水剂的掺用方法较多，不同的掺用方法对混凝土的使用效果有所不同。常用的有同掺法、滞水掺入法及后掺法等。

(1)同掺法。

同掺法将减水剂溶解于拌和用水，并与拌和用水一起加入拌和物中，是最为常见的一种方法。其优点是搅拌时间短，容易搅拌均匀，搅拌机的生产效率高，计量和控制也比较方便。其缺点是增加了减水剂的溶解环节，减水剂中的不溶物及溶解度较小的物质在存放过程中易发生沉淀，造成掺量不准。

(2)滞水掺入法。

滞水掺入法是指在拌和物已经加水搅拌 1～3 min 后，再加入减水剂，并继续搅拌到规定的拌和时间。其优点是能提高高效减水剂在某些水泥中的使用效果，减少外加剂的掺量，提高外加剂对水泥的适应性等。其缺点是搅拌时间长，搅拌机生产效率低。

(3)后掺法。

后掺法是指在新拌混凝土运到浇筑点后，再掺入减水剂或再补充掺入部分减水剂，并再次搅拌后进行浇筑。后掺法的优点是能克服混凝土在运输过程中的分层离析和坍落度损失，提高减水剂的使用效果，并能起到降低减水剂掺量、提高减水剂对混凝土的适应性等效果，适用于运输距离远、运输时间长、坍落度损失大等情况下的混凝土。

4.4 引气剂

在搅拌混凝土的过程中，能引入大量均匀分布、稳定而封闭的微小气泡的外加剂称为引气剂。引气剂引入的微小气泡，能改善混凝土的和易性，提高混凝土的抗冻性，适用于港口、土工、地下防水等混凝土工程。

引气剂是在我国应用最早的外加剂。早在 20 世纪 50 年代，佛子岭水库、大黑汀水库建设中的混凝土就掺用了松香热聚物引气剂。但由于当时的技术水平低，在水工混凝土以外的混凝土工程中应用引气剂时出现了强度下降明显的现象，因而停止了使用。70 年代以后引气剂和减水剂复合使用取得了良好的效果，得到越来越广泛的应用。在近几十年的混凝土外加剂发展过程中，引气剂作为混凝土外加剂中的一个重要的品种被广泛用于混凝土中，能显著改善新拌混凝土的工作性能和匀质性，大大提高混凝土的抗冻性。可以说，引气剂的应用带动了混凝土技术的发展。

4.4.1 常用引气剂

常用的引气剂品种有松香类、烷基苯磺酸盐类、木质素磺酸盐类、脂肪酸及其盐类等。松香类是我国最常使用的引气剂，松香通过改性可获得不同品种的松香衍生物。松香类引气剂可分为松香热聚物、松香皂、松香酸钠等。

1. 松香热聚物

松香热聚物是由松香与苯酚在浓硫酸存在的条件下，在较高温度时进行缩合和聚合反应，再经 NaOH 处理而成的憎水性表面活性剂。它不能直接溶于水，使用时需先将其溶解于加热的 NaOH 溶液中，再加水配制成 5%左右浓度的溶液。其掺量极少，一般为水泥质量的 0.005%～0.02%，引气量约为 3%～5%。

2. 松香皂

松香皂是最早生产及用于砂浆和混凝土中的引气剂，它所用的松香是由松树采集的松脂制得。再由松香、无水碳酸钠和水按一定比例熬制而成，掺量约为水泥质量的 0.02%。

3. 松香酸钠

松香加入沸煮的氢氧化钠溶液中，搅拌溶解，然后再在膏状松香酸钠中加入水，即可配成松香酸钠溶液引气剂。

4.4.2 引气剂的作用机理

引气剂掺入混凝土后，一方面可以使机械搅拌过程中引入的空气形成微小气泡，另一方面能保持小气泡稳定，防止气泡兼并增大、上浮破灭，使气泡均匀分布于混凝土中。引气剂对微小气泡的稳定作用主要有以下几个方面。

1. 降低液-气界面张力作用

当混凝土拌合物的含气量一定时，气泡尺寸越小，则液-气界面面积越大，体系的界面能大，从能量角度是不稳定的，有相互兼并而减少能量的趋势。引气剂可以降低液-气界面张力，从而降低液-气界面能，维持体系稳定，使气泡不相互兼并长大。

2. 气泡表层液膜之间的静电斥力作用

离子型表面活性剂作为引气剂时，其分子在水中电离成阴、阳离子。对于液气体系，其非极性基深入气相，而极性基留于水中，从而吸附在气泡的界面上形成定向排布(见图 4-4)。使气泡表面液膜带上相同的电荷，当气泡相互靠近时，气泡之间便产生静电斥力作用，从而阻止气泡进一步靠近，有助于提高气泡的稳定性。

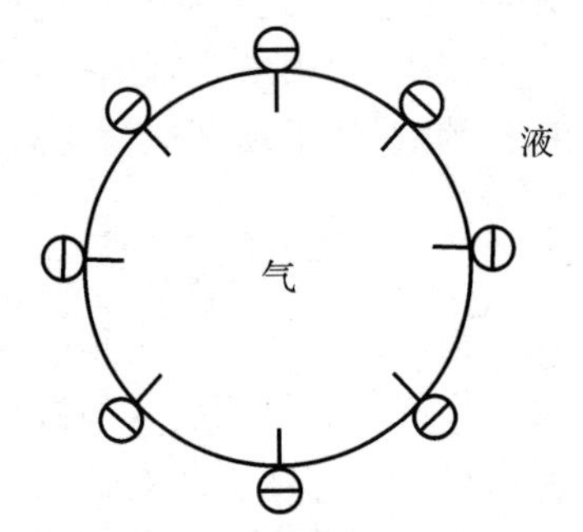

图 4-4 引气剂分子在气泡表面的吸附示意图

3. 水化膜厚度及机械强度增大作用

引气剂在气泡表面吸附时均是非极性基深入气相，极性基留于液相。极性基亲水性极强，在气泡表面形成较厚的水膜，气泡表面黏度及液膜弹性增大。当气泡碰撞接触时，不易兼并破灭，稳定性提高。

4. 微细固体颗粒沉积在气泡表面形成的“罩盖”作用

引气剂吸附集中在气泡表面，使混凝土气泡实际上成了气、固、液三相气泡，固体颗粒“罩盖”薄膜时气泡表层膜厚增大，机械强度和弹性提高。“罩盖”薄膜使气泡靠近时水化膜不易排液薄化，因而气泡更难兼并增大，并且有助于阻止气泡上浮和凝聚，从而使大量微小气泡能够稳定均匀地分布在混凝土拌合物中。

4.4.3 引气剂对混凝土性能的影响

1. 对新拌混凝土和易性的影响

新拌混凝土在掺入引气剂后，在搅拌力作用下产生大量稳定的微小密封气泡，密封微小气泡犹如滚珠一样，改变了混凝土内部骨料之间相对运动的摩擦机制，使滑动摩擦变为滚动摩擦，摩擦力大大降低，使得混凝土的流动性提高。一般含气量每增加 1%，混凝土坍落度约提高 10 mm。此外，密封小气泡阻滞骨料的沉降和水分的上升，使混凝土的泌水显著降低。引气剂都有一定的减水作用，由于其显著提高了和易性，在相同和易性下掺引气剂可减少拌合用水量，这也可以在某种程度上减少一些引气剂对抗压强度的影响。

2. 对混凝土强度的影响

混凝土掺入引气剂的主要缺点是使混凝土的孔隙率增加，强度有所降低。当保持水胶比不变，掺入引气剂时，含气量每增加 1%，混凝土抗压强度约下降 4%～6%，抗折强度约下降 2%～3%。因此，应合理控制掺引气剂后混凝土的含气量。若含气量太少，不能获得引气剂的积极效果;若含气量过多,又会过多地降低混凝土强度。

3. 对混凝土耐久性的影响

由于引气剂引入了大量微小气泡,均匀分布在混凝土内部,气泡对水泥石内水分结冰时所产生的压力起缓冲作用,故能显著提高混凝土抗冻性。一般掺入适量优质引气剂的混凝土抗冻等级可达未掺引气剂的3倍以上。因此,抗冻性要求高的混凝土,必须掺入引气剂或引气减水剂,其掺量应该根据混凝土的含气量要求,通过试验确定。需要注意的是混凝土抗冻性随含气量的提高不是无限增强的,当含气量超过6%时,抗冻融性能反而有所下降,主要是含气量的提高使强度下降得较多所致,因此要控制一个最佳的含气量。

引气剂对混凝土的抗渗性也有较大的改善作用,主要因为引气剂不但能减少用水量,改善和易性,防止泌水和沉降,使骨料与硬化水泥浆界面上的大毛细孔减少。而且引气产生的大量微小气泡分布在混凝土结构中,占据着混凝土中的自由空间,切断了毛细管的通道,这样能使混凝土的抗渗性得到改善。

4.4.4 引气剂的使用

使用引气剂时应注意以下几个问题:

(1)含气量的高低对于混凝土的各方面性能都有影响,因此应在掺引气剂前进行试配试验,根据实测的含气量值来确定适宜掺量。

(2)引气剂的掺量一般较小,只有水泥质量的万分之几,所以计量要准确。一般应首先将引气剂配制成溶液,稀释到合适浓度后,再按所需掺量拌合到混凝土中。

(3)施工时主要控制原材料、配合比、施工工艺等对含气量波动的影响。施工中要及时进行现场检测,严格控制含气量的波动幅度。由于近年来施工中采用高频插入式振捣器,在强烈的振动下,混凝土的气泡外溢,使含气量下降。因此对于掺引气剂的混凝土,施工中必须严格控制不同部位的振捣时间。

(4)含气量的增加会使得混凝土的总体积增大,配合比设计时若采用体积法应注意含气量的增加对混凝土体积的影响。

思考题4-2:引气剂掺量过大对混凝土的主要影响是什么?

查看答案

4.5 早强剂

能加速混凝土早期强度发展的外加剂称为早强剂。这类外加剂能加快水泥的水化过程,提高混凝土的早期强度并对后期强度无显著影响。早强剂多用于冬季施工或紧急抢修工程以及要求加快混凝土强度发展的情况。早强剂的使用能提高生产效率,节约能耗、降低成本,具有显著的经济效益。

4.5.1 常用早强剂

早强剂按其化学成分可分为无机盐类、有机物类、复合型早强剂三大类。

1. 无机盐类早强剂

无机盐类早强剂主要有氯盐、硫酸盐、碳酸盐及硝酸盐等。

(1)氯盐类。

氯化钙、氯化钠,氯化钾,氯化铝及氯化铁等统称为氯盐类早强剂,属强电解质无机盐类,其中氯化钙应用最广,也是使用最早的混凝土早强剂。氯化钙为白色粉末状物质,掺在混凝土内可加速水泥的凝结硬化并提高混凝土的早期强度。掺氯化钙的混凝土3 d强度可提高20%。同时氯化钙还能使水泥水化放热时间提前,可防止混凝土早期受冻。

对于素混凝土,氯化钙是一种良好的早强剂,在素混凝土中氯化钙一般掺量为1%～2%,最大不超过3%。掺用氯化钙的缺点是易使钢筋锈蚀,在钢筋混凝土结构中,掺用氯化钙应严格按《混凝土外加剂应用技术规范》(GB 50119—2013)规定执行。为了防止氯盐对钢筋的锈蚀,工程中常将氯盐与具有阻锈作用的亚硝酸钠复合使用,如$NaNO_2$∶$CaCl_2$=1.1～1.3,可取得良好的早强和阻锈效果。

(2)硫酸盐类。

硫酸钠(俗称芒硝)、硫酸钙(即石膏)、硫酸铝及硫酸钾铝(即明矾)等统称为硫酸盐类早强剂,属强电解质无机盐类。其中最常用的是硫酸钠早强剂,它是一种白色粉末,易溶于水。掺入混凝土后可加速水泥的硬化并提高混凝土的早期强度。

硫酸钠常与其他外加剂复合使用,使用较多的是NC复合早强剂,它是用硫酸钠60%、糖钙2%及细砂38%混合磨细而成。应用时直接加入混凝土搅拌机中与水泥、砂、石等共同搅拌,使用方便。NC复合早强剂的适宜掺量为水泥质量的2%～4%,减水率约为10%,混凝土3 d强度可提高70%,28 d强度可提高20%,并可在-20 ℃的条件下施工。

使用NC早强剂时,应注意不能多掺,并严禁使用活性骨料。掺量过多时,硫酸钠与氢氧化钙反应生成氢氧化钠及硫酸钙,硫酸钙会与水化铝酸钙作用生成水化硫铝酸钙,产生较大的体积膨胀,且氢氧化钠能与活性骨料发生碱骨料反应,使混凝土遭到破坏。

2.有机物类早强剂

有机醇、胺类以及一些有机酸均属于早强剂,如甲醇、乙醇、乙二醇、三乙醇胺、三异丙醇胺、尿素等。常用的是三乙醇胺,它是淡黄色透明油状液体,呈强碱性、不易燃、无毒、能溶于水。掺量一般为0.02%～0.05%,3 d强度可以提高50%～60%,7 d强度提高30%～40%,28 d以后强度可提高20%～30%。三乙醇胺的低温早强作用明显,并且具有一定的后期增强效果,与无机早强剂复合使用时的效果更好。

3.复合早强剂

工程中常将三乙醇胺、氯化钙、硫酸钠、亚硝酸钠、甲酸钙以及石膏等组成二元、三元或四元的复合早强剂。实践证明,采用两种或三种以上的早强剂复合,即可发挥各自的特点,又可弥补不足,早强效果往往大于单掺使用,有时甚至能超过各组分单掺时早期强度效果之和。目前复合早强剂主要有三乙醇胺复合早强剂、硫酸钠复合早强剂。

4.5.2 早强剂的作用机理

1.氯盐类

氯化钙对混凝土的早强作用机理,一方面是氯化钙对水泥水化的促进作用,由于反应降低了氢氧化钙的浓度,因而促进了水泥水化向生成氢氧化钙的方向进行;另一方面是氯化钙的Ca^{2+}吸附在水化硅酸钙表面,生成复合水化硅酸盐(如$C_3S \cdot CaCl_2 \cdot 12H_2O$)。同时在石膏存在时,与水泥石中$C_3A$作用生成水化氯铝酸盐(如$C_3A \cdot CaCl_2 \cdot 10H_2O$),这些都有利于混凝土强度的提高。

2.硫酸盐类

以硫酸钠为例,在水泥水化过程中,硫酸钠与氢氧化钙反应生成氢氧化钠及硫酸钙,新生成的石膏比在水泥粉磨时加入的石膏的反应速度快得多,能促进水泥的水化。

$$Na_2SO_4 + Ca(OH)_2 + 2H_2O \longrightarrow CaSO_4 \cdot 2H_2O + 2NaOH$$

$$CaSO_4 \cdot 2H_2O + C_3A + 12H_2O \longrightarrow 3CaO \cdot Al_2O_3 \cdot CaSO_4 \cdot 12H_2O$$

3. 三乙醇胺

三乙醇胺的作用机理是能促进 C_3A 的水化,在 $C_3A—CaSO_4—H_2O$ 体系中,它能加快钙矾石的形成,因而对混凝土早期强度发展有利。

4.5.3 早强剂对混凝土质量的影响

1. 对强度的影响

早强剂对混凝土的早期强度有十分显著的影响,3 d 和 7 d 强度都能有较大幅度的提高。对混凝土后期强度的影响与早强剂的成分有关系,一般掺加单组分早强剂的混凝土 28 d 强度低于掺加复合早强剂的混凝土。复合早强剂若含有减水组分,则可通过降低水胶比来提高强度,可弥补早强剂对混凝土后期强度的不利影响。

2. 对收缩性能的影响

早强剂对水泥的早期水化有促进作用,使水泥浆体在初期有较大的水化物表面积。它能产生一定的膨胀作用,使整个混凝土体积略有增加,但后期的收缩与徐变也会有所增大。这是因为早期生成的水化产物不够致密,使混凝土的孔隙率增大,结构密实度降低,这会加大混凝土的收缩。

3. 对耐久性的影响

氯化物和硫酸盐是常用的早强剂。氯化物中含有一定的氯离子,会加速混凝土中钢筋的锈蚀作用,从而影响混凝土的耐久性。硫酸盐早强剂可能与水泥的水化产物氢氧化钙反应生成钙矾石,钙矾石吸水膨胀使混凝土遭受破坏。有些无机盐早强剂如硝酸盐、碳酸盐等属于强电解质,在潮湿的环境下容易导电,因此对钢筋混凝土容易产生电化学腐蚀。

4.6 缓凝剂

缓凝剂是能使水泥水化速度减缓,延长混凝土的凝结时间,使新拌混凝土在较长时间内能保持塑性,便于浇筑施工,同时对混凝土后期各项性能无显著影响的外加剂。它适用于大体积混凝土、炎热气候条件下施工的混凝土、大面积浇筑混凝土、避免产生冷接缝的混凝土、需较长时间停放或长距离运输的混凝土。

在夏季高温环境下浇筑或运输预拌混凝土时,采用缓凝剂与高效减水剂复合使用的方法可以延缓混凝土的凝结,减少坍落度损失,避免混凝土泵送困难,提高施工效率,同时延长混凝土保持塑性的时间,有利于混凝土振捣密实,避免蜂窝麻面等质量缺陷。在大体积混凝土施工中,尤其是重力坝、拱坝等重要水工结构施工中掺用缓凝剂可延缓水泥水化放热,降低混凝土绝对温升,并延迟温峰的出现,避免因水化热过大产生温度应力而使混凝土开裂。

4.6.1 常用缓凝剂

缓凝剂按化学成分不同可分为无机缓凝剂和有机缓凝剂。无机缓凝剂包括磷酸盐、锌盐、硫酸铁、硫酸铜、氟硅酸盐等;有机缓凝剂包括羟基羧酸及其盐类、多元醇及其衍生物、糖类及碳水化合物等。此外,缓凝剂按性能可分为仅起缓凝作用的缓凝剂和兼具缓凝与减水作用的缓凝减水剂,木质素磺酸盐类属于典型的缓凝减水剂。

1. 无机缓凝剂

磷酸盐、偏磷酸盐类缓凝剂是近年来研究较多的无机缓凝剂。三聚磷酸钠为白色粒状粉末,无毒、不燃、易溶于水,一般掺量为水泥质量的0.1%~0.3%,能使混凝土的凝结时间延长50%~100%。磷酸钠为无色透明或白色结晶体,水溶液呈碱性,一般掺量为水泥质量的0.1%~1.0%,能使混凝土的凝结时间延长50%~100%。

硼砂为白色粉末状结晶物质,吸湿性强,易溶于水和甘油,其水溶液呈弱碱性,常用掺量为水泥质量的0.1%~0.2%。

2. 有机缓凝剂

羟基羧酸、氨基羧酸及其盐的分子结构含有羟基(—OH)、羧基(—COOH)或氨基($-NH_2$),常见的有柠檬酸、酒石酸、葡萄糖酸、水杨酸等及其盐。此类缓凝剂的缓凝效果较强,通常可将凝结时间延长1倍,掺量一般为水泥质量的0.05%~0.2%。

多元醇及其衍生物的缓凝作用比较稳定,特别是在使用温度变化时仍有较好的稳定性。此类缓凝剂的掺量一般为水泥质量的0.05%~0.2%。

糖类缓凝剂有葡萄糖、蔗糖及其衍生物和糖蜜及其衍生物,由于原料广泛、价格低廉,同时具有一定的减水作用,因此应用较广,其掺量一般为水泥质量的0.1%~0.3%。

4.6.2 缓凝剂的作用机理

多数缓凝剂具有表面活性,它们在固-液界面上产生吸附,改变固体粒子的表面性质。一方面是通过其分子中亲水基团吸附大量的水分子形成较厚的水膜层,使晶体间的相互接触受到屏蔽,改变了结构形成过程;另一方面是通过其分子中的某些官能团与游离的钙离子生成难溶性的钙盐吸附于矿物颗粒表面,从而抑制水泥的水化过程,起到缓凝效果。大多数无机缓凝剂与水泥水化产物生成复盐(如钙矾石),沉淀于水泥矿物颗粒表面,抑制了水泥的水化。缓凝剂的机理较为复杂,通常是多种缓凝机理综合作用的结果。

1. 无机缓凝剂作用机理

水泥胶体凝聚过程的发展取决于水泥矿物的组成和胶体粒子间的相互作用,同时也取决于水泥浆体电解质的存在状态。如果胶体粒子之间存在相当强的斥力,水泥凝胶体系将是稳定的,否则将产生凝聚。电解质能在水泥矿物颗粒表面构成双电层,并阻止粒子的相互结合。当电解质过量时,双电层被压缩,粒子间的引力大于斥力,水泥凝胶体将开始凝聚。

此外,高价离子能通过离子交换和吸附作用来影响双电层结构。胶体粒子外界的高价离子可以进入胶体粒子的扩散层中,甚至紧密层中,置换出低价离子,导致双电层中离子数量减少,扩散层减薄,电位的绝对值也随之降低,水泥浆体的凝聚作用加强,产生凝聚现象;同样道理,若胶体粒子外界低价离子浓度较高时,可以将扩散层中的高价离子置换出来,从而使电位绝对值增大,水泥浆体的流动能力提高。

绝大多数无机缓凝剂都是电解质盐类,可以在水溶液中电离出带电离子。阳离子的置换能力随其电负性的大小、离子半径以及离子浓度不同而变化。而同价数的离子的凝聚作用取决于它的离子半径和水化程度。一般来讲,原子序数越大,凝聚作用越强。

在无机缓凝剂中，磷酸盐类具有较强的缓凝作用，如磷酸钠、焦磷酸钠、二聚及多聚磷酸钠、磷酸氢二钠等都可以大大延缓水泥的凝结速度，其中缓凝作用最强的是焦磷酸钠。研究表明，掺入磷酸盐会使水泥水化的诱导期延长，并使 C_3S 的水化速度减缓，主要原因在于磷酸盐电离出的硫酸根离子与水泥水化产物发生反应，在水泥颗粒表面生成致密难溶的磷酸盐薄层，抑制了水分子的渗入，阻碍了水泥正常水化作用的进行，从而使 C_3A 的水化和钙矾石的形成过程都被延缓而起到了缓凝作用。

2. 有机缓凝剂作用机理

羟基羧酸、氨基羧酸及其盐对硅酸盐水泥的缓凝作用主要在于它们的分子结构中含有络合物形成基（$-OH$、$-COOH$、$-NH_2$）。Ca^{2+} 为二价正离子，配位数为 4，是弱的结合体，能在碱性环境中形成不稳定的络合物。羟基在水泥水化产物的碱性介质中与游离的 Ca^{2+} 生成不稳定的络合物，在水化初期控制了液相中的 Ca^{2+} 浓度，产生缓凝作用。随着水化过程的进行，这种不稳定的络合物将自行分解，水化将继续正常进行，并不影响水泥后期水化。羟基、氨基、羧基均易与水分子通过氢键缔合，再加上水分子之间的氢键缔合，使水泥颗粒表面形成了一层稳定的溶剂化水膜，阻止了水泥颗粒间的直接接触，阻碍水化的进行。而含羧基或羧基盐的化合物也是与游离的 Ca^{2+} 生成不溶性的钙盐，沉淀在水泥颗粒表面，从而延缓了水泥水化速度。

醇类化合物对硅酸盐水泥的水化反应具有不同程度的缓凝作用，其缓凝作用在于羟基吸附在水泥颗粒表面，与水化产物表面上的 O^{2-} 形成氢键，同时，其他羟基又与水分子通过氧键缔合，同样使水泥颗粒表面形成了一层稳定的溶剂化水膜，从而抑制水泥的水化进程。在醇类的同系物中，随着羟基数目的增加，缓凝作用逐渐增强。

木质素磺酸盐类表面活性剂是典型的阴离子表面活性剂。木质素磺酸盐中含有相当数量的糖。由于糖类是多羟基碳水化合物，亲水性强，吸附在矿物颗粒表面可以增厚溶剂化水膜层，起到缓凝的作用。另外，木质素磺酸盐可以降低水的表面张力，具有一定的引气性（引气量 2%～3%），而且掺量增加后，引气和缓凝作用更强。所以应避免超掺量使用，否则会由于引气过多或过于缓凝，使混凝土强度降低甚至长期不凝结硬化，造成工程事故。

糖蜜中的主要成分是己糖二酸钙，它具有较强的固-液表面活性，因此能吸附在水泥矿物颗粒表面形成溶剂化吸附层，阻碍颗粒的接触和凝结，从而破坏了水泥的絮凝结构，使水泥粒子分散，游离水增多，起到减水的作用。另外，糖钙含有多个羟基，对水泥的初期水化速度有较强的抑制作用，可以使游离水增多，增加了水泥浆的流动性，因而也有一定的减水作用。

4.7 速凝剂

速凝剂是能使混凝土迅速硬化的外加剂，主要用于采用喷射法施工的喷射混凝土中，亦可用于需要速凝的其他混凝土中。图 4-5 为喷射混凝土的施工。

图 4-5　喷射混凝土施工示意图

4.7.1　速凝剂的分类

速凝剂按其主要成分可以分成三类：铝氧熟料加碳酸盐系速凝剂、硫铝酸盐系速凝剂、水玻璃系速凝剂。

1. 铝氧熟料加碳酸盐系

喷射混凝土施工图

它的主要速凝成分是铝氧熟料、碳酸钠以及生石灰，这种速凝剂含碱量较高，配制的混凝土后期强度降低较多，但加入无水石膏可以在一定程度上降低碱度并提高后期强度。

2. 硫铝酸盐系

它的主要成分是铝矾土、芒硝（$Na_2SO_4 \cdot 10H_2O$），此类产品含碱量低，且由于加入了氯化锌而提高了混凝土的后期强度，但却延缓了早期强度的发展。

3. 水玻璃系

它以水玻璃为主要成分，这种速凝剂凝结、硬化很快，早期强度高，抗渗性好，而且可在低温下施工，缺点是收缩较大。因其抗渗性能好，常用于需要止水堵漏的工程。

4.7.2　速凝剂的作用机理

速凝剂的作用机理较为复杂，这里只对其主要成分的化学反应进行说明。

1. 铝氧熟料加碳酸盐系速凝剂

$$Na_2CO_3 + CaSO_4 \longrightarrow CaCO_3 \downarrow + Na_2SO_4$$

$$NaAlO_2 + 2H_2O \longrightarrow Al(OH)_3 + NaOH$$

$$2NaAlO_2 + 3Ca(OH)_2 + 3CaSO_4 + 30H_2O \longrightarrow 3CaO \cdot Al_2O_3 \cdot 3CaSO_4 \cdot 32H_2O + 2NaOH$$

碳酸钠与水泥浆中石膏反应，生成不溶于水的 $CaCO_3$ 沉淀，从而破坏了石膏的缓凝作用。铝酸钠在有 $Ca(OH)_2$ 存在的条件下与石膏反应生成水化硫铝酸钙和氢氧化钠，由于石膏消耗而使水泥中的 C_3A 成分迅速分解进入水化反应，C_3A 的水化又迅速生成钙矾石而加速了凝结硬化。另一方面，水化反应大量生成 NaOH、$AI(OH)_3$ 和 Na_2SO_4，这些都具有促凝、早强作用。

速凝剂中的铝氧熟料（$NaAlO_2$）及石灰，在水化初期产生强烈的放热反应，使整个水化温度大幅度提高，促进了水化反应的进程和强度的发展。此外，在水化初期，水泥水化生成的 $Ca(OH)_2$ 与 SO_4^{2-}、Al_2O_3 等组分结合生成高硫型水化硫铝酸钙，又使浓度下降，从而促进了 C_3S 水解，C_3S 迅速生成了水化硅酸钙凝胶。迅速生成的水化产物交织在一起，形成网络结构的晶体，即混凝土开始凝结。

2. 硫铝酸盐系速凝剂

$$Al_2(SO_4)_3+3CaO+5H_2O \longrightarrow 3(CaSO_4 \cdot 2H_2O)+2Al(OH)_3$$

$$2NaAlO_2+3CaO+7H_2O \longrightarrow 3CaO \cdot Al_2O_3 \cdot 6H_2O+2NaOH$$

$$3CaO \cdot Al_2O_3 \cdot 6H_2O+3(CaSO_4 \cdot 2H_2O)+20H_2O \longrightarrow 3CaO \cdot Al_2O_3 \cdot 3CaSO_4 \cdot 32H_2O$$

$Al_2(SO_4)_3$ 和石膏的迅速溶解使水化初期溶液中的硫酸根离子浓度骤增，它与溶液中的 Al_2O_3、$Ca(OH)_2$ 反应，迅速生成微细针状钙矾石和中间产物次生石膏，这些新晶体的增长、发展在水泥颗粒之间交叉生成网状结构而呈现速凝。这种速凝剂主要是早期形成钙矾石而促进凝结，但掺此类速凝剂会使水泥浆体过早地形成结晶网状结构，在一定程度上会阻碍水泥颗粒的进一步水化。另外，钙矾石向单硫型水化硫铝酸钙转化会使水泥石内部孔隙增加，这些都会使水泥石后期强度的增长受到影响。

3. 水玻璃系速凝剂

水泥中的 C_3S、C_2S 等矿物在水化过程中生成 $Ca(OH)_2$，而水玻璃溶液能与 $Ca(OH)_2$ 发生强烈反应，生成硅酸钙和二氧化硅胶体。其反应如下：

$$Na_2O \cdot nSiO_2+Ca(OH)_2 \longrightarrow (n-1)SiO_2+CaSiO_3+2NaOH$$

反应中生成大量 NaOH，将进一步促进水泥熟料矿物水化，从而使水泥迅速凝结硬化。

4.7.3 速凝剂对混凝土性能的影响

1. 对混凝土强度的影响

掺有速凝剂的混凝土，硬化以后水泥石的结构发生了比较大的变化，强度较不掺速凝剂混凝土的水化产物强度低。首先，速凝剂加速了硅酸盐组分的水化，铁铝酸四钙快速水化时生成的水化铁酸钙胶体包裹在 C_3S 表面上，起抑制 C_3S 进一步水化的作用。其次，水化产物内部晶型的转化，将产生一定的缺陷或使孔隙增加，导致水泥石后期强度偏低。

2. 对混凝土体积稳定性的影响

混凝土产生干缩的最主要原因在于，其内部孔隙水蒸发时引起凝胶体失水而产生紧缩，以及游离水分蒸发而使混凝土内部产生体积收缩。因此，凝胶体的数量及其特性对干缩起主要作用。掺有速凝剂的混凝土，其水泥用量较普通混凝土多，有时还掺入粉煤灰等掺合料。混凝土的砂率大，而对体积稳定性有良好作用的粗骨料比普通混凝土少，粗骨料最大粒径小，因此收缩值比普通混凝土大。

3. 对混凝土抗渗性的影响

掺速凝剂的混凝土由于收缩值较大而较易开裂，而且施工时物料与水混合时间很短，因而降低了水泥浆体与细骨料的胶结强度，使孔隙率增大，因此混凝土抗渗性较低。另外，混凝土的抗渗性能随速凝剂掺量的增大而降低，其中以碳酸钠速凝剂的影响最大。对于有特殊抗渗要求的喷射混凝土工程，除选择级配良好的坚硬骨料外，还可采取掺防水剂、配置钢筋网片和掺纤维等措施提高抗渗性。

4.8 膨胀剂

膨胀剂是指与水泥、水拌合后经水化反应，生成钙矾石、氢氧化钙等产物，使混凝土产生一定体积膨胀的外加剂。在混凝土中掺入膨胀剂可以通过预期的膨胀来补偿收缩，是控制混凝土开裂的有效手段之一，得到了很快的发展和广泛的应用。

4.8.1 常用膨胀剂

膨胀剂按化学成分的不同可分为硫铝酸盐类膨胀剂、石灰类膨胀剂、氧化铁类膨胀剂、氧化镁类膨胀剂和复合型膨胀剂等。

1. 硫铝酸盐类膨胀剂

硫铝酸盐类膨胀剂是指能与水泥、水拌合后，经水化反应生成水化硫铝酸钙的混凝土膨胀剂。它主要包括U型膨胀剂、硫铝酸钙膨胀剂、铝酸钙膨胀剂、明矾石膨胀剂等，见表4-1。该类膨胀剂目前在国内所占比例较大，使用广泛。

表4-1 主要的硫铝酸盐类膨胀剂

品种	代号	主要成分	一般掺量
U型膨胀剂	UEA	硫铝酸盐熟料、明矾石、石膏	10%～12%
硫铝酸钙膨胀剂	CSA	铝土矿、石灰石、石膏	8%～10%
铝酸钙膨胀剂	AEA	铝酸钙熟料、明矾石、石膏	6%～8%
明矾石膨胀剂	EA-L	明矾石、石膏	8%～10%

2. 石灰类膨胀剂

石灰类膨胀剂是指与水泥、水拌和后经水化反应生成氢氧化钙的混凝土膨胀剂。该膨胀剂比硫铝酸盐类膨胀剂的膨胀速率快，且原料丰富，成本低廉，膨胀稳定早，耐热性和对钢筋保护作用好。

石灰膨胀剂对温度、湿度等环境影响十分敏感，较难控制。同时石灰的保质期较短，不宜长期储存。较少用于补偿收缩的混凝土中，目前主要用于大型设备的基础灌浆和地脚螺栓的灌浆，使混凝土减少收缩，增加体积稳定性。

3. 氧化铁类膨胀剂

氧化铁此类膨胀剂是利用机械加工产生的废料——铁屑作为主要原料，外加某些氧化剂、氯盐和减水剂混合制成的，其膨胀源为氢氧化铁。这种膨胀剂目前应用较少，仅用于二次灌浆的有约束的工程部位，如设备底座与混凝土基础之间的灌浆、硬化混凝土的接缝等。

4. 氧化镁类膨胀剂

氧化镁类膨胀剂是指与水泥、水拌合后经水化反应生成氢氧化镁的混凝土膨胀剂。氧化镁的水化反应活性低，故这种膨胀剂产生的膨胀反应具有延迟性。可在生产水泥时提高熟料中的氧化镁含量或配制混凝土时额外加入，其掺量应满足水泥标准的限量要求，而且应经压蒸试验确定。外加时氧化镁膨胀剂时应充分搅拌均匀，否则有可能使混凝土中的氧化镁分布不均匀而导致体积安定性不良。这类膨胀剂适用于大坝等大体积混凝土温度收缩的补偿。

5. 复合膨胀剂

包括两种或两种以上膨胀组分的膨胀剂称为复合膨胀剂，常用的有EA复合膨胀剂和 CEA 复合膨胀剂。

4.8.2 膨胀剂的作用机理

各种膨胀剂的成分不同,其膨胀机理也各不相同。硫铝酸盐类膨胀剂加入水泥混凝土后,自身组成中的无水硫铝酸钙或参与水泥矿物的水化或与水泥水化产物反应,形成高硫型水化硫铝酸钙(钙矾石),钙矾石相的生成使固相体积增加而引起表观体积的膨胀。石灰类膨胀剂的膨胀作用主要由氧化钙晶体水化生成氢氧化钙晶体,体积增加所致。氧化铁类膨胀剂则是由于铁粉中的金属铁与氧化剂发生氧化作用,形成氧化铁,并在水泥水化的碱性环境中还会生成胶状的氢氧化铁而产生膨胀效应。氧化镁类膨胀剂与氧化铁类似,也是通过生成氢氧化物而产生膨胀。

4.8.3 膨胀剂的应用

膨胀剂在工程中的应用主要包括以下几个方面:

1. 补偿混凝土的收缩

混凝土在凝结硬化过程中要产生大约相当于自身体积0.04%~0.06%的收缩,当收缩产生的拉应力超过混凝土的抗拉强度时就会开裂,裂缝的存在和扩展又会导致混凝土的渗漏,因而影响了混凝土的耐久性。膨胀剂可在混凝土凝结硬化初期产生一定的体积膨胀,用以补偿混凝土的收缩。可用于结构后浇带、回填槽等结构部位。

2. 提高混凝土的防水性能

许多混凝土构筑物有防水、防渗要求,而在以前结构防水大都是通过减小混凝土的孔隙率和毛细孔隙来提高混凝土的抗渗性的。工程实践表明,这种方法不能从根本上解决混凝土由于开裂而引起的渗漏问题,因此除采取混凝土外部的防水处理外,混凝土的结构自防水也非常重要。膨胀剂通常用来做混凝土结构自防水材料,如用于地下防水工程、地下室、地下建筑混凝土工程、地铁、储水池、游泳池、屋面防水工程等。

3. 配制自应力混凝土

混凝土在掺入膨胀剂后,除补偿自身收缩外,在限制条件下还保留一部分的膨胀能力形成自应力混凝土。自应力混凝土可用于有压容器、水池、自应力管道、桥梁、预应力钢筋混凝土、预应力混凝土以及需要预应力的各种混凝土结构。

4. 大体积混凝土的裂缝控制

大体积混凝土工程因散热降温引起的冷缩比干缩更容易引起开裂,常规的温控措施往往既复杂又不经济。大量的经验表明,采用水化热低又有一定膨胀性能的补偿收缩混凝土,同时加以适当的温度控制,就有可能做到既经济合理又能有效解决大体积混凝土的开裂问题。

4.9 防冻剂

能使混凝土在负温下硬化,并在规定时间内达到足够防冻强度的外加剂称为防冻剂。在负温度条件下施工的混凝土工程,为防止混凝土受冻,常需掺入防冻剂。一般情况下,防冻剂除能降低冰点外,还有促凝、早强、减水等作用,所以防冻剂多为复合型的外加剂。

4.9.1 常用防冻剂

工程中使用的防冻剂主要有如下几种:

1. 氯盐类

氯盐类防冻剂主要成分为氯盐，如氯化钠、氯化钙或者氯盐与其他外加剂的复合。氯盐类防冻剂的早强效果好，降低液相冻点的能力强，且原材料来源广泛，价格相对便宜，但其中的氯离子易引起钢筋的锈蚀。

2. 氯盐阻锈剂类

氯盐阻锈类防冻剂是指为防止氯盐使钢筋生锈，与阻锈剂（如亚硝酸钠、重铬酸钾、磷酸盐等）复合使用的防冻剂。一般当氯盐掺量小于水泥质量的1.5%时，氯盐与亚硝酸钠的比例不小于1∶1.13；当氯盐含量不超过3%时，其比例不小于1∶1.3，否则阻锈效果不佳。

3. 非氯盐类

非氯盐类防冻剂是指以亚硝酸盐、硝酸盐、乙酸盐、尿素等为主要成分的防冻剂，可与早强剂、减水剂、引气剂等复合。此类外加剂适用于钢筋混凝土，但对于钢筋与锌材、铝材接触的钢筋混凝土，要慎用含硝酸盐、亚硝酸盐、碳酸盐的外加剂，以免引起电化学腐蚀。

4.9.2 防冻剂的作用机理

防冻剂加入混凝土中后，使混凝土的防冻性能大大提高，一般认为是由以下几个方面综合作用的结果。

1. 改变混凝土中液相浓度，降低液相冰点，使水泥在低于0 ℃的温度下仍能继续水化

一般纯水在低于0 ℃时就会结冰，而当水中溶解有各种溶质时，水的蒸气压降低，冰点就要下降，而且水的结冰温度随溶液浓度增大而降低。

采用复合防冻剂时，若防冻剂的各组分之间不发生化学反应，则冰点的降低是这些化合物分别降低冰点效果的叠加。单组分防冻剂，如亚硝酸钠、硝酸钙、碳酸钾、尿素等，当其掺量为水泥质量的2%时，则水溶液开始结冰温度 T_1 为－2～－3 ℃，完全结冰温度 T_2 为－8～－10 ℃。若采用复合防冻剂，如 $NaNO_2$＋WF＋尿素＋Na_2SO_4，此时水溶液的 T_1 为－4.5～－5 ℃，T_2 则降至－16 ℃左右。

此外，掺防冻剂的混凝土中液相的冰点又比同浓度的水溶液冰点低，这可能是由于水泥中的 K^+、Na^+ 进入混凝土中液相，增大液相中离子浓度的原因。

2. 降低了水泥浆结冻时的冻胀应力，从而减轻混凝土的冻害

纯水结冰时会出现冻胀应力，若温度继续下降，冻胀应力也会急剧增加，当温度降至－20～－23 ℃时，其最大冻胀应力达208.2 MPa。若在水中加入一定量电解质，如NaCl，则冻胀应力也会降低。而且溶液浓度越大，冻胀应力越小。例如，在温度为－20 ℃，NaCl浓度分别为4%、9%和16.7%时，其冻胀应力分别降至138.9 MPa、85.75 MPa、28.19 MPa，分别只占纯水冻胀应力的66.7%、41.2%和13.5%。由此可见，在混凝土中掺入防冻剂，可显著降低液相结冰时对混凝土造成的结冰压力，从而减轻对混凝土的冻害。

3. 改变了冰的结晶形态，冰体由板状结构变为针状、片状，破坏力减小

掺入防冻剂的液相在结冰时，其结晶形态与纯水时的结晶形态有很大差异。纯水结晶时，冰体呈板块结构，且质地坚硬。而掺入 NaCl、$NaNO_2$、K_2CO_3 等盐溶液后，结冰时析出的冰体结构为针状、片状或呈絮凝状结构，交错重叠、质地松软，因而对混凝土所造成的破坏亦会显著降低。

4. 提高混凝土的早期强度，增强其抵抗冰冻破坏的能力

大部分防冻剂均具有提高混凝土早期强度的作用，使其较早地获得足够的临界强度，增强了抵抗冻胀应力的能力。

此外，有些防冻剂还具有减水效果，这对于减缓混凝土的受冻破坏是有益的，但若选用减水剂与防冻剂复合时，应注意不应选择缓凝型减水剂，以免因缓凝作用影响负温下水泥石结构的形成。

4.9.3 防冻剂的应用

各类防冻剂具有不同的特性，因此防冻剂品种选择十分重要。氯盐类防冻剂适用于素混凝土，氯盐阻锈类防冻剂可用于钢筋混凝土。无氯盐防冻剂可用于钢筋混凝土工程和预应力钢筋混凝土工程，但硝酸盐、亚硝酸盐及碳酸盐不得用于预应力钢筋混凝土及与镀锌钢材或铝铁相接触部位的钢筋混凝土。含有六价铬盐、亚硝酸盐的防冻剂有一定毒性，严禁用于饮水工程及与食品接触的部位。

4.10 阻锈剂

阻锈剂是指一种加入混凝土中能阻止或减缓钢筋腐蚀，且对混凝土的其他性能无不良影响的外加剂。钢筋或金属预埋件的锈蚀与其表面保护膜的情况有关。混凝土通常情况下呈碱性，可在钢筋表面形成钝化膜，能有效地抑制钢筋锈蚀。若混凝土中存在氯化物，会破坏钝化膜，加速钢筋锈蚀。加入阻锈剂可以有效地防止锈蚀的发生，或减缓锈蚀的速度。

阻锈剂被广泛应用于富含氯盐环境的混凝土工程中，如海洋环境、海水侵蚀区；内陆盐碱地区、盐湖地区；受盐冻伤害的公路、桥梁工程；在氯盐腐蚀性气体环境下的钢筋混凝土建筑物等。

4.10.1 阻锈剂的分类

1. 阳离子型阻锈剂

阳离子型阻锈剂以亚硝酸盐、铬酸盐、苯甲酸盐为主要成分，其特点是具有接受电子的能力，能抑制阳极反应。

2. 阴离子型阻锈剂

阴离子型阻锈剂以碳酸钠和氢氧化钠等碱性物质为主要成分，其特点是阴离子作为强的质子受体，它们通过提高溶液的 pH 值，降低铁离子的溶解度而减缓阳极反应，或在阴极区形成难溶性保护膜而抑制反应。

3. 复合型阻锈剂

复合型阻锈剂如硫代羟基苯胺，其特点是分子结构中具有两个或更多的定位基团，可作为电子受体，兼具两种阻锈剂的性质，能够同时影响阴阳极反应。因此，它不仅能抑制氯化物侵蚀，而且能抑制金属表面上微电池反应引起的锈蚀。

4.10.2　阻锈剂的作用机理

1. 阳极型阻锈剂

在钢筋锈蚀作用形成的原电池中，可分为阳极区和阴极区。阳极型阻锈剂主要作用于阳极区，它以提高钝化膜抵抗氯离子的渗透性来抑制钢筋锈蚀的阳极过程。这类物质一般具有氧化作用，如亚硝酸盐、铬酸盐、硼酸盐等。

2. 阴极型阻锈剂

阴极型阻锈剂主要用于阴极区，其主要机理是这类物质大都是表面活性物质，它们选择吸附在阴极区形成吸附膜，从而阻止或减缓电化学反应的阴极过程。

4.10.3　阻锈剂的应用

阻锈剂在混凝土中的作用，不是阻止环境中的有害离子进入混凝土中，而是当有害物质进入混凝土之后，利用其阻锈作用，使有害离子丧失或减少其腐蚀能力，使钢筋锈蚀的电化学过程受到抑制，从而延缓腐蚀的进程，使混凝土使用寿命延长。

阻锈剂使用范围广泛，可用于工业建筑、海水及水工工程、立交桥、公路桥、盐碱地建设工程等，但不宜在酸性环境中应用。阻锈剂的使用效果与混凝土本身质量有关，优质混凝土中阻锈剂能发挥良好的功能。相反，质量差的混凝土即使加阻锈剂也很难耐久。目前阻锈剂的应用也存在一些问题，主要体现在对混凝土和易性的不利影响上。

4.11　泵送剂

泵送剂是能改善混凝土拌合物泵送性能的外加剂。泵送性能是指混凝土拌合物具有能顺利通过输送管道，在泵送压力条件下具有较好的稳定性，不发生离析，黏塑性良好的性能。泵送混凝土要求混凝土有较大的流动性，并在较长时间内保持这种性能，即坍落度损失小。要满足这些性能要求，仅靠调整混凝土配比是不够的，必须依靠混凝土外加剂，尤其是混凝土泵送剂。

单一组分的外加剂很难满足泵送混凝土对外加剂性能的要求，常用的泵送剂是多种外加剂的复合产品，其主要组成如下：

1. 减水组分

减水组分的作用是在不增大混凝土用水量的基础上，大幅度提高混凝土的流动性。普通减水剂、高效减水剂和高性能减水剂都可作为泵送剂的减水组分，根据混凝土工程对泵送剂减水率的要求而定。有些减水剂本身就具有较好的坍落度保持性，可以优先选用。

2. 缓凝组分

在配制泵送剂的过程中，某些减水剂虽然能降低混凝土单方用水量，提高流动性，但坍落损失较快，不利于泵送施工。在泵送剂中掺入适量组分的缓凝剂，可以有效地控制混凝土的坍落度损失，尤其在炎热的气候条件下施工时。一般来说，缓凝型减水剂就是在减水剂中加入适量的缓凝组分，使其符合标准以及工程的要求。

3. 引气组分

引气剂可明显改善混凝土的和易性，在泵送混凝土中加入适量的引气剂，可控制离析和泌水。引气剂引入的大量微小稳定的气泡，起到类似滚珠的作用，使拌合物泵送过程中的摩擦力减小。

泵送是一种有效的混凝土运输手段，可以改善工作条件，节省劳动力，提高施工效率，尤其适用于地形狭窄和有障碍物的施工现场，以及大体积混凝土结构和高层建筑。随着技术的进步，在我国用泵送浇筑的混凝土数量日益增多，商品混凝土在大中城市的泵送率可达60％以上。高性能混凝土的施工也大多采用泵送工艺，因而选择好的泵送剂对于保证施工质量是至关重要的。

本章小结

混凝土外加剂是为改善新拌混凝土或硬化混凝土性能而加入的一种材料，已成为传统四大组成材料以外的第五组分。外加剂的品种较多，减水剂应用最为广泛。减水剂是能保持混凝土的和易性不变而显著减少其拌和用水量的外加剂，可分为高性能减水剂、高效减水剂和普通减水剂。减水剂的作用机理可概括为吸附-分散作用和润湿-润滑作用。减水剂不但能提高混凝土的流动性，减少拌合用水量，改善施工条件，而且能够提高混凝土的强度和耐久性能。

引气剂是在搅拌混凝土的过程中，能引入大量均匀分布、稳定而封闭的微小气泡的外加剂。引气剂引入的微小气泡，能改善混凝土的和易性，提高混凝土的抗冻性。但应控制其掺量，否则会对强度产生影响。

早强剂能加速水泥的水化过程，提高混凝土的早期强度并对后期强度无显著影响。缓凝剂能使水泥水化速度减缓，延长混凝土的凝结时间，使新拌混凝土在较长时间内能保持塑性，便于浇筑施工，同时对混凝土后期各项性能无显著影响。速凝剂能使混凝土迅速硬化，其主要用于采用喷射法施工的喷射混凝土中。

膨胀剂是能使混凝土产生一定体积膨胀的外加剂，主要通过预期的膨胀来补偿收缩，控制开裂。防冻剂能使混凝土在负温下硬化，能降低冰点，还可以通过促凝、早强、减水等作用使混凝土在冬季施工的时候防止受冻。

此外，本章还介绍了阻锈剂、泵送剂等满足其他工程需要的外加剂。

课后练习题

一、填空题

1.木钙减水剂具有显著的________作用，使用时应严格控制其________不能过大，否则会使混凝土的________变慢，________降低。

2.相比于木钙，萘系减水剂的减水率________，强度提高幅度________，但是使用时坍落度损失________，常与________共同使用。

3.聚羧酸系减水剂的减水率________，可用于配制________的混凝土，而且相比于萘系高效减水剂，其________小。

4.减水剂的减水机理包括________作用和________作用。

5.引气剂所形成的微小气泡像滚珠一样，减小了________，使混凝土拌和物的________提高，同时有助于降低________。

6.早强剂可以加快________，且对________无显著影响。

7.为了缓解氯化钙早强剂对钢筋的锈蚀，工程应用时常与________复合使用。

8. NC复合早强剂是由____________、____________和____________混合磨细而成的。

9. 用于延长混凝土凝结时间的外加剂称为__________，常与__________复合使用。

10. 硫铝酸盐类膨胀剂是靠生成的________________来产生膨胀，而石灰类膨胀剂是靠生成的____________来产生膨胀。

11. 氯盐类防冻剂主要用于____________，而在钢筋混凝土中可选用____________类或______________类防冻剂。

二、简答题

1. 国家标准中对外加剂是如何进行分类的？
2. 试述减水剂在混凝土中的作用机理。
3. 常用的减水剂有哪些类型？代表性的产品有哪些？
4. 聚羧酸减水剂作为高性能减水剂，比其他减水剂有哪些优点？
5. 减水剂对混凝土的性能有哪些影响？
6. 引气剂的作用机理是什么？对混凝土性能有哪些影响？
7. 早强剂和速凝剂有什么不同？
8. 缓凝剂是如何延长混凝土的凝结时间的？
9. 氯盐类早强剂的作用机理是什么？使用时有什么注意事项？
10. 简述不同类型膨胀剂的作用机理。
11. 防冻剂的作用机理是什么？
12. 常用的阻锈剂有哪些类型？其作用机理是什么？
13. 混凝土泵送剂的主要成分是什么？

第5章 矿物掺合料

矿物掺合料是指为改善混凝土性能而掺入的以 CaO、SiO_2、Al_2O_3 等氧化物为主要成分，且具有一定的火山灰活性或潜在水硬性的粉体材料。常用的矿物掺合料有粉煤灰、粒化高炉矿渣粉、硅灰、沸石粉等，其中粉煤灰和粒化高炉矿渣粉在现代混凝土中应用最为普遍。因此国外有人将矿物掺合料称为辅助性胶凝材料，是高性能混凝土不可缺少的组分。

在混凝土中掺入矿物掺合料的作用主要包括以下几方面：

(1)改善混凝土的和易性，如Ⅰ级粉煤灰的需水量比低于95%，可提高混凝土的流动性。

(2)部分水化速度缓慢的矿物掺合料，可以降低混凝土的水化温升。

(3)提高早期强度(如硅灰)，增进后期强度(如优质粉煤灰)。

(4)密实孔隙、减少易腐蚀的氢氧化钙含量、抑制碱-骨料反应，提高抗腐蚀能力。

(5)减少混凝土的早期收缩，减少早期的温度裂缝，提高混凝土的抗裂性能。

(6)提高混凝土的耐久性，如抗渗性、抗冻性等。

除此之外，矿物掺合料的应用还可降低混凝土的生产成本，由于这些掺合料主要来源于工业废弃物，作为胶凝材料使用即可减少水泥的用量，又可减少处理这些废料的成本，对节约能源、保护环境都有好处。

5.1 粉煤灰

粉煤灰又称飞灰，是指煤粉燃烧时，从烟道气体中收集到的细颗粒粉末。粉煤灰是一种火山灰质材料，火山灰活性是指单独与水并不硬化，但与石灰或 $Ca(OH)_2$ 作用生成水化硅酸钙和水化铝酸钙。

磨细粉煤灰是指干燥的粉煤灰经粉磨加工达到规定细度的粉末。按 CaO 的含量可分为高钙灰(C类，CaO>10%)和低钙灰(F类，CaO<10%)。高钙粉煤灰是燃烧褐煤或次烟煤所收集到的粉煤灰，呈黄色或浅黄色。高钙灰除具有火山灰活性外，同时还具有胶凝性和潜在水硬性。燃烧烟煤和无烟煤所得的粉煤灰氧化钙含量较低，称为低钙粉煤灰，呈灰色或暗灰色。低钙灰仅具有火山灰活性，我国生产的粉煤灰多数属于此种。但是，我国电厂生产的粉煤灰常添加 CaO 脱硫，因此 CaO 含量也较高，但不能称为高钙灰。

5.1.1 粉煤灰的技术性能

粉煤灰的主要化学成分为 SiO_2、Al_2O_3、Fe_2O_3、CaO 等，一般呈球状(如图 5-1 所示)，粒径为 1～50 μm，比表面积 300～600 m^2/kg，比水泥颗粒更加细小(300～350 m^2/kg)。原状粉煤灰的颗粒较粗，需经过粉磨处理提高细度，增强活性。

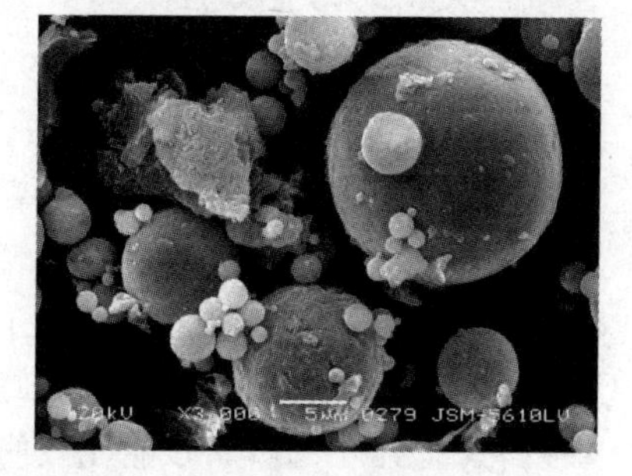

图 5-1 粉煤灰的颗粒形态

粉煤灰的技术指标主要包括细度、烧失量、需水量比等。细度采用筛析法,以 0.045 mm 方孔筛的筛余量表示。细度越大,减水效应提高,填充和活性效应也提高。烧失量指粉煤灰中未燃尽的碳颗粒所占的比例,粉煤灰中碳含量对流动性的影响较大,特别是掺入外加剂时,碳粒对外加剂的吸附作用较强,导致外加剂的作用下降,混凝土的流动性受到影响。需水量比指达到相同胶砂流动度时,受检胶砂的需水量与基准胶砂需水量的比。需水量比越小,表明粉煤灰的减水效应越高。

根据《用于水泥和混凝土中的粉煤灰》(GB/T 1596—2017)的规定,拌制混凝土或砂浆用粉煤灰分为三个等级,工程应用中主要检测的技术指标见表 5-1。

表 5-1 砂浆和混凝土用粉煤灰的技术指标

项目		指标		
		Ⅰ级	Ⅱ级	Ⅲ级
含水率/%		≤1.0		
细度(45μm 方孔筛筛余)/%		≤12.0	≤30.0	≤45.0
需水量比/%		≤95	≤105	≤115
烧失量/%		≤5.0	≤8.0	≤10.0
SO_3 含量/%		≤3.0		
游离氧化钙含量/%	F类	≤1.0		
	C类	≤4.0		
SiO_2、Al_2O_3、Fe_2O_3 总质量分数/%	F类	≥70.0		
	C类	≥50.0		
雷氏夹沸煮后增加距离/mm		≤5.0		
密度/(g/m^3)		≤2.6		
强度活性指数/%		≥70.0		

5.1.2 粉煤灰的作用机理

粉煤灰在混凝土中的作用机理可以概括为三大效应,具体如下。

1. 火山灰活性效应

火山灰反应的化学活性是粉煤灰作用于水泥和混凝土的基础。粉煤灰玻璃体中的 SiO_2 和 Al_2O_3 能与水泥水化生成的 $Ca(OH)_2$ 发生反应,生成水化硅酸钙和水化铝酸钙。这些水化产物一部分沉积在粉煤灰颗粒表面,另一部分则填充于水泥水化产物的孔隙中,使水泥石更加密实。由于粉煤灰在水化过程中可与水泥水化产物中结晶程度较高的 $Ca(OH)_2$ 反应,因此可使混凝土内部的界面结构得到改善。

活性效应取决于粉煤灰的细度、化学组成和结构,一般认为粉煤灰的活性效应是潜在的,只有到硬化后期才能比较明显地显现出来。

2. 形态效应

粉煤灰含有大量的球状玻璃微珠,填充在水泥颗粒之间起到一定的润滑作用,可以提高混凝土的流动性。在流动性相同时,掺粉煤灰的混凝土比不掺的内摩擦阻力小,更容易泵送施工和振捣密实。由于粉煤灰玻璃微珠的滚珠作用,可以减少混凝土中固体颗粒间的空隙率,因而具有一定的减水作用,有利于减少单位体积用水量,从而减少了多余水在混凝土中硬化后形成较大孔隙的概率。

3. 微集料效应

粉煤灰是高温煅烧的产物,其颗粒本身很坚固,有很高的强度,厚壁空心微珠的抗压强度在700 MPa以上,粉煤灰水泥浆体中相当数量的未反应的坚固粉煤灰颗粒一旦共同参与承受外力,就能起到很好的"内核"作用,即产生"微集料效应"。同时,粉煤灰颗粒能够很好地与水泥浆体黏结,形成连续的截面过渡区,加上粉煤灰微粒在水泥浆体中的分散作用,使得新拌混凝土和硬化混凝土均匀性得到改善,也有助于混凝土中有害孔的充填和细化。

随着现代混凝土技术的发展,粉煤灰的填充密实效应越来越受到重视,它可减少混凝土的粗大孔隙和孔隙的总体积,阻塞毛细孔通道,这对混凝土的强度和耐久性是非常有利的,是高性能混凝土应用的一个重要技术措施。

5.1.3 粉煤灰对混凝土性能的影响

粉煤灰对混凝土性能的影响与其自身的品质有很大关系,优质的粉煤灰对混凝土各方面的性能都有一定的改善作用。此外,粉煤灰的作用还受到混凝土配合比的影响,在高水胶比的情况下,粉煤灰会使混凝土的凝结时间延缓,硬化速度减慢,早期强度明显降低,抗渗性、抗冻性、抗碳化能力都会受到影响。现代混凝土中,减水剂的使用使混凝土的水胶比可以大幅降低,粉煤灰掺入后的凝结硬化速度大大加快,强度和耐久性都有了明显的提高。粉煤灰对混凝土性能的影响主要表现在以下几个方面。

1. 对新拌混凝土的影响

粉煤灰的颗粒多为玻璃滚珠,优质的Ⅰ级灰由于其滚珠作用,可以提高混凝土的流动性,减少拌合用水量。Ⅲ级灰颗粒较粗,形态效应弱,不具有减水作用,还会加大拌合用水量,使混凝土的流动性下降。

当混凝土的坍落度相同时,掺粉煤灰的混凝土扩展度往往更大,更容易振捣密实。由于玻璃微珠的形态效应和细粉料的微集料效应,减小了运动阻力,使混凝土的可泵性大大改善。

掺入粉煤灰后,混凝土的凝结时间通常延长,且随掺入的量增加而增加。由于粉煤灰的水化速度慢,能有效减缓水泥的凝结速度,因而混凝土的坍落度损失减小,适合需要较长时间停放和远距离运输的工程。

粉煤灰的烧失量对流动性的影响较大,特别是掺入外加剂时。主要是因为碳粒对外加剂的吸附作用较强,导致外加剂的作用下降,混凝土的流动性受到影响。

2. 对混凝土强度的影响

根据粉煤灰品质的不同,对强度的影响呈现不同的规律。

(1)优质的Ⅰ级灰。

当粉煤灰掺入量较少(<10%)时,不仅后期强度提高,而且早期强度也不下降。但当掺量超过一定值后,混凝土的早期强度略有下降,但后期强度仍可高于不掺粉煤灰的

基准混凝土,见图 5-2。

温度对于掺粉煤灰混凝土强度的发展有较大影响。养护温度升高时,可加快粉煤灰活性的激发,对掺粉煤灰混凝土的强度发展有利。对大体积混凝土,水化温升可使混凝土内部达到 60 ℃以上,粉煤灰的掺入不仅可以保证早期强度,还可增进后期强度发展。养护温度低时,粉煤灰严重影响混凝土强度的发展,早期和后期强度均下降。

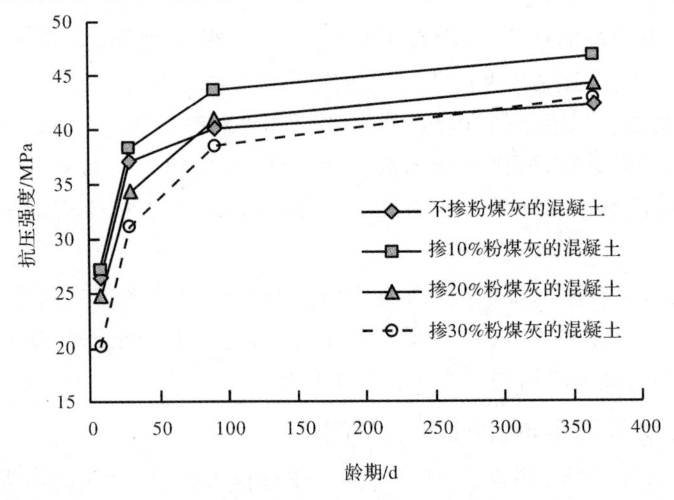

图 5-2　粉煤灰对混凝土强度的影响

(2)Ⅱ级灰。

Ⅱ级粉煤灰活性较低,对混凝土强度的影响与Ⅰ级灰相似,只是比Ⅰ级灰早期强度更低。即使掺量小,早期强度也低于基准混凝土。

因为Ⅱ级灰对混凝土强度贡献低,配合比设计时常采用超量取代,以保证后期强度。超量取代是指用于取代的粉煤灰质量多于水泥,如超量取代系数为 1.2 时,掺入的粉煤灰和被取代水泥的质量比为 1.2∶1。

(3)Ⅲ级灰。

Ⅲ级粉煤灰一般只用于低强度等级的混凝土,很少用于较高强度等级的混凝土结构,特别是预应力混凝土。需要注意的是,当Ⅲ级粉煤灰仅仅是细度超标,而烧失量和需水量比较小时,对混凝土性能的改善作用还是较大的,尤其是采用掺外加剂的泵送混凝土。

3. 对混凝土耐久性的影响

(1)对抗冻性的影响。

对于强度低、水胶比大的混凝土,不掺入减水剂或引气剂的混凝土,随粉煤灰掺量增加,混凝土的抗冻性下降。对于强度较高、水胶比较小的混凝土,掺粉煤灰的混凝土与普通混凝土可以具有相同的抗冻性。

《混凝土结构耐久性设计规范》(GB/T 50476—2019)规定,掺粉煤灰的混凝土水胶比在 0.50 以下,粉煤灰掺量在 20%～30%以内。只要粉煤灰掺量合适,配合比设计合理、养护得当,特别是采用引气型减水剂降低水胶比时,粉煤灰对混凝土的抗冻性无不利影响,甚至可以通过减少体积变形、减少裂缝及粉煤灰的三大效应,使抗冻性得以改善。

(2)对抗渗性的影响。

粉煤灰对混凝土抗渗性的影响与对抗冻性的影响规律相似。高水胶比、低强度的混凝土中掺粉煤灰使抗渗性下降。而在低水胶比、高强度混凝土中，特别是掺有减水剂和引气剂时，粉煤灰能提高混凝土的抗渗性。

优质粉煤灰改善混凝土的抗渗性机理主要有：微集料效应能够密实孔隙，改善混凝土界面结构，使渗透通道比基准混凝土更加弯曲；火山灰反应生成的水化硅酸钙能进一步填充毛细孔隙，增强混凝土的密实性。

(3)对抗硫酸盐侵蚀的影响。

粉煤灰的掺入减少了水泥用量，即减少了水泥带入的铝酸三钙的量，与水泥水化产物 $Ca(OH)_2$ 发生反应，减少了可能遭受侵蚀的组分。粉煤灰的火山灰反应生成的水化硅酸钙填塞了水泥石的毛细孔隙，增强了密实度，降低了硫酸盐侵蚀介质的侵入。

(4)对抗碳化性的影响。

多数试验表明，随着粉煤灰掺量的增大，混凝土的碳化深度增加。这主要是因为：一方面粉煤灰取代部分水泥，使得混凝土中的水泥熟料含量降低，析出的 $Ca(OH)_2$ 必然减少；另一方面粉煤灰的二次水化进一步降低了 $Ca(OH)_2$ 的含量，使混凝土的抗碳化性能下降。

从另一个方面来说，粉煤灰的微集料填充效应能密实孔隙，使渗透速度下降，一定程度上减缓碳化。因此在掺粉煤灰的同时如果能够适当降低混凝土的用水量，可以获得抗碳化性能优异的混凝土。

(5)对碱-骨料反应的影响。

粉煤灰的掺入能够在一定程度上抑制混凝土中的碱-骨料反应。一方面粉煤灰替代部分水泥后减少了混凝土中的碱含量，另一方面粉煤灰可以吸附参与碱骨料反应的 Na^+、K^+ 和 OH^- 等离子。必须注意的是，粉煤灰的掺量必须达到足够的量时，才能够起到预防碱-骨料反应的作用，建议掺加比例一般大于 30%。

4. 对水化热的影响

粉煤灰水化反应的发热量只有硅酸盐水泥的 17%，因而能显著降低水化热和混凝土水化温升，并极大推迟温峰出现的时间。水化温度的降低使水泥的水化速度减慢，进一步减慢水化放热速度和推迟温峰值出现。粉煤灰掺量越高，降低水化热的效果越明显，如图 5-3 所示。

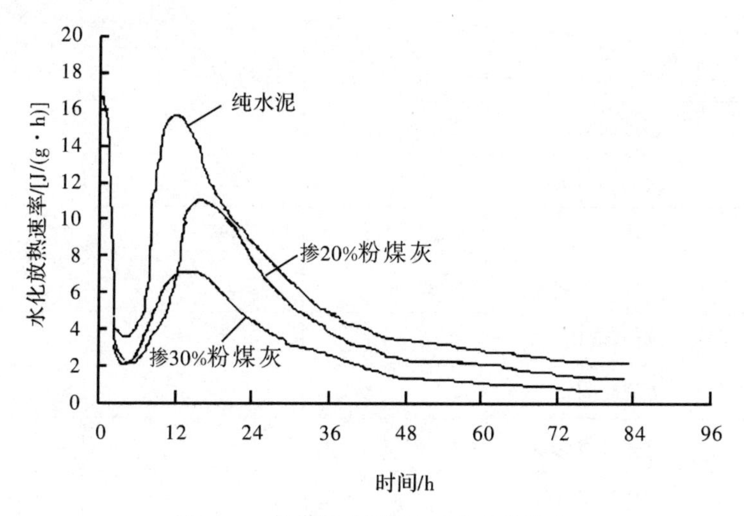

图 5-3 粉煤灰对混凝土水化热的影响

现代混凝土的强度等级普遍较高，胶凝材料用量大，且结构构件的尺寸也越来越大，过多的水化热会造成混凝土内外温差过大产生应力而开裂。在大体积混凝土中掺入大量粉煤灰是降低水化热最有效的措施。在水工混凝土中，粉煤灰掺量可以更多，这在三峡大坝等重大工程的建设中都发挥了重要作用。

5. 对收缩和抗裂性的影响

用粉煤灰替代部分水泥后，对于减小混凝土的干燥收缩有一定的作用，如果在掺入粉煤灰的同时适当降低混凝土的用水量，对于混凝土的干燥收缩有更明显的作用。混凝土的自收缩主要是由早期水泥水化过快而形成的内部自干燥引起的，粉煤灰的早期活性低，水化速度慢，因而可以显著降低混凝土的自收缩。由于粉煤灰可以降低水化热，减少收缩，因而能提高混凝土的抗裂性。

需要注意的是，只有优质的粉煤灰，并且配合比设计合理，养护得当，对混凝土收缩和抗裂才有改善。质量较差的Ⅱ级灰和Ⅲ级灰会增大混凝土的泌水，较大程度降低早期强度，对抗裂是不利的。

5.2 矿渣粉

矿渣是在炼铁时浮于铁水表面的熔渣，熔融矿渣倒入水池或喷水迅速冷却后得到粒化高炉矿渣。粒化高炉矿渣经干燥、粉磨达到规定细度并符合规定活性指数的粉体材料称为磨细矿渣粉或矿粉。矿粉是具有潜在水硬性的材料，活性比粉煤灰高，本身可与水发生化学反应，与石灰或水泥生成的 $Ca(OH)_2$ 作用生成水化硅酸钙和水化铝酸钙。

5.2.1 矿渣粉的技术性能

矿粉的主要化学成分为 CaO、SiO_2、Al_2O_3 和 Fe_2O_3 等，其中 CaO 的含量较高，一般在 40%以上，SiO_2 的含量也较高，具有微弱的自身水硬性。依据《用于水泥、砂浆混凝土中的粒化高炉磨细矿渣粉》(GB/T 18046—2017)规定，磨细矿渣依据其 28 d 的活性指数分为三级。主要技术要求应符合表 5-2 的规定。

表 5-2 磨细矿渣粉的技术指标

项目		指标		
		S105	S95	S75
密度/(g/cm³)		≥2.8		
比表面积/(m²/kg)		≥500	≥400	≥300
活性指数/%	7 d	≥95	≥70	≥55
	28 d	≥105	≥95	≥75
流动度比/%		≥95		
初凝时间比/%		≤200		
含水量/%		≤1.0		
烧失量/%		≤1.0		

续表

项目	指标		
	S105	S95	S75
SO_3 含量/%	≤4.0		
Cl^- 含量/%	≤0.06		
不溶物含量/%	≤3.0		
玻璃体含量/%	≥85		

粒径大于0.045 mm的矿粉很难参与水化反应，因此要求用于高强高性能混凝土的磨细矿渣粉具有较大的细度（大于400 m^2/kg），以充分发挥活性。矿渣磨得越细，越利于发挥其活性。但也不宜过细，否则会使混凝土拌合物变得黏稠，加大用水量。过细的矿渣粉掺入混凝土后，胶凝材料早期产生的水化热大，不利于控制混凝土的温升，而且磨细矿渣要增加粉磨过程的能耗，加大成本。

5.2.2 矿渣粉的作用机理

矿渣粉在混凝土中参与水化的作用机理可概括为活性效应和微集料效应。

1. 活性效应

矿渣粉自身具有一定的水硬性，与水接触后可生成少量的C-S-H。此外，矿粉中的活性 SiO_2、Al_2O_3 与水泥的水化产物 $Ca(OH)_2$ 发生二次水化，生成具有胶凝性质的水化硅酸钙、水化铝酸钙等物质。掺入石膏时，还可进一步生成水化硫铝酸钙，促进强度形成和发展。

2. 微集料效应

矿粉的颗粒相比于水泥更加细小，在水泥水化过程中，均匀分散于孔隙和凝胶体中，起到填充毛细管及孔隙裂缝的作用，改善了孔结构，提高水泥石的密实度。未参与水化的颗粒分散于凝胶体中，起到骨料的骨架作用，进一步优化了凝胶结构。

5.2.3 矿渣粉对混凝土性能的影响

1. 对混凝土和易性的影响

矿渣粉的颗粒形貌不规则，多数颗粒呈多角形状，但其颗粒表面光滑，吸水率低，因而能够在一定程度上改善混凝土的和易性。矿渣的密度低于水泥，等质量取代水泥后能增大粉体的体积，从而增加浆体的体积，有利于提高混凝土的工作性。

当掺用减水剂时，矿渣粉对流动性具有较明显的改善作用，能减少混凝土的坍落度损失。一方面是因为矿渣粉使水化速度减慢，减少了水分的消耗。另一方面，矿粉比表面积大，对水的吸附能力强，改善了混凝土的黏聚性，泌水少，水分蒸发慢，也减缓了坍落度的损失。

若矿渣粉的颗粒较粗或与水泥接近时，由于矿渣粉表面光滑，活性低而水化缓慢，一般会加大混凝土的泌水。当矿粉的比表面积较大时，需水量增大，且矿渣颗粒对水的吸附作用增强，混凝土的泌水会减少。随着矿渣粉掺量增大，混凝土泌水总量和泌水速度有增大的趋势。控制混凝土的单方用水量是减少泌水的一个有效措施。

2. **对混凝土强度的影响**

根据矿渣粉等级的不同，矿渣粉对强度的影响规律略有不同。

优质的 S105 矿粉，在掺量较小时，不仅后期强度提高，而且早期强度也不下降。但当掺量超过一定值后，混凝土的早期强度略有下降，但后期强度高于不掺矿渣粉的基准混凝土。S95、S75 级矿渣粉，早期强度略有下降。

养护温度低时，矿渣粉严重影响混凝土强度的发展，不仅影响混凝土早期强度，还会使低级别的矿粉的后期强度渣。而养护温度提高时，即使是低级别的矿渣粉，后期强度也能超过不掺矿渣粉的混凝土。对大体积混凝土、高温高湿环境中施工和使用的混凝土，矿渣粉的掺入，不仅可以保证早期强度，还可也增进后期强度发展，比粉煤灰的效果更佳(强度方面)。

3. **对耐久性的影响**

从物理角度分析，掺矿渣粉的混凝土可形成比较致密的结构，通过降低泌水改善了混凝土的孔结构和界面结构，连通孔减少。有利于提高混凝土的抗渗性，从而提高混凝土的抗碳化、抗冻和抗腐蚀性。

从化学角度分析，矿渣粉的掺入减少了水泥用量，减少了 C_3A 含量，二次水化减少了 $Ca(OH)_2$ 的量，抗硫酸盐和海水侵蚀能力大大提高。因此矿渣粉广泛用于有防腐和抗硫酸盐侵蚀的海洋工程和地下工程。

在含气量与强度相近的前提下，矿渣混凝土与普通水泥混凝土的抗冻性相近。但当矿渣掺量过大时，混凝土的抗冻性会下降。大量研究表明，矿渣粉能有效抑制或减轻碱-骨料反应，主要是因为矿渣的掺入降低了总体的碱度，提高了混凝土后期的密实度。

4. **对水化热的影响**

矿渣粉能在一定程度上降低水化热和混凝土的水化温升，并推迟温峰出现的时间。矿渣粉与粉煤灰相似，但降低作用小，且矿渣粉越细，作用效果越差。超细矿渣粉还有可能加速水化，增大水化发热量。对于有严格控温要求的大体积混凝土，磨细矿渣粉与粉煤灰复掺是理想的技术措施。

5. **对收缩和抗裂性的影响**

大部分研究的结果表明，矿渣粉掺入后会使混凝土的干缩有所增大，尤其是在矿渣掺量较大且水胶比较大的情况下。这主要是由于矿渣的活性低，混凝土早期强度低，且混凝土水分蒸发快。此外，矿渣粉比表面积的增大会加大混凝土的自收缩。低等级的矿渣粉会加大混凝土的泌水，对抗裂是不利的。

思考题 5-1：综合表述粉煤灰、矿渣粉对混凝土和易性及强度的影响。

查看答案

5.3 硅灰

硅灰是冶炼硅铁合金或工业硅时，通过烟道排出的硅蒸气氧化后，经收尘器收集到的以无定型二氧化硅为主要成分的粉末状产品。我国是世界上硅铁、金属硅的生产大国，硅灰产量也逐渐上升，目前每年约生产 20 万吨。氧化硅含量高达 90%，还含有少量的氧化铁、氧化钙。

硅灰主要由玻璃态的 SiO_2 组成，绝大多数颗粒粒径小于 1 μm，具有很高的火山灰活性和此表面积，广泛用于高强和超高强混凝土中。由于硅灰的价格比较贵，且硅灰掺量过大会使混凝土的流动性变差，因此在混凝土中的掺量较小，一般不超过 10%。

5.3.1 硅灰的技术性能

硅灰的平均粒径在 0.1～0.2 μm，仅为水泥颗粒的 1/100。硅灰的比表面积可达到 15000 m^2/kg 以上，具有很高的活性，早期通过与 $Ca(OH)_2$ 反应，生成具有胶凝性质的水化硅酸钙，可提高混凝土的早期强度。硅灰中 SiO_2 含量高，绝大部分是非晶态的。非晶态的 SiO_2 含量越多，硅灰的活性越大，在碱性溶液中反应能力越强，优质硅灰中非晶态 SiO_2 含量高达 98%以上。依据《砂浆和混凝土用硅灰》(GB/T 27690—2011)规定，硅灰的主要技术要求应符合表 5-3 的规定。

表 5-3 硅灰的技术指标

项目	指标
SiO_2 含量/%	≥85.0
比表面积(BET 法)/(m^2/kg)	≥15000
活性指数(7 d)/%	≥105
需水量比/%	≤125
烧失量/%	≤4.0
氯离子含量/%	≤0.1
总碱量/%	≤1.5

5.3.2 硅灰的作用机理

1. 活性效应

硅灰中的非晶态 SiO_2 具有很高的火山灰活性，与水泥的水化产物 $Ca(OH)_2$ 发生二次水化，生成具有胶凝性质的水化硅酸钙。既可以改善混凝土的孔结构，又消耗了容易遭受侵蚀的 $Ca(OH)_2$。硅灰的活性远高于粉煤灰和矿粉，早期即参与水化反应，对于强度有较大的贡献，因此常用于提高混凝土的强度。

2. 填充效应

硅灰的颗粒非常细小，可填充在水泥颗粒的空隙中，通常每个水泥颗粒周围大约围绕着上万个硅灰颗粒，使整个浆体体系的堆积密实度提高。硅灰的这种填充作用类似于粉煤灰的“微集料填充效应”，但比粉煤灰的填充效果要好得多。

5.3.3 硅灰对混凝土性能的影响

1. 对混凝土和易性的影响

硅灰的比表面积大，尽管其颗粒呈球态，但形态效应远不如比表面积增大所带来的作用。因而使混凝土的流动性显著下降，黏聚性和保水性提高。随硅灰掺量的增加，达到相同流动性所需水量直线增加。因此，硅灰必须与高效减水剂同时使用。通过将硅灰与高效减水剂配合使用，很容易获得高流动性和高黏聚性的混凝土。

硅灰能减少混凝土离析和泌水的趋势。纯水泥的混凝土中,水分容易从骨料之间的空隙中上升到混凝土表面,形成浮浆。当硅灰掺入到混凝土中时,使体系的颗粒粒度分布更加合理,空隙率大幅降低,水上升的通道尺寸减小。同时混凝土黏聚性的增大,也会使骨料和水运动的阻力增大,从而减少离析和泌水的发生。

2. 对混凝土强度的影响

硅灰对提高混凝土早期强度和后期强度均十分显著,是配制高强混凝土的重要组成材料。当硅灰与高效减水剂配合使用时,硅灰与 $Ca(OH)_2$ 反应生成水化硅酸钙凝胶,填充水泥颗粒之间的空隙,改善界面结构和黏结力,形成密实结构,从而显著提高混凝土的强度。一般硅灰的掺量在 5%~10%,便可配制出抗压强度超过 100 MPa 的超高强混凝土。

需要注意:硅灰掺量不宜过多,否则会使影响混凝土施工,坍落度损失增大,特别是使混凝土收缩大大增加,抗脆性和抗裂性下降。

3. 对耐久性的影响

硅灰的颗粒细小,可以填充水泥颗粒之间的空隙,减少毛细孔的体积和数量,可有效阻止外界水和有害离子的侵入。因此混凝土的抗渗性、抗化学侵蚀性显著提高。掺加硅灰也可显著改善混凝土抗氯离子渗透性。

关于硅灰对混凝土抗冻性的影响,国内外的大量研究表明,当硅灰掺量较低时,混凝土的抗冻性基本不变,但掺量超过 20%时抗冻性会明显下降。

硅灰掺入混凝土中对碱-骨料反应有明显的抑制作用。一方面硅灰改善了混凝土的孔结构,提高了混凝土的抗渗性,能更好地抵制水分进入混凝土内部;另一方面,硅灰的火山灰反应消耗了水泥的水化产物 $Ca(OH)_2$,降低了整个凝胶体系的碱度。

4. 对收缩的影响

众多混凝土的干燥收缩试验结果表明,在保持用水量不变的前提下,硅灰的掺量超过 20%时,混凝土的干燥收缩明显增大。实际工程中硅灰的掺量很小,一般不超过 10%,在这个掺量范围内对干燥收缩的影响很小。

硅灰对混凝土自收缩的影响很大,随着硅灰掺量的增大,混凝土的自收缩显著增大。对于普通混凝土而言,一般干燥收缩大于自收缩。但对于掺有硅灰的高强混凝土而言,自收缩往往大于干燥收缩。硅灰增大混凝土自收缩的原因主要是硅灰细化了结构的孔隙,增强了毛细孔的收缩力,同时硅灰促进了水泥的水化,加速了混凝土内部的自干燥作用。

5.4 钢渣粉

钢渣是炼钢过程中排放的废渣,通常废渣的排放量约占钢产量的 10%~15%,将钢渣粉磨到一定细度成为钢渣粉。钢渣粉的主要化学组成与水泥相似,但 CaO 和 SiO_2 的含量相对较低,Fe_2O_3 的含量相对较高。钢渣粉中的主要矿物以 C_2S 为主,C_3S 的含量较低。钢渣相比于水泥较难粉磨,颗粒分布差异较大,颗粒形貌不规则。钢渣中胶凝组分的活性低于水泥,用钢渣替代部分水泥后会使得水化速度降低,尤其是在早期。

5.4.1 钢渣粉的技术性能

依据《用于水泥和混凝土中的钢渣粉》(GB/T 20491—2017)规定,钢渣粉按其活性指数分为两个等级,具体要求见表 5-4。

表 5-4 钢渣粉的技术指标

<table>
<tr><th colspan="2">项目</th><th>一级</th><th>二级</th></tr>
<tr><td colspan="2">比表面积/(m^2/kg)</td><td colspan="2">≥350</td></tr>
<tr><td colspan="2">密度/(g/cm^3)</td><td colspan="2">≥3.2</td></tr>
<tr><td colspan="2">含水量/%</td><td colspan="2">≤1.0</td></tr>
<tr><td colspan="2">游离氧化钙含量(质量分数)/%</td><td colspan="2">≤4.0</td></tr>
<tr><td colspan="2">三氧化硫含量(质量分数)/%</td><td colspan="2">≤4.0</td></tr>
<tr><td colspan="2">氯离子含量(质量分数)/%</td><td colspan="2">≤0.06</td></tr>
<tr><td rowspan="2">活性指数/%</td><td>7 d</td><td>≥65</td><td>≥55</td></tr>
<tr><td>28 d</td><td>≥80</td><td>≥65</td></tr>
<tr><td colspan="2">流动度比/%</td><td colspan="2">≥95</td></tr>
<tr><td rowspan="2">安定性</td><td>沸煮法</td><td colspan="2">合格</td></tr>
<tr><td>压蒸法</td><td colspan="2">6 h压蒸膨胀率≤0.50%
当钢渣中 MgO 含量不大于 5%时可不检验压蒸定理</td></tr>
</table>

5.4.2 钢渣粉对混凝土性能的影响

1. 对和易性的影响

钢渣粉的需水量比水泥低，用钢渣粉替代部分水泥后，保持水胶比不变的情况下可使混凝土的流动性提高，有利于混凝土的泵送施工。

2. 对强度的影响

钢渣粉的活性较水泥低，且矿物成分中 C_2S 的含量较高，因此水化反应速度慢，混凝土的早期强度明显降低。当钢渣粉掺量较高时，早期和后期强度均明显降低。

3. 对水化热的影响

钢渣粉的水化反应速度较慢，水化时的发热量低，有利于降低混凝土的水化温升。在掺量相同时，钢渣粉降低混凝土温升的效果好于粉煤灰和矿渣粉。

4. 对耐久性的影响

钢渣参与水化反应并不消耗水泥生成的 $Ca(OH)_2$，且水化反应中还会生成少量的 $Ca(OH)_2$。这可使混凝土体系的碱性提高，有利于提高混凝土的抗碳化性能，但对抗化学侵蚀性能不利。

5.5 沸石粉

天然沸石岩是长期在一定压力、温度和水的作用下，部分发生沸石化的凝灰岩。沸石粉是指以一定纯度的天然沸石岩为原料，经粉磨至规定细度的粉末。属火山灰质铝硅酸盐矿物。沸石粉的主要化学成分为 SiO_2 和 Al_2O_3。沸石粉中含有部分可溶性的硅、铝离子，与 $Ca(OH)_2$ 反应的速度很快，取代水泥时能提高混凝土的强度。

5.5.1 沸石粉的技术性能

沸石粉的吸铵值是一项重要的指标，吸铵值是指单位质量沸石粉所交换的铵离子毫摩尔数。该值越大,表示沸石粉的活性越高。

依据《混凝土和砂浆用天然沸石粉》(JG/T 566—2018)规定,沸石粉按其质量指标分为三个等级,见表 5-5。

表 5-5 沸石粉的技术指标

技术指标	质量等级		
	Ⅰ	Ⅱ	Ⅲ
吸铵值/(mmol/100g)	≥130	≥100	≥90
细度(45 μm 方孔筛筛余)/%	≤12	≤30	≤45
需水量比/%	≤115	≤115	≤115
胶砂 28 d 抗压强度比/%	≥75	≥70	≥62

5.5.2 沸石粉对混凝土性能的影响

1. 对混凝土和易性的影响

沸石粉的比表面积大,而且会吸附拌和水,会减小混凝土的流动性,并使坍落度损失变大,且随掺量的增加趋势更明显。但可以提高混凝土的黏聚性,且沸石粉与高效减水剂一起可以配制既满足坍落度要求,又具有良好黏聚性的混凝土。此外,还经常用沸石粉与粉煤灰双掺,性能相互补充。

2. 对混凝土强度的影响

沸石粉混凝土的早期强度略低,主要是取代水泥减少了熟料矿物中 C_3S 和 C_3A 的含量。后期可以提高混凝土的强度,主要是因为沸石粉中的活性 SiO_2 和 Al_2O_3 被激发,与 $Ca(OH)_2$ 反应,生成水化硅酸钙、水化铝酸钙,减小了孔隙率,使混凝土更加密实。同时沸石粉的亲水性较强,在浆体中起到了蓄水作用,减少了混凝土的泌水。在混凝土凝结硬化过程中,水泥的进一步水化需水时,原来沸石粉中所吸附的水分又会排出,起到内养护的作用。

3. 抑制碱-骨料反应的性质

混凝土的碱-骨料反应主要是碱离子与活性骨料之间的反应,在混凝土内部引起应力集中,局部膨胀开裂。沸石粉中的活性 SiO_2 微粒均匀分散在混凝土的各个部位,消耗了液相中的碱,化解了能量的积聚,抑制了碱-骨料反应。

4. 对抗碳化的影响

掺沸石粉的混凝土拌合物的黏聚性好,几乎无离析和泌水。硬化混凝土的孔隙率低,结构密实,大大降低了 CO_2 在混凝土中的扩散系数,对抗碳化是有利的。

5.6 偏高岭土

偏高岭土指由高岭土($Al_2O_3 \cdot 2SiO_2 \cdot 2H_2O$)在适当的温度条件下(500~800 ℃)轻烧脱水、分解,再经粉磨制得的白色粉末,颗粒粒径大小在 16 μm 以下,平均粒径约为 3 μm。它的主要成分是无定型的 Al_2O_3 和 SiO_2,含量 90%以上,特别是 Al_2O_3 含量较高,达 30%~45%。偏高岭土具有极高的火山灰活性,故有超级火山灰之称。在适当的激发剂作用下具有较高胶凝性，与硅灰相似，但是需水量小于硅灰。

偏高岭土作为一种新型活性矿物掺合料，具有许多其他掺合料不具备的优点，但是目前在国内的研究和应用都比较少。我国高岭土资源丰富，分布广且质量较稳定，偏高岭土制备简单，价格低廉，应用前景良好。

偏高岭土对混凝土性能的影响主要有以下几个方面：

1.对和易性的影响

偏高岭土对混凝土的和易性略有影响，随掺量增加，流动性下降。偏高岭土的比表面积大，能显著降低混凝土的泌水。

2.对强度的影响

作用效果与硅灰相似，随掺量增加混凝土早期强度和后期强度均相应提高。这是因为在碱激发下，偏高岭土中的活性 Al_2O_3 和 SiO_2 迅速与水泥水化生成的 $Ca(OH)_2$ 反应，生成水化硅酸钙、水化铝酸钙，减小了粗骨料周围的 $Ca(OH)_2$ 层，凝胶产物填充于晶体骨架之间，使混凝土的结构更加致密。偏高岭土作为一种微细掺合料除了具有火山灰效应外，还有填充效应，使孔隙率减小，这都有利于混凝土强度的提高。

3.对耐久性的影响

用适量偏高岭土取代水泥，由于细化了孔隙，混凝土密实度提高，可以很好地改善混凝土抗渗性和耐化学侵蚀性，还由于偏高岭土对钾、钠和氯离子的吸附作用，能有效地抑制碱-骨料反应，降低混凝土的氯离子渗透系数。

掺偏高岭土的混凝土的干燥收缩和自收缩都很小，同时具有较好的抗碳化性能，能进一步提高混凝土的耐久性。

5.7 石灰石粉

石灰石粉是指石灰岩经机械粉磨制得的粒径小于 10 μm 的微粉。石灰石粉的主要成分是 $CaCO_3$，通常占 95%以上，此外还有少量的 SiO_2、Fe_2O_3、MgO、Al_2O_3 等。石灰石粉在混凝土中具有降低成本，降低混凝土的水化热，减少单位体积用水量，保护生态环境等方面的作用。尤其是在粉煤灰等掺合料供应不足的现实情况下，石灰石粉作为一种新型的矿物掺合料，具有良好的前景。大量的研究表明，石灰石粉不完全是一种惰性掺合料，可参与水化生成三碳水化铝酸钙和单碳水化铝酸钙。

石灰石资源在我国分布十分广泛且价格较低，尤其是在我西南地区缺少矿渣和粉煤灰的地区，而石灰石资源非常丰富，且石灰石的硬度较低，易于粉磨。

石灰石粉对混凝土性能的影响主要有以下几个方面：

1.对和易性的影响

超细石灰石粉的需水量比小，具有一定的减水效果，可提高混凝土的流动性。在达到相同坍落度时，混凝土的单位体积用水量可减少。石灰石粉在减小混凝土拌合物坍落度损失的方面也有比较明显的作用。

2.对强度的影响

石灰石粉虽然能够在水化后期参与反应，但由于其活性远低于一般的矿物掺合料，反应程度是很低的。若配合比不变，石灰石粉掺入后混凝土的抗压强度是降低的，但由于石灰石粉的需水量比低，可降低水胶比，使其抗压强度保持不变。试验表明，当石灰石粉掺量较低(<20%)时，对强度的影响不显著。而随着石灰石粉掺量的增大，对强度降低的幅度比较明显。

3. 对耐久性的影响

超细石灰石粉可以明显减小混凝土的孔隙率，提高混凝土的密实性，因而可以提高混凝土的抗渗性。此外，由于石灰石粉可减少单位体积用水量，减小混凝土塑性收缩和干燥收缩，提高混凝土的抗裂。

在混凝土用水量不变的前提下，用石灰石代替部分水泥，会使混凝土的抗冻性变差。掺石灰石粉的混凝土耐化学侵蚀性能也不如粉煤灰和矿粉等具有火山灰活性的掺合料。

本章小结

矿物掺合料以 CaO、SiO_2、Al_2O_3 等氧化物为主要成分，能通过水化反应生成具有胶凝性质的物质。常用的矿物掺合料有粉煤灰、矿渣粉、硅灰等。粉煤灰在混凝土中的作用机理可概括为三大效应，即火山灰活性效应、形态效应和微集料效应。粉煤灰对混凝土的影响与自身的品质有关系，优质的Ⅰ级灰对混凝土的和易性、强度、耐久性等都有好处，还可以降低水化热，减少收缩和开裂。品质较差的粉煤灰会降低这些性能。

矿渣粉中 CaO 的含量较高，自身具有一定的水硬性，因而活性比粉煤灰更大。矿渣粉不具备粉煤灰的形态效应，因而减水效果不及粉煤灰，但对于强度尤其是后期强度的增进作用比粉煤灰更好。

硅灰的颗粒极为细小，而且含有90%以上的非晶态 SiO_2，具有很高的活性，使混凝土的流动性显著下降，须与高效减水剂同时使用。硅灰对提高混凝土早期强度和后期强度均十分显著，是配制高强混凝土的重要组成材料。

此外，本章还介绍了其他工程用到的掺合料，如钢渣粉、沸石粉、偏高岭土、石灰石粉等。

课后练习题

一、填空题

1. 粉煤灰根据 CaO 含量高低，可分为________和________。其中________的活性较高。

2. 火山灰活性是指________________。

3. ________粉煤灰可以提高混凝土的坍落度，而且随着其掺量的增加，混凝土的坍落度________。________一般会降低混凝土的坍落度。

4. 粉煤灰的细度是使用________法进行测试的，所用的筛孔尺寸是________。细度越大，其活性________。

5. 需水量比是指____________与____________达到相同流动度时用水量的比值。

6. Ⅱ级灰对混凝土强度的影响较大，常采用________的方法弥补，Ⅲ级粉煤灰一般只用于________的混凝土。

7. 粉煤灰可使水泥的水化速度________，显著降低大体积混凝土的________，减少由于温差过大而引起的______________。

8. 矿渣粉不具备粉煤灰的______________，因而需水量比粉煤灰(优质的)__________。

9. 二次水化是指矿物掺合料中的活性 SiO_2、Al_2O_3 与____________反应，生成具有胶凝性质的物质。

10. 矿渣粉对混凝土强度的贡献比粉煤灰______________，而对降低水化热的贡献粉煤灰______________。

11. 硅灰提高混凝土强度的作用机理是______________与______________。

12. 硅灰随着掺量的增加，混凝土的____________显著下降，因而必须与______________复合使用。

二、简答题

1. 简述高钙灰和低钙灰的性能有什么不同。
2. 简述粉煤灰的作用机理。
3. 优质的粉煤灰为什么能够提高混凝土拌合物的流动性?
4. 试述不同等级粉煤灰对混凝土强度的影响。
5. 粉煤灰对混凝土的耐久性有哪些影响?
6. 矿渣粉与粉煤灰的性能有什么不同?
7. 简述矿渣粉的作用机理。
8. 矿渣粉对混凝土拌合物的和易性有哪些影响?
9. 试分析矿渣粉为什么对混凝土强度的贡献优于粉煤灰。
10. 简述硅灰的作用机理。
11. 硅灰对混凝土的强度有哪些影响? 使用时有哪些注意事项?

第6章 混凝土的配合比设计

混凝土中各组成材料数量之间的比例关系称为混凝土的配合比，合理确定单位体积混凝土中各组成材料用量的过程叫作混凝土的配合比设计。配合比设计应满足混凝土配制强度及其他力学性能、拌合物性能、长期性能和耐久性能的设计要求。配合比设计和调整是混凝土设计、生产和应用中的最重要环节，其设计理念与方法决定着混凝土的技术先进性、成本可控性和发展可持续性等问题。

近几十年来，混凝土在应用中遇到了一些新的问题。如施工中混凝土强度等级逐渐提高，外加剂和掺合料的广泛应用使得混凝土成分更复杂，混凝土应用环境的复杂化导致耐久性问题越来越突出等。传统的基于四组分的混凝土配合比设计方法向多组分混凝土转变，使得设计过程变得更复杂。

6.1 混凝土配合比设计基本要求

从事混凝土行业的技术人员应掌握和熟练应用混凝土的配合比设计方法，保证混凝土工程的质量，在进行混凝土配合比设计时，应遵循如下的基本原则：

(1)满足强度的设计要求。强度是保证混凝土结构安全性的重要指标，任何建筑物在建造和使用过程中都必须把安全放在第一位，因而混凝土的强度也是最重要的指标。

(2)满足施工的和易性要求。和易性是易于施工过程中各工序操作的性能，保证成型后混凝土的均匀性和密实度。

(3)满足耐久性的要求。耐久性是和结构物使用寿命相关的性能，混凝土的抗渗、抗冻等性能应满足要求，保证建筑物经久耐用。

(4)满足经济性的要求。好的混凝土应该是在满足强度、和易性和耐久性等的前提下，尽量降低成本，最有效的方法就是尽量减少水泥的用量。

6.2 混凝土配合比的表示方法

混凝土的配合比有两种表示方法：

(1)用 1 m^3 混凝土中各种材料的质量来表示。

例如一个四组分混凝土的配合比：水泥 314 kg、水 182 kg、砂 703 kg、碎石 1201 kg。这种方法通常保留到整数位即可。

(2)用混凝土各种材料相互间的质量比表示(以水泥为 1)。

例如上面的配合比可表示为：水泥∶水∶砂∶碎石＝1∶0.58∶2.24∶3.82。这种方法通常保留两位小数，以保证结果的准确性。

6.3 混凝土配合比设计的准备资料

(1)了解设计要求的混凝土强度等级和施工单位的生产管理水平，以便确定混凝土的配制强度。在施工过程中，由于原材料的波动及生产因素的差异，会导致混凝土质量的不稳定。为使混凝土强度保证率满足95%的规定要求，须使混凝土的配制强度高于强度等级值。根据《普通混凝土配合比设计规程》(JGJ 55－2011)，当混凝土的设计强度等级小于C60时：

$$f_{cu,0} \geqslant f_{cu,k} + 1.645\sigma$$

当设计等级≥C60时：

$$f_{cu,0} \geqslant 1.15 f_{cu,k}$$

(2)了解结构物所处环境条件，明确对混凝土耐久性的要求，如抗渗、抗冻等级，以便确定最大水胶比和最小胶凝材料用量。

(3)了解结构形式，如截面最小尺寸、钢筋疏密情况，以便确定粗骨料的最大粒径。

(4)了解施工方法及和易性要求，确定拌和物的坍落度。

(5)掌握原材料的各种性能及物理性质和质量，如水泥强度等级和实际强度(f_{ce})，粗、细骨料表观密度，粗、细骨料的种类、级配和有害杂质含量等质量指标。

6.4　混凝土配合比设计过程

混凝土的配合比设计大致可以分为如下四步：

(1)计算配合比。它是指根据原材料的情况和设计要求及施工水平等，结合设计规范计算出混凝土的配合比，又称初步配合比。

(2)试拌配合比。它是指按计算配合比在试验室进行试配调整，得出满足和易性的配合比，又称基准配合比。

(3)试验配合比。它是指在试拌配合比的基础上进行的强度检验，得出满足强度要求的配合比，又称设计配合比。

(4)施工配合比。它是指在试验配合比基础上，根据施工现场砂、石的含水率，再调整得出的配合比。

6.4.1　计算配合比

根据《普通混凝土配合比设计规程》(JGJ 55—2011)规定，混凝土配合比设计所采用的细骨料含水率应小于0.5%，粗骨料含水率应小于0.2%。

1.确定混凝土的配制强度

实际施工时，由于各种因素的影响，混凝土的强度值是会有波动的。为了保证混凝土的强度达到设计等级的要求，在配制混凝土时，混凝土配制强度要求高于其强度等级值 $f_{cu,k}$。当混凝土的设计强度等级小于C60时，配制强度应按式(6-1)确定：

$$f_{cu,0} \geqslant f_{cu,k} + 1.645\sigma \tag{6-1}$$

当设计强度等级≥C60时，配制强度应按式(6-2)确定：

$$f_{cu,0} \geqslant 1.15 f_{cu,k} \tag{6-2}$$

式中：$f_{cu,0}$——混凝土的试配强度(MPa)；

$f_{cu,k}$——混凝土立方体抗压强度标准值(MPa)；

σ——混凝土强度标准差(MPa)。

混凝土强度标准差 σ 的确定方法：

(1)当施工单位具有近期同一品种混凝土强度资料时，σ 可按下式计算：

$$\sigma=\sqrt{\frac{\sum_{i=1}^{n}f_{cu,i}^{2}-n\bar{f}_{cu}^{2}}{n-1}} \tag{6-3}$$

式中：n——同一强度等级的混凝土试件组数($n \geqslant 25$)；

$f_{cu,i}$——第 i 组试件的抗压强度(MPa)；

$\bar{f}_{cu}$——同一验收批混凝土立方体抗压强度的平均值(MPa)；

σ——n 组混凝土试件强度标准差(MPa)。

(2)当混凝土强度等级不大于 C30 的混凝土，其 σ 计算值不小于 3.0 MPa 时，应取计算值；当 σ 计算值小于 3.0 MPa 时，应取 3.0 MPa。

当混凝土强度等级大于 C30 且小于 C60 的混凝土，其 σ 计算值不小于 4.0 MPa 时，应取计算值；当 σ 计算值小于 4.0 MPa 时，应取 4.0 MPa。

当施工单位无历史统计资料时，σ 的取值可查表 6-1。

表 6-1　标准差 σ 值

混凝土强度等级	≤C20	C25～C45	C50～C55
σ/MPa	4.0	5.0	6.0

2. 确定水胶比

《普通混凝土配合比设计规程》(JGJ 55—2011)中舍掉了原水灰比的提法，统一采用水胶比。鲍罗米公式进行了相应的修正，修正以后水胶比可按下式计算：

$$\frac{W}{B}=\frac{\alpha_a \times f_b}{f_{cu,0}+\alpha_a \times \alpha_b \times f_b} \tag{6-4}$$

式中：α_a、α_b——粗骨料的回归系数，可按统计资料确定，无统计资料时可查表 6-2；

f_b——胶凝材料 28 d 抗压强度实测值(MPa)，无实测值时按式(6-5)计算。

$$f_b=\gamma_s \gamma_f f_{ce} \tag{6-5}$$

式中：γ_s、γ_f——粒化高炉矿渣粉和粉煤灰的影响系数，查表 6-3；

f_{ce}——水泥 28 d 抗压强度实测值(MPa)，无实测值时按式(6-6)计算。

$$f_{ce}=\gamma_c f_{ce,g} \tag{6-6}$$

式中：$f_{ce,g}$——水泥的强度等级值(MPa)；

γ_c——水泥强度等级值的富余系数，可按实际统计资料确定，缺乏统计资料时，可参考表 6-4 取值。

查看答案

思考题 6-1：新规范对鲍罗米公式修正时哪些地方有变化？

表 6-2　混凝土粗骨料回归系数

系数	碎石混凝土	卵石混凝土
α_a	0.53	0.49
α_b	0.20	0.13

表 6-3 粉煤灰和粒化高炉矿渣粉的影响系数

掺量/%	粉煤灰的影响系数 γ_f	粒化高炉矿渣粉影响系数 γ_s
0	1.00	1.00
10	0.85～0.95	1.00
20	0.75～0.85	0.95～1.00
30	0.65～0.75	0.90～1.00
40	0.55～0.65	0.80～0.90
50	—	0.70～0.85

注:①采用Ⅰ级、Ⅱ级粉煤灰宜取上限值;

②采用S75级粒化高炉矿渣粉宜取下限值,采用S95级粒化高炉矿渣粉宜取上限值,采用S105级粒化高炉矿渣粉可取上限值加0.05;

③当超出表中的掺量时,粉煤灰和粒化高炉矿渣粉影响系数应经试验确定。

表 6-4 水泥强度等级值的富余系数

水泥强度等级	32.5	42.5	52.5
富余系数	1.12	1.16	1.10

根据公式求得 W/B 后,要查表6-5进行耐久性的复核。当水胶比的计算值大于表中的最大水胶比值时,应取表中最大水胶比值;当水胶比的计算值小于表中最大水胶比值时,应取水胶比的计算值,这样才能满足混凝土的耐久性。表中括号为当混凝土使用引气剂时应该选取的数据。

表 6-5 满足耐久性要求的混凝土最大水胶比

环境条件	最大水胶比	最低强度等级
室内干燥环境; 无侵蚀性静水浸没环境	0.60	C20
室内潮湿环境; 非严寒和非严寒地区的露天环境; 非严寒和非严寒地区无侵蚀性水或土壤直接接触的环境; 严寒和非严寒地区的冰冻线以下无侵蚀性水或土壤直接接触的环境	0.55	C25
干湿交替环境; 水位频繁变动环境; 严寒和非严寒地区的露天环境; 严寒和非严寒地区的冰冻线以下无侵蚀性水或土壤直接接触的环境	0.50(0.55)	C30(C25)
严寒和非严寒地区冬季水位变动区环境; 受除冰盐影响环境; 海风环境	0.45(0.50)	C35(C30)
盐渍土环境; 受除冰盐作用环境; 海岸环境	0.40	C40

3. **确定混凝土的单位体积用水量**

(1)当混凝土的水胶比在 0.40~0.80 范围时,可根据粗骨料品种、最大粒径及施工要求的混凝土拌和物的稠度,按表 6-6 和表 6-7 选取用水量。水胶比小于 0.40 的混凝土用水量,应通过试验确定。

表 6-6 干硬性混凝土的用水量(kg/m^3)

拌合物稠度		卵石最大公称粒径/mm			碎石最大公称粒径/mm		
项目	指标	10.0	20.0	40.0	16.0	20.0	40.0
维勃稠度/s	16~20	175	160	145	180	170	155
	11~15	180	165	150	185	175	160
	5~10	185	170	155	190	180	165

表 6-7 塑性混凝土的用水量(kg/m^3)

拌合物稠度		卵石最大粒径/mm				碎石最大粒径/mm			
项目	指标	10.0	20.0	31.5	40.0	16.0	20.0	31.5	40.0
坍落度/mm	10~30	190	170	160	150	200	185	175	165
	35~50	200	180	170	160	210	195	185	175
	55~70	210	190	180	170	220	205	195	185
	75~90	215	195	185	175	230	215	205	195

注:①本表用水量系采用中砂时的取值。采用细砂时,每立方米混凝土用水量可增加 5~10 kg,采用粗砂时,可减少 5~10 kg。

②混凝土水胶比小于 0.40 时,可通过试验确定。

(2)掺外加剂时混凝土的用水量可按下式计算:

$$m_{w0} = m'_{w0}(1-\beta) \tag{6-7}$$

式中:m_{w0}——掺外加剂时混凝土的单位体积用水量(kg/m^3);

m'_{w0}——未掺外加剂时混凝土的单位体积用水量(kg/m^3);以表 6-7 中 90 mm 坍落度的用水量为基础,按每增大 20 mm 坍落度相应增加 5 kg/m^3 用水量来计算,当坍落度增大到 180 mm 以上时,随坍落度相应增加的用水量可减少;

β——外加剂的减水率(%),由试验确定。

(3)每立方米混凝土中外加剂用量可按下式计算:

$$m_{a0} = m_{b0}\beta_a \tag{6-8}$$

式中:m_{a0}——每立方米混凝土中外加剂用量(kg/m^3);

m_{b0}——每立方米混凝土中胶凝材料用量(kg/m^3),按第(4)步中的计算值确定;

β_a——外加剂的掺量(%),由试验确定。

4. **胶凝材料、掺合料用量和水泥用量**

(1)每立方米混凝土的胶凝材料用量(m_{b0})应按式(6-9)计算,并应进行试拌调整,在拌合物性能满足的情况下,取经济合理的胶凝材料用量。

$$m_{b0}=\frac{m_{w0}}{W/B} \tag{6-9}$$

式中：m_{b0}——每立方米中胶凝材料用量(kg/m³)；

m_{w0}——每立方米混凝土的用水量(kg/m³)；

W/B——水胶比。

为满足耐久性要求，计算出来的胶凝材料用量必须大于表6-8中的量。如胶凝材料用量的计算值小于表中的最小胶凝材料用量，应取表中的最小胶凝材料用量。

表6-8 混凝土满足耐久性要求的最小胶凝材料用量

最大水胶比	最小胶凝材料用量/(kg/m³)		
	素混凝土	钢筋混凝土	预应力混凝土
0.60	250	280	300
0.55	280	300	300
0.50	320		
≤0.45	330		

(2)每立方米混凝土的矿物掺合料用量(m_{f0})应按式(6-10)计算：

$$m_{f0}=m_{b0}\times\beta_f \tag{6-10}$$

式中：m_{fo}——每立方米混凝土的矿物掺合料用量(kg/m³)；

β_f——矿物掺合料掺量(%)。

③每立方米混凝土的水泥用量(m_{c0})应按式(6-11)计算：

$$m_{c0}=m_{b0}-m_{f0} \tag{6-11}$$

式中：m_{co}——每立方米混凝土的水泥用量(kg/m³)。

5. 确定合理砂率(β_s)

砂率应根据骨料的技术指标、混凝土拌合物性能和施工要求，参考已有资料确定。缺乏砂率的历史资料时，混凝土砂率的确定应符合下列规定：

(1)坍落度小于10 mm的混凝土，其砂率应经试验确定(干硬性混凝土)。

(2)坍落度为10～60 mm的混凝土，其砂率可根据粗骨料品种、最大公称粒径及水胶比按表6-9选取。

(3)坍落度大于60 mm的混凝土，其砂率可经试验确定，也可在表6-9的基础上，按坍落度每增大20 mm，砂率增大1%的幅度予以调整。

表6-9 混凝土的砂率(%)

水胶比/(W/B)	卵石最大公称粒径/mm			碎石最大公称粒径/mm		
	10.0	20.0	40.0	16.0	20.0	40.0
0.40	26～32	25～31	24～30	30～35	29～34	27～32
0.50	30～35	29～34	28～33	33～38	32～37	30～35
0.60	33～38	32～37	31～36	36～41	35～40	33～38
0.70	36～41	35～40	34～39	39～44	38～43	36～41

注：①本表数值系中砂的选用砂率，对细砂或粗砂，可相应地减少或增大砂率；

②采用人工砂配制混凝土时，砂率可适当增大；

③只用一个单粒级粗骨料配制混凝土时，砂率应适当增大。

思考题6-2：选择砂率时若最大粒径和水胶比不满足表中所给定的值该如何选取？

查看答案

6. **确定砂(m_{s0})、石(m_{g0})用量**

(1)质量法(假定表观密度法)。

根据经验，如果原材料比较稳定，则所配制的混凝土拌和物的体积密度将接近一个固定值，大概在2350～2450 kg/m³。这样就可先假定每立方米混凝土拌和物的质量m_{cp}(kg)，由以下两式联立求出m_{s0}、m_{g0}。

$$m_{f0}+m_{c0}+m_{w0}+m_{s0}+m_{g0}=m_{cp} \tag{6-12}$$

$$\frac{m_{s0}}{m_{s0}+m_{g0}}\times 100\%=\beta_s \tag{6-13}$$

式中：m_{g0}——计算配合比每立方米混凝土的粗骨料用量(kg)；

m_{s0}——计算配合比每立方米混凝土的细骨料用量(kg)；

β_s——砂率(%)；

m_{cp}——每立方米混凝土拌合物的假定质量(kg)，可取2350～2450 kg。

(2)体积法(又称绝对体积法)。

这种方法是假定1 m³混凝土拌和物的体积等于各组成材料的体积和拌和物所含空气体积之和。

$$\frac{m_{c0}}{\rho_c}+\frac{m_{f0}}{\rho_f}+\frac{m_{w0}}{\rho_w}+\frac{m_{s0}}{\rho_s}+\frac{m_{g0}}{\rho_g}+0.01\alpha=1 \tag{6-14}$$

$$\frac{m_{s0}}{m_{s0}+m_{g0}}\times 100\%=\beta_s \tag{6-15}$$

式中：ρ_c、ρ_f、ρ_w、ρ_s、ρ_g——分别为水泥、矿物掺合料、水、砂、石子的表观密度(kg/m³)；

α——混凝土含气量的百分数，在未使用引气型外加剂时，α可取1；掺加引气剂的混凝土α可取引气量的百分数。

通过上述步骤，可计算出1 m³混凝土中各种材料的用量，即混凝土的计算配合比，结果填入表6-10中。

表6-10 混凝土的计算配合比

1 m³混凝土的用料/kg	水泥	掺合料	水	砂	石子

思考题6-3：从理论上分析，计算砂石用量的质量法和体积法，哪一个更准确？为什么？

查看答案

6.4.2 试拌配合比

混凝土的初步配合比是借助经验公式算得的，或是利用经验资料查得的，许多影响混凝土技术性质的因素并未考虑进去。因而不一定符合实际情况，不一定能满足配合比设计的基本要求，因此必须进行试配与调整。

1. 试拌时的最小搅拌量

混凝土试配时，当粗骨料最大粒径 $D_{max} \leqslant 31.5$ mm 时，拌和 20 L；$D_{max}=40$ mm 时，拌和 25 L；采用机械搅拌时，拌和量不小于搅拌机额定搅拌量的 1/4，且不应大于搅拌机的公称容量。

2. 和易性的调整方法

影响混凝土和易性的因素很多，同是坍落度小于设计要求，可能有不同的原因，也就有不同的处理方法。调整的时候首先要注意观察混凝土的状态，根据实际情况来做出判断。和易性的调整对于技术人员有很高的要求，需要在实践中不断地积累经验，才能做到快速准确地调整到位。需要注意的是，不管如何调整，都不能对混凝土强度产生太大影响。一般情况下，当坍落度不满足要求时，可参考以下方法进行调整。

(1)当坍落度小于设计要求时：

①如果混凝土发干，则可考虑增加浆体量(W/B 不变)，或者减小混凝土的砂率。

②如果混凝土发黏，流动性很差，可考虑主要是水量不足引起的，可适量增加减水剂掺量。

③如果混凝土粗骨料偏多，比如有大量骨料外露，包裹的浆体量不够，可考虑增加砂率。

(2)当坍落度大于设计要求时：

①当混凝土过稀时，首先考虑减少用水量或减少外加剂掺量。

②如果混凝土的和易性还可以的时候，仅仅是坍落度大时，可考虑适当减少浆体的量(W/B 不变)。

③有时尽管实测坍落度并不大，但浆体过稀，而骨料冒尖堆积。这样考虑浆体黏性不够，没有包裹力，可适当减少水量，或提高胶凝材料用量。

④如果浆体偏多，粗骨料显得不足时，可适当降低砂率。

3. 试拌配合比的计算

每次调整后，再试拌测试，直至符合要求为止。和易性合格后，用容重法测出该拌和物的实际表观密度($\rho_{c,t}$)，并计算出调整后各组成材料的拌和用量。

假设调整后拌合物中各材料的量为：水泥(m_{cb})、掺合料(m_{fb})、水(m_{wb})、砂子(m_{sb})、石子(m_{gb})，则拌合物的总质量为 $m_{总b}=m_{cb}+m_{fb}+m_{wb}+m_{sb}+m_{gb}$，可计算出 1 m^3 混凝土中各材料的用量，即试拌配合比：

$$m_{c1} = m_{cb}/m_{总b} \times \rho_{ct} \tag{6-16}$$

$$m_{f1} = m_{fb}/m_{总b} \times \rho_{ct} \tag{6-17}$$

$$m_{w1} = m_{wb}/m_{总b} \times \rho_{ct} \tag{6-18}$$

$$m_{s1} = m_{sb}/m_{总b} \times \rho_{ct} \tag{6-19}$$

$$m_{g1} = m_{gb}/m_{总b} \times \rho_{ct} \tag{6-20}$$

6.4.3 试验配合比

试拌配合比是满足和易性要求的配合比，其水胶比是根据规范给出的经验公式算得的，不一定满足强度的设计要求，故应检验其强度。

一般采用三个不同的配合比，其一为上一步确定的试拌配合比，另外两个配合比的水胶比值分别较试拌配合比增加和减少 0.05，而用水量与试拌配合比相同，以保证另外两组配合比的和易性满足要求（必要时可适当调整砂率或改变减水剂用量）。另外两组配合比也要试拌、检验和调整和易性，使其符合设计和施工要求。混凝土强度检验时，每个配合比应至少制作一组（3 块）试件，测试标准养护 28 d 的抗压强度。

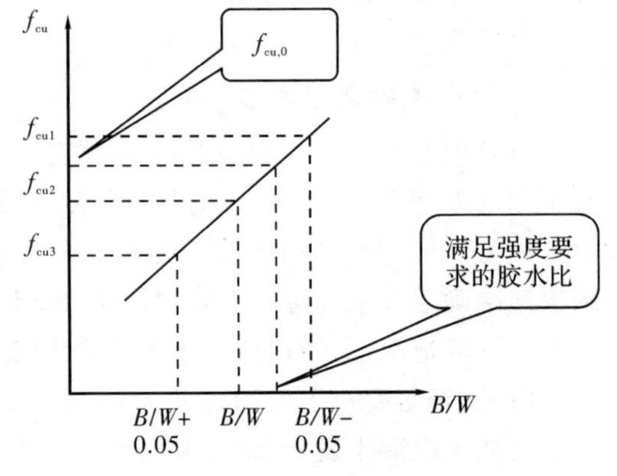

图 6－1　作图法确定合理胶水比

根据强度试验结果，由各胶水比与其相应强度的关系，用作图法（如图 6－1）求出略大于配制强度（$f_{cu,0}$）对应的胶水比（B/W），该胶水比既满足了强度要求，又满足了胶凝材料用量最少的要求。

在试拌配合比用水量的基础上，用水量和外加剂用量应根据确定的胶水比做调整，胶凝材料用量应以用水量乘以选定出的胶水比计算确定；砂、石用量应根据用水量和胶凝材料进行调整。调整后的配合比需根据实测表观密度（$\rho_{c,t}$）和计算表观密度（$\rho_{c,c}$）进行校正。

计算表观密度（$\rho_{c,c}$）应按下式计算：

$$\rho_{c,c} = m_c + m_f + m_w + m_s + m_g \qquad (6-21)$$

式中：$\rho_{c,c}$——混凝土拌合物的表观密度计算值（kg/m^3）；

m_c——调整后每立方米混凝土的水泥用量（kg/m^3）；

m_f——调整后每立方米混凝土的矿物掺合料用量（kg/m^3）；

m_g——调整后每立方米混凝土的粗骨料用量（kg/m^3）；

m_s——调整后每立方米混凝土的细骨料用量（kg/m^3）；

m_w——调整后每立方米混凝土的用水量（kg/m^3）；

混凝土配合比的校正系数按下式计算：

$$\delta = \frac{\rho_{c,t}}{\rho_{c,c}} \qquad (6-22)$$

当 $\rho_{c,t}$ 与 $\rho_{c,c}$ 之差的绝对值不超过 $\rho_{c,c}$ 的 2％时，可按调整后的配比不需校正；当 $\rho_{c,t}$ 与 $\rho_{c,c}$ 之差的绝对值超过 $\rho_{c,c}$ 的 2％时，应将各配合比中每项材料用量均乘以校正系数 δ。

6.4.4　施工配合比

施工现场砂、石进料的时候多数不是干燥状态，在现场堆放的时候含水率会经常地波动。为了避免含水率的变化对混凝土配合比的影响，需要每次混凝土在开盘之前，测定砂、石的含水率，再对试验配备比进行调整得出施工配合比。

假设工地砂、石含水率分别为 a％和 b％，则施工配合比按下式确定：

$$m'_c = m_c \qquad (6-23)$$

$$m'_f = m_f \qquad (6-24)$$

$$m'_w = m_w - m_s \times a\% - m_g \times b\% \qquad (6-25)$$

$$m'_s = m_s \times (1 + a\%) \tag{6-26}$$

$$m'_g = m_g \times (1 + b\%) \tag{6-27}$$

得出混凝土的施工配合比后填入表 6-11 中。

表 6-11 混凝土的施工配合比

粗骨料含水率/%			细骨料含水率/%		
1 m^3 混凝土的用料/kg	水泥	掺合料	水	砂	石子

6.5 配合比设计实例

6.5.1 普通混凝土的配合比设计

【例 6-1】 某多层钢筋混凝土框架结构房屋(干燥环境),混凝土的结构强度设计为C25,施工要求的坍落度为 35~50 mm。试确定混凝土的计算配合比,并假定计算配合比经验证和易性和强度合格,试确定施工配合比。原材料性能如下:

①32.5 的矿渣硅酸盐水泥,表观密度为 3100 kg/m^3;

②级配合格的河砂、中砂,表观密度为 2650 kg/m^3,含水率为 3%;

③级配合格,D_{max}为 31.5 mm 的碎石,表观密度为 2670 kg/m^3,含水率为 1%;

④饮用水。

解:(一)计算配合比

(1)确定配制强度($f_{cu,0}$)。

$$f_{cu,0} = f_{cu,k} + 1.645\sigma$$

对于 C25 混凝土,查表 σ 取 5.0 MPa。

$$f_{cu,0} = 25 + 1.645 \times 5.0 = 33.2 \text{ MPa}$$

(2)确定水胶比(W/B)。

由鲍罗米经验公式 $\dfrac{W}{B} = \dfrac{\alpha_a \times f_b}{f_{cu,0} + \alpha_a \times \alpha_b \times f_b}$

由于未掺加掺合料,故胶凝材料 28 d 强度 $f_b = f_{ce}$;

未给出水泥的 28 d 实测强度,故可用经验公式 $f_{ce} = \gamma_c \times f_{ce,g}$;

查表 $\gamma_c = 1.12$,故 $f_b = 1.12 \times 32.5 = 36.4$ MPa;

粗骨料采用的是碎石,故 α_a、α_b 分别取 0.53、0.20。

带入数据:

$$\frac{W}{B} = \frac{0.53 \times 36.4}{33.2 + 0.53 \times 0.20 \times 36.4} = 0.52$$

求出 $W/B = 0.52$,查表进行耐久性复核,可知在题目规定的环境条件下,最大水胶比为 0.60,故满足耐久性要求。

(3)确定单方用水量(m_{w0})。

混凝土所用的粗骨料为碎石,且最大粒径为 31.5 mm,坍落度 35~50 mm,查表,为满足和易性要求,选用水量为 $m_{w0} = 185$ kg。

(4)确定水泥用量(m_{c0})。

未掺加掺合料，故胶凝材料用量即是水泥的用量。

$$m_{c0}=m_{w0}/(W/B)=185/0.52=356\ \text{kg}$$

查表进行耐久性复核，可知该环境条件下的最小胶凝材料用量为 280 kg/m³，故满足耐久性要求。

(5)确定砂率(β_s)。

根据 $W/B=0.52$，碎石最大粒径 31.5 mm，中砂，查表。

	20	40	➡		31.5
0.50	32～37	30～35		0.50	31～36

中砂，对于水胶比 0.52，可选取 $\beta_s=34\%$。

(6)确定砂(m_{s0})、石(m_{g0})用量。

①质量法：

假设混凝土的表观密度为 2400 kg/m³，则

$$m_{c0}+m_{w0}+m_{s0}+m_{g0}=2400$$

$$\frac{m_{s0}}{m_{s0}+m_{g0}}\times 100\%=\beta_s$$

代入数据：

$$356+185+\mathrm{m}_{s0}+\mathrm{m}_{g0}=2400$$

$$\frac{m_{s0}}{m_{s0}+m_{g0}}\times 100\%=34\%$$

解得：$m_{s0}=632$ kg，$m_{g0}=1227$ kg

②体积法：

$$\frac{m_{c0}}{\rho_c}+\frac{m_{w0}}{\rho_w}\frac{m_{s0}}{\rho_s}+\frac{m_{g0}}{\rho_g}+0.01\alpha=1$$

$$\frac{m_{s0}}{m_{s0}+m_{g0}}\times 100\%=\beta_s$$

代入数据：

$$\frac{356}{3100}+\frac{185}{1000}\frac{m_{s0}}{2650}+\frac{m_{g0}}{2670}+0.01\times 1=1$$

$$\frac{m_{s0}}{m_{s0}+m_{g0}}\times 100\%=34\%$$

解得：$m_{s0}=625$ kg，$m_{g0}=1213$ kg

(7)计算配合比。

计算得出的配合比如下：

1 m³ 混凝土的用料/kg	水泥	水	砂	石子
	356	185	625	1213

(二)施工配合比

假定计算配合比经验证和易性和强度合格，所以计算配合比可以定为试验配合比。

由此确定施工配合比。施工现场所用砂、石的含水率分别为3%和1%，则施工配合比为：

$$m'_c = m_c = 356\ \text{kg}$$

$$m'_w = m_w - m_s \times a\% - m_g \times b\% = 185 - 625 \times 3\% - 1213 \times 1\% = 154\ \text{kg}$$

$$m'_s = m_s \times (1 + a\%) = 625 \times (1 + 3\%) = 644\ \text{kg}$$

$$m'_g = m_g \times (1 + b\%) = 1218 \times (1 + 1\%) = 1230\ \text{kg}$$

混凝土的施工配合比如下：

粗骨料含水率/%		3	细骨料含水率/%	4
1 m^3 混凝土的用料/kg	水泥	水	砂	石子
	356	154	644	1230

6.5.2　掺减水剂混凝土的配合比设计

通常在混凝土中掺入减水剂主要有两个方面的直接作用：一方面是在保持坍落度不变的情况下，减少水泥用量；另一方面是配制大流动性的混凝土。

【例6-2】 某多层钢筋混凝土框架结构房屋，柱、梁、板混凝土的结构强度设计为C25，坍落度为35～50 mm，掺入0.25%的木钙减水剂，试用质量法确定混凝土的计算配合比。混凝土所用的原材料性能如下：

①强度等级为32.5的矿渣水泥；

②级配合格的中砂；

③级配合格，D_{max}为31.5 mm的碎石；

④木钙减水率取10%。

⑤饮用水。

解：此题和例1的区别就是掺加了减水剂，故解题步骤相似。

(1)确定配制强度($f_{cu,0}$)。

$$f_{cu,0} = f_{cu,k} + 1.645\sigma$$

对于C25混凝土，查表σ取5.0 MPa。

$$f_{cu,0} = 25 + 1.645 \times 5.0 = 33.2\ \text{MPa}$$

(2)确定水胶比(W/B)。

由鲍罗米经验公式　$\dfrac{W}{B} = \dfrac{\alpha_a \times f_b}{f_{cu,0} + \alpha_a \times \alpha_b \times f_b}$

由于未掺加掺合料，故胶凝材料28 d强度$f_b = f_{ce}$；

未给出水泥的28 d实测强度，故可用经验公式$f_{ce} = \gamma_c \times f_{ce,g}$；

查表$\gamma_c = 1.12$，故$f_b = 1.12 \times 32.5 = 36.4$ MPa；

粗骨料采用的是碎石，故α_a、α_b分别取0.53、0.20。

代入数据：

$$\frac{W}{B} = \frac{0.53 \times 36.4}{33.2 + 0.53 \times 0.20 \times 36.4} = 0.52$$

求出$W/B = 0.52$，查表进行耐久性复核，可知在题目规定的环境条件下，最大水胶比为0.60，故满足耐久性要求。

(3)确定单方用水量(m_{w0})。

混凝土所用的粗骨料为碎石，且最大粒径为 31.5 mm，坍落度 35～50 mm，查表，为满足和易性要求，选用水量为 $m_{w0}{}'=185$ kg。

由于掺入了 0.25%的木钙减水剂，用水量应在查表取值的基础上适量减少，最终确定的用水量为

$$m_{w0}=m_{w0}{}'(1-\beta)=185\times(1-10\%)=167\ \text{kg}$$

(4)确定水泥用量(m_{c0})。

未掺加掺合料，故胶凝材料用量即是水泥的用量。

$$m_{c0}=m_{w0}/(W/B)=167/0.52=321\ \text{kg}$$

查表进行耐久性复核，可知该环境条件下的最小胶凝材料用量为 280 kg/m³，故满足耐久性要求。

(5)确定减水剂掺量(m_{a0})。

$$m_{a0}=m_{c0}\times0.25\%=321\times0.25\%=0.8025\ \text{kg}=802.5\ \text{g}$$

(6)确定砂率(β_s)。

和【例 6-1】未掺减水剂时相比，混凝土所用粗骨料种类、最大粒径及水胶比均未发生变化，故砂率的选择相同。

根据 $W/B=0.52$，碎石最大粒径 31.5 mm，中砂，查表。

	20	40			31.5
0.50	32～37	30～35	→	0.50	31～36

中砂，对于水胶比 0.52，可选取 $\beta_s=34\%$。

(7)确定砂(m_{s0})、石(m_{g0})用量。

假设混凝土的表观密度为 2400 kg/m³，则

$$m_{c0}+m_{w0}+m_{s0}+m_{g0}=2400$$

$$\frac{m_{s0}}{m_{s0}+m_{g0}}\times100\%=\beta_s$$

代入数据：

$$321+167+m_{s0}+m_{g0}=2400$$

$$\frac{m_{s0}}{m_{s0}+m_{g0}}\times100\%=34\%$$

解得：$m_{s0}=650$ kg，$m_{g0}=1262$ kg

(8)计算配合比如下：

1 m³ 混凝土的用料/kg	水泥	水	砂	石子
	321	167	650	1262

和【例 6-1】相比，掺入减水剂后，在保持坍落度不变的情况下，每立方米混凝土可节约水泥 356－321＝35 kg。

【例 6-3】 某高层商品住宅楼，主体为钢筋混凝土结构，混凝土的设计强度为 C30，泵送施工。要求混凝土拌合物入泵时坍落度为 150 mm±10 mm，施工采用机械搅拌和

振捣。试计算混凝土的初步配合比，原材料性能如下：

①42.5 普通硅酸盐水泥，实测强度 45.0 MPa；

②级配合格的中砂；

③级配合格，D_{max}为 20 mm 的碎石；

④非引气型高效泵送剂，掺量为 0.8%，减水率 16%。

⑤饮用水。

解：(1)确定配制强度($f_{cu,0}$)。

$$f_{cu,0}=f_{cu,k}+1.645\sigma$$

σ 查表取 5.0 MPa。

$$f_{cu,0}=30+1.645\times5.0=38.2\text{ MPa}$$

(2)确定水胶比(W/B)。

由鲍罗米经验公式 $\dfrac{W}{B}=\dfrac{\alpha_a\cdot f_b}{f_{cu,0}+\alpha_a\cdot\alpha_b\cdot f_b}$

未掺加掺合料，故 $f_b=f_{ce}$，已知实测强度 45.0 MPa。

粗骨料采用的是碎石，故 α_a、α_b 分别取 0.53、0.20。

代入数据：

$$\frac{W}{B}=\frac{0.53\times45.0}{38.2+0.53\times0.20\times45.0}=0.56$$

求出 $W/B=0.56$，查表进行耐久性复核，可知在题目规定的环境条件下，最大水胶比为 0.60，故满足耐久性要求。

(3)确定用水量(m_{w0})。

混凝土所用粗骨料为碎石，且最大粒径 20 mm，中砂，坍落度为 75～90 mm。查表选择用水量为 215 kg。

实际要求的坍落度为 150 mm±10 mm，比 90 mm 约增大 60 mm，可在查表所得 215 kg水量的基础上增加 15 kg，即选择用水量为 230 kg。

由于掺入了有减水组分的泵送剂，用水量应在取值的基础上适量减少，最终确定的用水量为：

$$m_{w0}=m_{w0}'(1-\beta)=230\times(1-16\%)=193\text{ kg}$$

(4)确定水泥用量(m_{c0})。

未掺加掺合料，故胶凝材料用量即是水泥的用量。

$$m_{c0}=m_{w0}/(W/B)=193/0.56=345\text{ kg}$$

查表进行耐久性复核，可知该环境条件下的最小胶凝材料用量为 280 kg/m^3，故满足耐久性要求。

(5)确定泵送剂掺量(m_{b0})。

泵送剂的掺量为胶凝材料用量的 0.8%，故泵送剂用量

$$m_{b0}=m_{c0}\times0.8\%=345\times0.8\%=2.76\text{ kg}$$

(6)确定合理砂率(β_s)。

根据 $W/B=0.56$，碎石最大粒径 20 mm，中砂，查表。

	20			20
0.50	32～37	➡	0.56	34～39
0.60	35～40			

可选取 β_s＝36％，此表适用于坍落度在 10～60 mm，当坍落度大于 60 mm 时，可按坍落度每增大 20 mm，砂率增大 1％来进行调整。

设计要求的坍落度为 150±10 mm，比 60 mm 约增大 90 mm，砂率增加 4.5％，可取 5％，β_s 最终取值 41％。

(7)确定砂(m_{s0})、石(m_{g0})用量。

假设混凝土的表观密度为 2400 kg/m^3，则

$$m_{c0} + m_{w0} + m_{s0} + m_{g0} = 2400$$

$$\frac{m_{s0}}{m_{s0} + m_{g0}} \times 100\% = \beta_s$$

代入数据：

$$345 + 193 + \mathrm{m}_{s0} + \mathrm{m}_{g0} = 2400$$

$$\frac{m_{s0}}{m_{s0} + m_{g0}} \times 100\% = 41\%$$

解得：m_{s0}＝763 kg，m_{g0}＝1099 kg。

(8)计算配合比如下：

1 m^3 混凝土的用料/kg	水泥	水	砂	石子
	345	193	763	1099

6.5.3 掺粉煤灰混凝土的配合比设计(简易法)

粉煤灰在混凝土中主要是作为胶凝材料用来替代水泥的，其主要掺法有等量取代和超量取代。

1. 等量取代

掺粉煤灰混凝土的配合比可在不掺粉煤灰的混凝土配合比确定以后，根据粉煤灰取代量来确定粉煤灰的掺量。

【例 6－4】 假定不掺粉煤灰混凝土的配合比为水泥 300 kg、水 180 kg、砂 720 kg、碎石 1200 kg，粉煤灰取代量为 20％，试计算掺粉煤灰的配合比。

解：等量取代后粉煤灰的掺量为

$$m_{f0} = m_{b0} \times \beta_f = 300 \times 20\% = 60 \text{ kg}$$

水泥的用量为

$$m_{c0} = m_{b0} - m_{f0} = 300 - 60 = 240 \text{ kg}$$

砂、石料用量和原配合比不变。

2. 超量取代

在不掺粉煤灰的混凝土配合比确定以后，根据粉煤灰取代量和超量取代系数，来确定粉煤灰的掺量。

【例 6－5】 假定不掺粉煤灰混凝土的配合比为水泥 300 kg、水 180 kg、砂 720 kg、碎

石1200 kg；粉煤灰取代量为20%，超量取代系数为1.2，试计算掺粉煤灰的配合比。

解：超量取代后粉煤灰的掺量为

$$m_{f0}=m_{b0}\times\beta_f\times1.2=300\times20\%\times1.2=72\ \text{kg}$$

水泥的用量为

$$m_{c0}=m_{b0}-m_{f0}=300-60=240\ \text{kg}$$

砂、石料用量不变。

可见超量取代后混凝土的总胶凝材料用量较取代前有所增加，由于粉煤灰的活性比水泥低，超量取代可弥补粉煤灰取代水泥对强度的影响，故在高强混凝土中应用较多。

本章小结

本章主要介绍了普通混凝土配合比设计的基本方法与步骤，大致可以分为计算配合比、试拌配合比、试验配合比和施工配合比四步。

计算配合比是混凝土配合比设计的基础，应根据混凝土的技术要求结合设计规程、原材料的状况等进行严格的计算。计算配合比是根据经验公式算出来的，不一定满足要求，还要在试验室进行试配和调整，得到既满足和易性要求，又强度合格的试验配合比。最后还要根据施工现场砂、石含水率的变化来确定施工配合比。

此外，本章还给出了配合比设计的几个例题，对普通混凝土、加减水剂混凝土、掺粉煤灰混凝土的配合比都通过实例进行了介绍。

课后练习题

一、填空题

1. 混凝土在进行配合比设计时，应满足______、______、______和______的基本要求。

2. 在施工过程中，由于各种因素的差异，会导致混凝土质量的不稳定，因而配制的混凝土强度应______其强度等级值。

3. 混凝土配合比设计中，调整和易性满足要求的配合比称为______，对现场含水率调整后称为______。

4. 鲍罗米公式中的 α_a、α_b 是与______有关的两个系数，f_b 是______抗压强度实测值。

5. 混凝土的配合比设计，需要进行耐久性复合的两个参数是______和______。

6. 混凝土中外加剂的掺量是按照______的百分含量来确定的。

7. 计算砂、石用量可采用的方法有______和______，相比而言______较为准确。

二、简答题

1. 混凝土的配合比设计要满足哪些要求？

2. 混凝土的配合比设计要准备哪些资料？有什么用途？

3. 简述混凝土配合比设计的步骤。

4. 混凝土的配制强度为何高于强度等级？如何确定配制强度？

5. 如何查表确定混凝土的单方用水量？大流动性混凝土的用水量如何确定？

6. 如何对水胶比和胶凝材料用量进行耐久性复核？

7. 如何查表确定混凝土的砂率？大流动性混凝土的砂率如何确定？

8. 简述计算砂、石用量的质量法和体积法。

9. 混凝土试拌时的最小搅拌量是如何确定的？

10. 试述混凝土和易性的调整方法。

11. 配合比设计时如何保证混凝土的强度能满足要求？

12. 为何要进行施工配合比的调整？

三、计算题

1. 某 C25 的混凝土，每立方米材料用量为水泥：300 kg/m^3；水：170 kg/m^3；砂：614 kg/m^3；碎石：1366 kg/m^3。施工现场测定的砂含水量为 3.2%，碎石含水量 1.7%，试确定施工时每立方米混凝土材料用量。

2. 已知混凝土的设计配合比为：水泥 320 kg，水 180 kg，砂子 625 kg，碎石 1255 kg，计算实验室拌合 18 L 各材料的用量。

3. 某混凝土计算配合比经调整后各材料的用量为：42.5 普通硅酸盐水泥 4.5 kg，水 2.7 kg，砂 9.9 kg，碎石 18.9 kg，又测得拌和物密度为 2.38 kg/L，试求每立方米混凝土的各材料用量。

4. 某工地采用刚出厂的 42.5 级普通水泥和碎石配制混凝土，其施工配合比为：水泥 336 kg；水 129 kg；砂 698 kg；碎石 1260 kg。施工现场砂、石含水率分别为 3.5%和 1%。该混凝土是否满足 C30 强度等级要求？

5. 已知混凝土经试拌调整后，拌合物和易性满足要求，强度也满足要求，拌和物各材料用量为：水泥 4.5 kg；水 2.7 kg；砂 9.9 kg；碎石 18.9 kg。测得混凝土拌和物的表观密度为 2400 kg/m^3。

(1)试计算 1 m^3 混凝土的各材料用量。

(2)如施工现场砂、碎石含水率分别为 2%和 1%，求施工配合比。

(3)如果未考虑砂石中的水，直接把试验配合比在现场使用，则对混凝土的强度产生多大影响？(采用 42.5 等级矿渣水泥)

6. 设计要求的混凝土强度等级为 C30，要求强度保证率为 95%。

(1)当强度标准差 σ=5.5 MPa 时，混凝土的配制强度为多少？

(2)若提高施工管理水平，σ=3.0 MPa 时，混凝土的配制强度又为多少？

(3)若采用 42.5 等级的普通水泥，卵石，单位用水量 180 kg/m^3。若提高了管理水平，σ 从 5.5 MPa 降到 3.0 MPa，每立方米混凝土可节约多少水泥？

7. 某楼房采用钢筋混凝土结构，混凝土设计强度等级 C35。现有 42.5 等级普通水泥，碎石最大粒径 31.5 mm，施工要求的坍落度为 55～70 mm，采用中砂。试确定 W/B、单位体积用水量和水泥用量。

第7章 混凝土的质量控制

混凝土是建筑工程中的主要材料，其质量的好坏对结构物可靠性有重要的影响。在实际施工过程中，原材料、环境条件及施工水平等许多复杂因素的变化，都会造成混凝土质量的波动。因此，为保证建筑结构安全可靠，从混凝土原材料开始到混凝土施工及养护等全过程，都应该进行必要的质量检验与控制。

7.1 原材料质量控制

质量合格的原材料是保证混凝土质量最基本的要求，由于各种原材料受区域性、自然环境、生产工艺的影响，大多具有不稳定性。所以原材料的选择、质量检测是混凝土质量控制的重要环节。

混凝土原材料进场时应进行检验，检验样品应随机抽取。混凝土原材料的检验批量应符合下列规定：

(1)散装水泥应按每 500 t 为一个检验批；袋装水泥应按每 200 t 为一个检验批；粉煤灰或粒化高炉矿渣粉等矿物掺合料应按每 200 t 为一个检验批；硅灰应按每 30 t 为一个检验批；砂、石骨料应按每 400 m^3 或 600 t 为一个检验批；外加剂应按每 50 t 为一个检验批；水应按同一水源不少于一个检验批。

(2)当符合下列条件之一时，可将检验批量扩大一倍。

①经产品认证机构认证符合要求的产品。

②来源稳定且连续三次检验合格。

③同一厂家的同批出厂材料，用于同时施工且属于同一工程项目的多个单位工程。

(3)不同批次或非连续供应的不足一个检验批量的混凝土原材料应作为一个检验批。

7.1.1 水泥

混凝土用水泥应符合现行国家标准《通用硅酸盐水泥》(GB 175—2007)和《中热硅酸盐水泥、低热硅酸盐水泥》(GB/T 200—2017)的有关规定。

(1)水泥品种与强度等级的选用应根据设计、施工要求以及工程所处环境确定。对于一般建筑结构及预制构件的普通混凝土，宜采用通用硅酸盐水泥；高强混凝土和有抗冻要求的混凝土宜采用硅酸盐水泥或普通硅酸盐水泥；有预防混凝土碱-骨料反应要求的混凝土工程宜采用碱含量低于 0.60%的水泥；大体积混凝土宜采用中、低热硅酸盐水泥。

(2)水泥质量主要控制项目应包括凝结时间、体积安定性、胶砂强度、氧化镁和氯离子含量，碱含量低于 0.60%的水泥主要控制项目还应包括碱含量，中、低热硅酸盐水泥主要控制项目还应包括水化热。

7.1.2 粗骨料

混凝土用粗骨料应符合现行国家标准《建设用卵石、碎石》(GB/T 14685—2011)的规定。

(1)粗骨料质量主要控制项目应包括颗粒级配、针片状颗粒含量、含泥量、泥块含量、压碎值指标和坚固性,用于高强混凝土的粗骨料主要控制项目还应包括岩石抗压强度。

(2)混凝土粗骨料宜采用连续级配。

(3)对于混凝土结构,粗骨料最大公称粒径不得大于构件截面最小尺寸的1/4,且不得大于钢筋最小净距的3/4;对混凝土实心板,骨料的最大公称粒径不宜大于板厚的1/3,且不得大于40 mm;对于大体积混凝土,粗骨料最大公称粒径不宜小于31.5 mm。

(4)对于有抗渗、抗冻、抗腐蚀、耐磨或其他特殊要求的混凝土,粗骨料中的含泥量和泥块含量分别不应大于1.0%和0.5%;坚固性检验的质量损失不应大于8%。

(5)对于高强混凝土,粗骨料的岩石抗压强度应至少比混凝土设计强度高30%;最大公称粒径不宜大于25 mm,针片状颗粒含量不宜大于5%且不应大于8%;含泥量和泥块含量分别不应大于0.5%和0.2%。

(6)粗骨料应进行碱活性检验,包括碱-硅酸活性和碱-碳酸盐活性检验。对于有预防混凝土碱-骨料反应要求的混凝土工程,不宜采用有碱活性的粗骨料。

7.1.3 细骨料

细骨料应符合现行国家标准《建设用砂》(GB/T 14684—2011)和《海砂混凝土应用技术规范》(JGJ 206—2010)的规定。

(1)细骨料质量主要控制项目应包括颗粒级配、细度模数、含泥量、泥块含量、坚固性、氯离子含量和有害物质含量;海砂的主要控制项目除应包括上述指标外,尚应包括贝壳含量;人工砂的主要控制项目除应包括上述指标外尚应包括石粉含量和压碎值指标,可不包括氯离子含量和有害物质含量。

(2)泵送混凝土宜采用中砂,且300 μm筛孔的颗粒通过率不宜少于15%。

(3)对于有抗渗、抗冻或其他特殊要求的混凝土,砂中的含泥量和泥块含量分别不应大于3.0%和1.0%;坚固性检验的质量损失不应大于8%。

(4)对于高强混凝土,砂的细度模数宜控制在2.6~3.0范围之内,含泥量和泥块含量分别不应大于2.0%和0.5%。

(5)钢筋混凝土和预应力混凝土用砂的氯离子含量分别不应大于0.06%和0.02%。

(6)混凝土用海砂应经过净化处理,氯离子含量不应大于0.03%。海砂不得用于预应力混凝土。海砂的贝壳含量应符合表7-1的规定。

表7-1 混凝土用海砂的贝壳含量(按质量计,%)

混凝土强度等级	≥C60	C55~C40	C35~C30	C25~C15
贝壳含量	≤3	≤5	≤8	≤10

(7)人工砂中的石粉含量应符合表7-2的规定。

表7-2 混凝土中人工砂的石粉含量(%)

混凝土强度等级		≥C60	C55~C30	≤C25
石粉含量	MB<1.4	≤5.0	≤7.0	≤10.0
	MB≥1.4	≤2.0	≤3.0	≤5.0

(8)不宜单独采用特细砂作为细骨料配制混凝土。

(9)对于有预防混凝土碱-骨料反应要求的工程,不宜采用有碱活性的砂。砂和海砂应进行碱-硅酸反应活性检验;人工砂应进行碱-硅酸反应活性和碱-碳酸盐反应活性检验。

7.1.4 矿物掺合料

用于混凝土中的矿物掺合料主要包括粉煤灰、粒化高炉矿渣粉、硅灰、钢渣粉、沸石粉等,矿物掺合料可采用两种或两种以上并按一定的比例混合使用。矿物掺合料应符合相关现行国家标准的规定并满足混凝土性能要求。

(1)粉煤灰的主要控制项目应包括细度、需水量比、烧失量和三氧化硫含量等;粒化高炉矿渣粉的主要控制项目应包括比表面积、活性指数和流动度比;硅灰的主要控制项目应包括比表面积和二氧化硅含量;钢渣粉的主要控制项目应包括比表面积、活性指数、流动度比、游离氧化钙含量、三氧化硫含量、氧化镁含量和安定性;磷渣粉的主要控制项目应包括细度、活性指数、流动度比、五氧化二磷含量和安定性;矿物掺合料的主要控制项目还应包括放射性。

(2)掺用矿物掺合料的混凝土,宜采用硅酸盐水泥和普通硅酸盐水泥。

(3)在混凝土中掺用矿物掺合料时,矿物掺合料的种类和掺量应经试验确定。

(4)矿物掺合料宜与高效减水剂同时使用。

(5)对于高强混凝土或有抗渗、抗冻、抗腐蚀、耐磨等其他特殊要求的混凝土,不宜采用低于Ⅱ级的粉煤灰。

(6)对于高强混凝土和有耐腐蚀要求的混凝土,当需要采用硅灰时,不宜采用二氧化硅含量小于90%的硅灰。

7.1.5 外加剂

混凝土用外加剂应符合国家现行标准《混凝土外加剂》(GB 8076—2008)及《混凝土外加剂应用技术规范》(GB 50119—2013)的有关规定。

(1)外加剂质量主要控制项目应包括掺外加剂混凝土性能和外加剂匀质性两方面,混凝土性能方面的主要控制项目应包括减水率、凝结时间差和抗压强度比,外加剂匀质性方面的主要控制项目应包括 pH 值、氯离子及碱含量等。引气剂和引气减水剂主要控制项目还应包括含气量;防冻剂主要控制项目还应包括含气量和 50 次冻融强度损失率比;膨胀剂主要控制项目还应包括凝结时间、限制膨胀率和抗压强度。

(2)在混凝土中掺用外加剂时,外加剂应与水泥具有良好的适应性,其种类和掺量应经试验确定。

(3)高强混凝土宜采用高性能减水剂;有抗冻要求的混凝土宜采用引气剂或引气减水剂;大体积混凝土宜采用缓凝剂或缓凝减水剂;混凝土冬期施工可采用防冻剂。

(4)外加剂中的氯离子及碱含量应满足混凝土设计要求。

7.1.6 水

混凝土用水应符合现行行业标准《混凝土用水标准》(JGJ 63—2006)的有关规定。

(1)混凝土用水主要控制项目应包括 pH 值、不溶物含量、可溶物含量、硫酸根离子含量、氯离子含量、水泥凝结时间差和水泥胶砂强度比。当混凝土骨料为碱活性时,主要控制项目还应包括碱含量。

(2)未经处理的海水严禁用于钢筋混凝土和预应力混凝土。

(3)当骨料具有碱活性时,混凝土用水不得采用混凝土企业生产设备洗涮水。

7.2 拌合物的质量控制

混凝土拌合物性能应满足设计和施工要求。混凝土拌合物性能试验方法应符合现行国家标准《普通混凝土拌合物性能试验方法标准》(GB/T 50080—2016)的有关规定。

(1)混凝土拌合物的稠度可采用坍落度、维勃稠度或扩展度表示。坍落度检验适用于坍落度不小于 10 mm 的混凝土拌合物,维勃稠度检验适用于维勃稠度 5～30 s 的混凝土拌合物,扩展度适用于泵送高强混凝土和自密实混凝土。

(2)混凝土拌合物应在满足施工要求的前提下,尽可能采用较小的坍落度;泵送混凝土拌合物坍落度设计值不宜大于 180 mm。泵送高强混凝土的扩展度不宜小于 500 mm;自密实混凝土的扩展度不宜小于 600 mm。

(3)混凝土拌合物的坍落度经时损失不应影响混凝土的正常施工。泵送混凝土拌合物的坍落度经时损失不宜大于 30 mm/h。应检验混凝土在拌制地点和浇筑点的稠度,并以浇筑点的测值为准。

(4)混凝土拌合物应具有良好的和易性,不得离析或泌水。混凝土拌合物的凝结时间应满足施工要求和混凝土性能要求,从搅拌机出料起至浇筑入模的时间不得超过混凝土的初凝时间。

7.3 生产与施工质量控制

混凝土生产施工之前,应制订完整的技术方案,并应做好各项准备工作。混凝土拌合物在运输和浇筑成型过程中严禁加水。

7.3.1 原材料进场

(1)混凝土原材料进场时,供方应按规定批次向需方提供质量证明文件。质量证明文件应包括型式检验报告、出厂检验报告与合格证等,外加剂产品还应提供使用说明书。

(2)原材料进场后,应按规定的方法进行进场检验。

(3)水泥应按不同厂家、不同品种和强度等级分批存储,并应采取防潮措施;出现结块的水泥不得用于混凝土工程;水泥出厂超过 3 个月(硫铝酸盐水泥超过 45 天),应进行复检,合格者方可使用。

(4)粗、细骨料堆场应有遮雨设施,并应符合有关环境保护的规定;粗、细骨料应按不同品种、规格分别堆放,不得混入杂物。

(5)矿物掺合料存储时,应有明显标记,不同矿物掺合料以及水泥不得混杂堆放,应防潮防雨,并应符合有关环境保护的规定;矿物掺合料存储期超过 3 个月时,应进行复检,合格者方可使用。

(6)外加剂的送检样品应与工程大批量进货一致,并应按不同的供货单位、品种和牌号进行标识,单独存放;粉状外加剂应防止受潮结块,如有结块,应进行检验,合格者应经粉碎至全部通过 600 μm 筛孔后方可使用;液态外加剂应储存在密闭容器内,并应防晒和防冻,如有沉淀等异常现象,应经检验合格后方可使用。

7.3.2　计量

(1)原材料计量宜采用电子计量设备。计量设备的精度应符合现行国家标准《混凝土搅拌站(楼)》(GB/T 10171—2016)的有关规定,应具有法定计量部门签发的有效检定证书,并应定期校验。混凝土生产单位每月应自检1次;每一工作班开始前,应对计量设备进行零点校准。

(2)每盘混凝土原材料计量的允许偏差应符合表7-3的规定,原材料计量偏差应每班检查1次。

表7-3　各种原材料计量的允许偏差(按质量计,%)

原材料	胶凝材料	粗、细骨料	拌合用水	外加剂
允许偏差	±2	±3	±1	±1

(3)对于原材料计量,应根据粗、细骨料含水率的变化,及时调整粗、细骨料和拌合用水的称量。

7.3.3　搅拌

(1)混凝土搅拌机应符合现行国家标准《混凝土搅拌机》(GB/T 9142—2000)的有关规定。混凝土搅拌宜采用强制式搅拌机。

(2)原材料投料方式应满足混凝土搅拌技术要求和混凝土拌合物质量要求。

(3)混凝土搅拌的最短时间可按表7-4采用;当搅拌高强混凝土时,搅拌时间应适当延长;采用自落式搅拌机时,搅拌时间宜延长30 s。对于双卧轴强制式搅拌机,可在保证搅拌均匀的情况下适当缩短搅拌时间。混凝土搅拌时间应每班检查两次。

表7-4　混凝土搅拌的最短时间(s)

混凝土坍落度/mm	搅拌机机型	搅拌机出料量/L		
		<250	250～500	>500
≤40	强制式	60	90	120
>40且<100	强制式	60	60	90
≥100	强制式	60		

注:混凝土搅拌的最短时间系指全部材料装入搅拌机中起,到开始卸料止的时间。

(4)同一盘混凝土的搅拌匀质性应符合下列规定:

①混凝土中砂浆密度两次测值的相对误差不应大于0.8%。

②混凝土稠度两次测值的差值不应大于表7-5规定的混凝土拌合物稠度允许偏差的绝对值。

表7-5　混凝土拌合物稠度的允许偏差

拌合物性能		允许偏差		
坍落度/mm	设计值	≤40	50～90	≥100
	允许偏差	±10	±20	±30

续表

拌合物性能		允许偏差		
维勃稠度/s	设计值	≥11	10～6	≤5
	允许偏差	±3	±2	±1
扩展度/mm	设计值	≥350		
	允许偏差	±30		

(5)冬期施工搅拌混凝土时，宜优先采用加热水的方法提高拌合物温度，也可同时采用加热骨料的方法提高拌合物温度。当拌合用水和骨料加热时，拌合用水和骨料的加热温度不应超过表7-6的规定；当骨料不加热时，拌合用水可加热到60 ℃以上。应先投入骨料和热水进行搅拌，然后再投入胶凝材料等共同搅拌。

表7-6 拌合用水和骨料的最高加热温度(℃)

采用的水泥品种	拌合用水	骨料
硅酸盐水泥和普通硅酸盐水泥	60	40

7.3.4 运输

(1)在运输过程中，应控制混凝土不离析、不分层，并应控制混凝土拌合物性能满足施工要求。

(2)当采用机动翻斗车运输混凝土时，道路应平整。

(3)当采用搅拌罐车运送混凝土拌合物时，搅拌罐在冬期应有保温措施。

(4)当采用搅拌罐车运送混凝土拌合物时，卸料前应采用快挡旋转搅拌罐不少于20 s。因运距过远、交通或现场等问题造成坍落度损失较大而卸料困难时，可采用在混凝土拌合物中掺入适量减水剂并快挡旋转搅拌罐的措施，减水剂掺量应有经试验确定的预案。

(5)当采用泵送混凝土时，混凝土运输应保证混凝土连续泵送，并应符合现行行业标准《混凝土泵送施工技术规程》(JGJ/T 10—2011)的有关规定。

(6)混凝土拌合物从搅拌机卸出，到运送至施工现场接收的时间间隔不宜大于90 min。

7.3.5 浇筑成型

(1)浇筑混凝土前，应检查并控制模板、钢筋、保护层和预埋件等的尺寸、规格、数量和位置，其偏差值应符合现行国家标准《混凝土结构工程施工质量验收规范》(GB 50204—2015)的有关规定，并应检查模板支撑的稳定性以及接缝的密合情况，应保证模板在混凝土浇筑过程中不失稳、不跑模和不漏浆。

(2)浇筑混凝土前，应清除模板内以及垫层上的杂物；表面干燥的地基土、垫层、木模板应浇水湿润。

(3)当夏季天气炎热时，混凝土拌合物入模温度不应高于35 ℃，宜选择晚间或夜间浇筑混凝土；现场温度高于35 ℃时，宜对金属模板进行浇水降温，但不得留有积水，并宜采取遮挡措施避免阳光照射金属模板。

(4)当冬期施工时，混凝土拌合物入模温度不应低于5 ℃，并应有保温措施。

(5)在浇筑过程中,应有效地控制混凝土的均匀性、密实性和整体性。

(6)泵送混凝土输送管道的最小内径宜符合表7-7的规定;混凝土输送泵的泵压应与混凝土拌合物特性和泵送高度相匹配;泵送混凝土的输送管道应支撑稳定,不漏浆,冬期应有保温措施,夏季施工现场最高气温超过40 ℃时,应有隔热措施。

表7-7 泵送混凝土输送管道的最小内径(mm)

粗骨料最大公称粒径	输送管道最小内径
25	125
40	150

(7)不同配合比或不同强度等级泵送混凝土在同一时间段交替浇筑时,输送管道中的混凝土不得混入其他不同配合比或不同强度等级混凝土。

(8)当混凝土自由倾落高度大于3.0 m时,宜采用串筒、溜管或振动溜管等辅助设备。

(9)浇筑竖向尺寸较大的结构物时,应分层浇筑,每层浇筑厚度宜控制在300~350 mm;大体积混凝土宜采用分层浇筑方法,可利用自然流淌形成斜坡沿高度均匀上升,分层厚度不应大于500 mm;对于清水混凝土浇筑,可多安排振捣棒,应边浇筑混凝土边振捣,宜连续成型。

(10)自密实混凝土浇筑布料点应结合拌合物特性选择适宜的间距,必要时可以通过试验确定混凝土布料点下料间距。

(11)应根据混凝土拌合物特性及混凝土结构、构件或制品的制作方式选择适当的振捣方式和振捣时间。

(12)混凝土振捣宜采用机械振捣。当施工无特殊振捣要求时,可采用振捣棒进行捣实,插入间距不应大于振捣棒振动作用半径的一倍,连续多层浇筑时,振捣棒应插入下层拌合物约50 mm进行振捣;当浇筑厚度不大于200 mm的表面积较大的平面结构或构件时,宜采用表面振动成型;当采用干硬性混凝土拌合物浇筑成型混凝土制品时,宜采用振动台或表面加压振动成型。

(13)振捣时间宜按拌合物稠度和振捣部位等不同情况,控制在10~30 s,当混凝土拌合物表面出现泛浆,基本无气泡逸出,可视为捣实。

(14)混凝土拌合物从搅拌机卸出后到浇筑完毕的延续时间不宜超过表7-8的规定。

表7-8 混凝土拌合物从搅拌机卸出后到浇筑完毕的延续时间(min)

混凝土生产地点	气温	
	≤25 ℃	>25 ℃
预拌混凝土搅拌站	150	120
施工现场	120	90
混凝土制品厂	90	60

(15)在混凝土浇筑同时,应制作同条件养护试件,为混凝土结构或构件出池、拆模、吊装、张拉、放张和强度合格评定提供强度数据,并应按设计要求制作抗冻、抗渗或其他

性能试验用的试件。

(16)在混凝土浇筑及静置过程中,应在混凝土终凝前对浇筑面进行抹面处理。

(17)混凝土构件成型后,在强度达到 1.2 MPa 以前,不得在构件上面踩踏行走。

7.3.6 养护

(1)生产和施工单位应根据结构、构件或制品情况、环境条件、原材料情况以及对混凝土性能的要求等,提出施工养护方案或生产养护制度,并应严格执行。

(2)混凝土施工可采用浇水、覆盖保湿、喷涂养护剂、冬季蓄热养护等方法进行养护;混凝土构件或制品厂生产可采用蒸汽养护、湿热养护或潮湿自然养护等方法进行养护。选择的养护方法应满足施工养护方案或生产养护制度的要求。

(3)采用塑料薄膜覆盖养护时,混凝土全部表面应覆盖严密,并应保持膜内有凝结水;采用养护剂养护时,应通过试验检验养护剂的保湿效果。

(4)对于混凝土浇筑面,尤其是平面结构,宜边浇筑成型边采用塑料薄膜覆盖保湿。

(5)混凝土施工养护时间应符合下列规定:

①对于采用硅酸盐水泥、普通硅酸盐水泥或矿渣硅酸盐水泥配制的混凝土,采用浇水和潮湿覆盖的养护时间不得少于 7 d。

②对于采用粉煤灰硅酸盐水泥、火山灰质硅酸盐水泥、复合硅酸盐水泥配制的混凝土,或掺加缓凝剂的混凝土以及大掺量矿物掺合料混凝土,采用浇水和潮湿覆盖的养护时间不得少于 14 d。

③对于竖向混凝土结构,养护时间宜适当延长。

(6)混凝土构件或制品厂的混凝土养护应符合下列规定:

①采用蒸汽养护或湿热养护时,养护时间和养护制度应满足混凝土及其制品性能的要求。

②采用蒸汽养护时,应分为静停、升温、恒温和降温四个养护阶段。混凝土成型后的静停时间不宜少于 2 h,升温速度不宜超过 25 ℃/h,降温速度不宜超过 20 ℃/h,最高和恒温温度不宜超过 65 ℃;混凝土构件或制品在出池或撤除养护措施前,应进行温度测量,当表面与外界温差不大于 20 ℃时,构件方可出池或撤除养护措施。

③采用潮湿自然养护时,应符合(2)、(3)的规定。

(7)对于大体积混凝土,养护过程应进行温度控制,混凝土内部和表面的温差不宜超过 25 ℃,表面与外界温差不宜大于 20 ℃。

(8)对于冬期施工的混凝土,养护应符合下列规定:

①日均气温低于 5 ℃时,不得采用浇水自然养护方法。

②混凝土受冻前的强度不得低于 5 MPa。

③模板和保温层应在混凝土冷却到 5 ℃时方可拆除,或在混凝土表面温度与外界温度相差不大于 20 ℃时拆模,拆模后的混凝土亦应及时覆盖,使其缓慢冷却。

④混凝土强度达到设计强度等级的 50%时,方可撤除养护措施。

7.4 强度的质量控制

实际生产过程中,由于受到原材料、施工条件及试验条件等多种因素的影响,混凝土的质量往往出现波动。即使是同一种混凝土,也受到原材料质量的变化、施工控制及气候条件等因素的影响。在正常施工情况下,这些因素都是随机的,因此混凝土的质量可以用数理统计的方法来评定。由于混凝土的质量波动将直接反映到其最终的强度上,而混凝土的抗压强度与其他性能有较好的相关性,因此在混凝土的生产质量管理中,常以混凝土的立方体抗压强度作为评定和控制其质量的主要验收指标。

7.4.1 混凝土的取样

混凝土强度应分批进行检验评定。一个检验批的混凝土应由强度等级相同、试验龄期相同、生产工艺条件和配合比基本相同的混凝土组成。检验混凝土强度的试样应在混凝土的浇筑地点随机抽取。试件的取样频率和数量应符合下列规定:

(1)每 100 盘,但不超过 100 m^3 的同配合比混凝土,取样次数不应少于一次;

(2)每一工作班拌制的同配合比混凝土,不足 100 盘和 100 m^3 时其取样次数不应少于一次;

(3)当一次连续浇筑的同配合比混凝土超过 1000 m^3 时,每 200 m^3 取样不应少于一次;

(4)对房屋建筑,每一楼层、同一配合比的混凝土,取样不应少于一次。

每批混凝土试样应制作的试件总组数,除满足混凝土强度评定所必需的组数外,还应留置为检验结构或构件施工阶段混凝土强度所必需的试件。

7.4.2 混凝土试件的制作与养护

每次取样应至少制作一组标准养护试件。每组 3 个试件应由同一盘或同一车的混凝土中取样制作。检验评定混凝土强度用的混凝土试件,其成型方法及标准养护条件应符合现行国家标准《普通混凝土力学性能试验方法标准》(GB/T 50081—2019)的规定。

采用蒸汽养护的构件,其试件应先随构件同条件养护,然后再置入标准养护条件下继续养护,两段养护时间的总和应为设计规定龄期。

7.4.3 混凝土的强度评定

7.4.3.1 混凝土强度的波动规律

混凝土在正常施工的情况下,许多影响质量的因素都是随机的。因此混凝土的质量好坏也是随机变化的。对同一批混凝土经随机取样测定其强度,其数据经整理后强度为横坐标,某一强度出现的概率为纵坐标,可绘成强度-概率分布曲线,一般均接近正态分布规律(见图 7-1)。混凝土强度正态分布曲线的特点如下:

(1)曲线高峰为平均强度的概率,强度越接近平均强度,其出现的概率越大;离平均强度越远,即强度测定值越高或越低,其出现的概率越小,并逐渐趋近于 0。

(2)曲线和横轴之间的面积为概率的总和,等于 100%。以平均强度为对称轴,左右两边曲线是对称的,表明对称轴两边出现的概率(即低于平均强度和高于平均强度的概率)大致相等。

(3)在对称轴两侧的曲线上各有一拐点,两拐点之间的曲线向下弯曲,拐点以外的曲线向上弯曲,以横坐标为渐近线。

通过对强度-概率分布曲线图的分析,可以判断混凝土的质量状况。拐点与平均值之间的距离叫作强度的标准差 σ。标准差越大,强度分布曲线就宽而矮(见图 7-2),平均强度出现的概率越低,离散程度就越大。表明混凝土质量不稳定,施工控制不良。

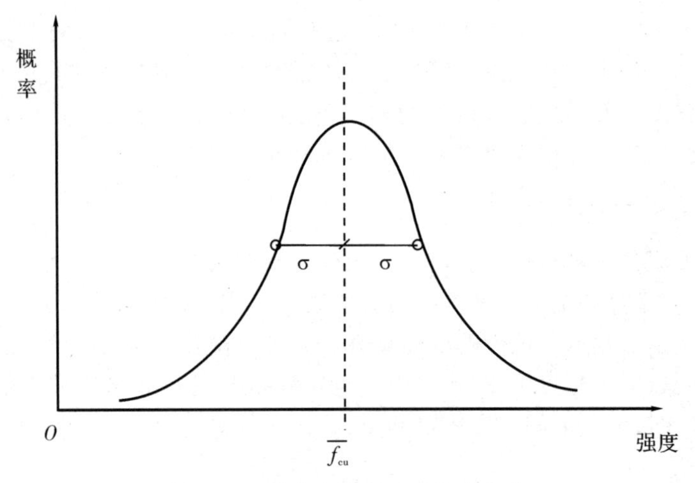

图 7－1　混凝土强度正态分布曲线

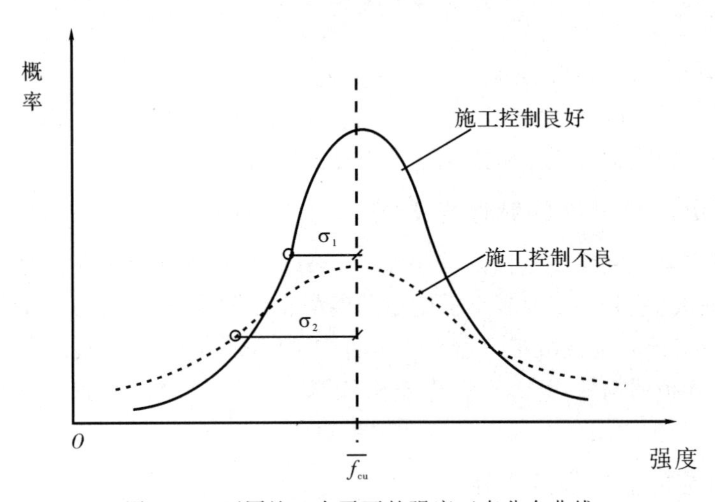

图 7－2　不同施工水平下的强度正态分布曲线

7.4.3.2　混凝土强度的评定参数

在混凝土的数理统计方法中，强度的评定参数主要有强度平均值、标准差、变异系数、强度保证率。

1. 强度平均值

$$\overline{f}_{cu}=\frac{1}{n}\sum_{i=1}^{n}f_{cu,i}\qquad(7-1)$$

式中：n——试件组数；

$f_{cu,i}$——第 i 组抗压强度值，MPa。

强度平均值与生产该批混凝土的配制强度 $f_{cu,0}$ 基本相等，它只能反映该批混凝土的总体强度的平均值，而不能反映混凝土的强度的波动情况。

2. 强度标准差 σ

$$\sigma=\sqrt{\frac{\sum_{i=1}^{n}f_{cu,i}^{2}-n\overline{f}_{cu}^{2}}{n-1}}\qquad(7-2)$$

强度标准差在数值上等于强度分布曲线上拐点至平均强度的距离。该值越小，强度分布曲线越窄而高，说明强度分布越集中，混凝土质量均匀性越好。

3. **变异系数** C_v

$$C_v = \frac{\sigma}{\overline{f}_{cu}} \times 100\% \tag{7-3}$$

变异系数也称离差系数，用来评价混凝土质量的均匀性。变异系数越小，说明混凝土质量越均匀。

4. **强度保证率** P

混凝土的强度值必须符合设计要求，并达到一定的合格率，即强度保证率。强度保证率 P 是指在混凝土强度总体中不小于设计强度等级值的概率，在正态分布曲线上以阴影面积占概率总和的百分率表示，如图 7-3 所示。

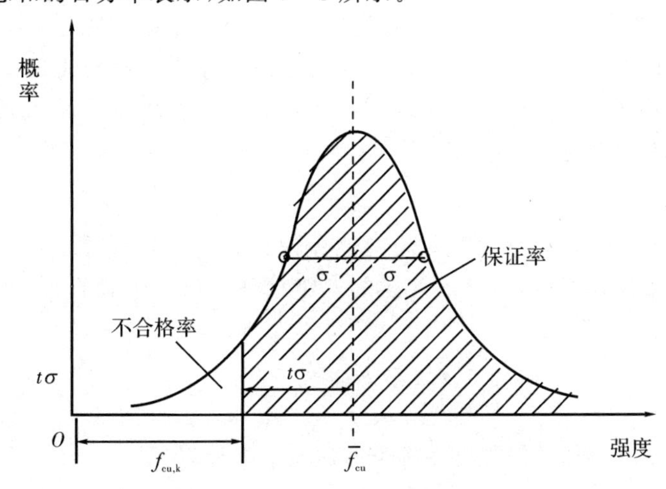

图 7-3 强度保证率

由图 7-3 可知，

$$\overline{f}_{cu} = f_{cu,i} + t\sigma \tag{7-4}$$

式中，t 为概率度。根据正态分布曲线可通过式(7-5)计算强度保证率 P(%)，概率度与强度保证率的关系可查表 7-9。

$$P = \frac{1}{\sqrt{2\pi}}\int_{t}^{\infty} e^{-\frac{t^2}{2}} \mathrm{d}t \tag{7-5}$$

表 7-9 不同 t 值的保证率 P

t	0.00	0.50	0.80	0.84	1.00	1.04	1.20	1.28	1.40	1.50	1.60
P/%	50.0	69.2	78.8	80.0	84.1	85.1	88.5	90.0	91.9	93.3	94.5
t	1.645	1.70	1.75	1.81	1.88	1.96	2.00	2.05	2.33	2.50	3.00
P/%	95.0	95.5	96.0	96.5	97.0	97.5	97.7	98.0	99.0	99.4	99.9

配制的混凝土平均强度等于设计要求的强度等级标准值时，即 $t=0$ 时，查表 7-9 可知，其强度保证率只有 50%。因此，为了使混凝土符合设计要求的强度等级保证率，即要想有 95%的强度保证率，t 应该取 1.645。因此，《普通混凝土配合比设计规程》(JGJ 55—

2011)规定,混凝土的配制强度应满足式(7-6)的规定。

$$f_{cu,0} \geqslant f_{cu,k} + 1.645\sigma \tag{7-6}$$

在实际工程中,P 值可用统计周期内混凝土试件强度不低于强度等级的组数与试件总数之比表示。

$$P = \frac{N_0}{N} \times 100\% \tag{7-7}$$

式中:N——统计周期内混凝土试件总数;

N_0——统计周期内不低于强度等级的试件组数。

预拌混凝土搅拌站和预制混凝土构件厂的统计周期可取一个月;施工现场搅拌站的统计周期可根据实际情况确定,但不宜超过三个月。

7.4.3.3 混凝土强度的统计方法

对大批量、连续生产混凝土的强度应按统计方法评定。对小批量或零星生产混凝土的强度应按非统计方法评定。混凝土的力学性能应满足设计和施工的要求。混凝土力学性能试验方法应符合现行国家标准《普通混凝土力学性能试验方法标准》(GB/T 50081—2019)的有关规定。

1.统计方法评定

①当混凝土的生产条件在较长时间内能保持一致,且同一品种、同一强度等级混凝土的强度变异性能保持稳定时,应由连续的 3 组试件组成一个验收批,并同时满足下列条件:

$$\overline{f}_{cu} \geqslant f_{cu,k} + 0.7\sigma_0 \tag{7-8}$$

$$f_{cu,min} \geqslant f_{cu,k} - 0.7\sigma_0 \tag{7-9}$$

检验批混凝土立方体抗压强度的标准差应按下式计算:

$$\sigma_0 = \sqrt{\frac{\sum_{i=1}^{n} f_{cu,i}^2 - n\overline{f}_{cu}^2}{n-1}} \tag{7-10}$$

当混凝土强度等级不高于 C20 时,其强度的最小值还应符合下式要求:

$$f_{cu,min} \geqslant 0.85 f_{cu,k} \tag{7-11}$$

当混凝土强度等级高于 C20 时,其强度的最小值还应符合下式要求:

$$f_{cu,min} \geqslant 0.90 f_{cu,k} \tag{7-12}$$

式中:$\overline{f}_{cu}$——同一验收批混凝土立方体抗压强度的平均值(MPa);

$f_{cu,k}$——混凝土立方体抗压强度标准值(MPa);

σ_0——检验批混凝土立方体抗压强度的标准差(MPa),当计算值小于 2.5 MPa 时,应取 2.5 MPa;

n——前一检验期内的样本容量,在该期内样本容量不应少于 45;

$f_{cu,i}$——前一检验期内同一品种、同一强度等级的第 i 组试件的抗压强度(MPa),该检验期不应少于 60 d,也不得大于 90 d;

$f_{cu,min}$——同一检验批混凝土立方体抗压强度的最小值(MPa)。

【例题 7-1】 某 C30 混凝土生产条件在较长时间内能保持一致,强度变异性能保持稳定。已知混凝土前一检验期强度标准差为 3.0 MPa,同一验收批的 3 组试件的强度分别为 32.2 MPa、33.4 MPa、31.5 MPa，试评价该混凝土强度是否合格。

解：根据混凝土强度的统计方法，要强度合格需满足以下条件：

$$\overline{f}_{cu} \geqslant f_{cu,k} + 0.7\sigma_0 = 30 + 0.7 \times 3.0 = 32.1\ \text{MPa}$$

$$f_{cu,min} \geqslant f_{cu,k} - 0.7\sigma_0 = 30 - 0.7 \times 3.0 = 27.9\ \text{MPa}$$

$$f_{cu,min} \geqslant 0.90 f_{cu,k} = 0.9 \times 30 = 27.0\ \text{MPa}$$

而强度平均值 $\overline{f}_{cu} = \dfrac{32.2 + 33.4 + 31.5}{5} = 32.4\ \text{MPa}$

可知，三个条件同时满足，故该混凝土强度合格。

(2)当混凝土的生产条件在较长时间内不能保持一致，且混凝土的强度变异不能保持稳定时，应由不小于 10 组试件组成一个验收批，并同时满足下列条件：

$$\overline{f}_{cu} \geqslant f_{cu,k} + \lambda_2 \cdot S_{f_{cu}} \tag{7-13}$$

$$f_{cu,min} \geqslant \lambda_2 \cdot S_{f_{cu,k}} \tag{7-14}$$

同一检验批混凝土立方体抗压强度的标准差应按下式计算：

$$S_{f_{cu}} = \sqrt{\frac{\sum_{i=1}^{n} f_{cu,i}^2 - n\overline{f}_{cu}^2}{n-1}} \tag{7-15}$$

式中：$S_{f_{cu}}$——同一验收批混凝土立方体抗压强度的标准值(MPa)，当计算值小于 2.5 MPa时，应取 2.5 MPa；

λ_1，λ_2——合格评定系数，按表 7-10 取值；

n——本检验期内的样本容量。

表 7-10 混凝土强度的合格评定系数

试件组数	10～14	15～19	≥20
λ_1	1.15	1.05	0.95
λ_2	0.90	0.85	

2. 非统计方法评定

当用于评定的样本容量小于 10 组时，应采用非统计的方法评定混凝土的强度。按非统计方法评定混凝土强度，其强度应同时满足下列要求：

$$\overline{f}_{cu} \geqslant \lambda_3 \cdot f_{cu,k} \tag{7-16}$$

$$f_{cu,min} \geqslant \lambda_4 \cdot f_{cu,k} \tag{7-17}$$

式中，λ_3，λ_4 为非统计合格评定系数，按表 7-11 取值。

表 7-11 混凝土强度的非统计合格评定系数

混凝土的强度等级	＜C60	≥C60
λ_3	1.15	1.10
λ_4	0.95	

本章小结

混凝土质量控制的内容包括原材料质量控制、拌合物质量控制、生产与施工质量控制、强度的质量控制等一系列过程。

原材料是保证混凝土质量最基本的材料，包括水泥、粗骨料、细骨料、矿物掺合料、外加剂和水。

混凝土拌合物性能应满足设计和施工要求，主要包括坍落度、扩展度、坍落度损失及凝结时间的相关要求。

生产与施工是混凝土质量控制的中心环节，包括原材料进场、计量、搅拌、运输、浇注成型和养护，每一个环节都应该符合相关标准的要求。

混凝土的质量波动将直接反映到其最终的强度上，而混凝土的强度与其他性能有较好的相关性，因此混凝土的强度是评定和控制其质量的主要指标。

课后练习题

一、填空题

1. 水泥在进行抽样检验时，散装水泥应按__________为一个检验批，袋装水泥应按________为一个检验批。

2. 泵送混凝土拌合物坍落度设计值不宜大于________，自密实混凝土的扩展度不宜小于________。

3. 现场浇筑的混凝土的振捣宜采用______________方式，插入间距不应大于振捣棒振动作用半径的__________倍，多层浇筑时振捣棒应插入下层拌合物____________mm进行振捣。

4. 混凝土浇筑成型后，在强度达到__________以前，不得在上面踩踏行走。

5. 用普通硅酸盐水泥配制的混凝土，养护时间不得少于________。当掺入较多的粉煤灰时，养护时间不得少于________。

6. 施工单位的生产管理水平越高，则强度的标准差越_____________，正态分布曲线的特征是_____________。

7. 强度总体中不小于设计强度等级值的概率称为_____________，实际工程当中规定，混凝土应达到________以上。

二、简答题

1. 混凝土原材料的检验批量是如何规定的？
2. 水泥、粗骨料、细骨料的主要控制项目有哪些？
3. 混凝土原材料计量的允许偏差是如何规定的？
4. 混凝土搅拌的最短时间如何确定？
5. 混凝土的机械振捣有哪些规定？
6. 混凝土施工过程中的养护时间是如何规定的？
7. 冬期施工混凝土的养护有哪些要求？
8. 简述混凝土强度正态分布曲线的特征。
9. 混凝土强度评定参数有哪些？简述其特点。

第8章 混凝土的生产与施工

结合不同地区原材料的特性和施工条件进行科学合理的配合比设计,对混凝土的强度和耐久性有着决定性的作用。同时,施工是保证混凝土结构质量的关键环节。近年来,混凝土工程的质量事故多是由于施工控制不当造成的,因此混凝土材料脱离了施工的配合没有任何意义。现代混凝土技术的进步,出现的高性能混凝土等给施工带来了很大的便利,同时也对施工质量的控制提出了更高的要求。

本章主要介绍现场搅拌混凝土工艺流程,通常包括配料计量、搅拌、运输、浇筑、振捣、养护等工序。在混凝土施工过程中,各工序之间紧密联系、相互影响,必须保证每一个施工工序的质量,以确保混凝土结构的强度和使用寿命。

8.1 配料计量

8.1.1 原材料的存储

施工现场搅拌站应尽可能布置在施工现场附近。为保证普通混凝土拌合物制备的顺利进行,搅拌现场各种原材料的堆放地点应该合理布置。要做到装料、卸料方便,既不交叉作业又保证运距短。搅拌站(见图8-1)应具有足够数量的料仓,以满足不同规格原材料的储备需要。其中粗骨料仓2个、细骨料仓2个、水泥仓2个,有时需增设一个盛放粉煤灰等掺合料的料仓。

图8-1 混凝土搅拌站

砂、石的储料仓一般采用钢结构或钢筋混凝土结构，要具有一定的强度和刚度，充分考虑其承受材料的自重及其他外力作用。料仓底部做成锥形，锥体部分的倾斜角度要考虑物料的安息角和对仓壁的摩擦角，一般可取55°以上。

水泥料仓（水泥罐）为圆柱形结构，底部由四条圆管支腿支撑整个仓体，整仓全部为钢结构焊接而成。其上部有除尘设备，防止粉尘泄漏，下部装有破拱装置，防止粉料结块，使粉料卸出顺畅，并装有料位传感设备，可随时掌握仓内物料使用情况。进料一般采用散装水泥输送车将粉料气送入仓内。根据水泥仓的结构不同，卸料一般有两种方式，一是下部与螺旋输送机连接，用螺旋输送机将粉料送入粉料计量装置，二是采用气力输送。

8.1.2 计量

计量是称量混凝土各组分的量并将其送入搅拌机的过程。为了使混凝土的质量均匀，各组分材料的计量都必须准确。原材料计量宜采用电子计量设备，主要包括骨料称量、粉料称量和液体称量三部分。原料的称量装置应通过计量鉴定，并定期校验。混凝土生产单位应至少每月自检1次，以保证计量准确。

除水和液体外加剂可按体积计量外，其余材料均应按质量计量。胶凝材料（包括水泥和掺合料）的每盘计量允许偏差为±2%，细、粗集料称量的允许偏差为±3%，拌和用水和外加剂的允许偏差为±1%。每次实际拌和混凝土前，测量集料的含水量，并在用水量中予以扣除，提出供实际使用的施工配合比。

原材料的自动称量装置是由供料设备、称量设备、卸料设备三部分组成的，三个连锁系统之间应按照一定程序相互配合。给料器必须在卸料门关闭后才能开启，在所称量的质量达到规定值时才能关闭。卸料门必须在各种物质称量完毕并停止给料后才能开启，在物料卸完后才能闭合。卸料门关闭之前上部料仓的上料系统不能开启，上料系统必须在给出预警铃后启动。

8.2 搅拌

混凝土的搅拌是指在施工现场或在搅拌站按混凝土施工配合比，将各种原材料放到混凝土搅拌机中，均匀拌和成为符合相应技术要求的混凝土的过程。充分的搅拌是生产均质混凝土的必要条件，否则会降低混凝土的强度，导致各批次混凝土之间质量有较大的变化。

8.2.1 搅拌机类型及技术要求

1.搅拌机类型

混凝土搅拌机分为自落式和强制式两类。

自落式搅拌机是指靠筒身旋转，带动叶片将物料提高，在重力作用下物料自由坠下，重复进行，物料互相穿插、翻拌、混合，直至均匀。搅拌机机型有锥形反转出料式和锥形倾翻出料式。

强制式搅拌机的筒身固定，叶片旋转，对物料施加剪切、挤压力，带动物料翻滚、滑动、混合。其机型有涡桨式、行星式、单卧轴式和双卧轴式。

混凝土搅拌机以其出料容量标定其规格。一般施工工地常用的有150 L、250 L、350 L、500 L等多种，大型搅拌站使用的搅拌机可达到1000 L以上。选择混凝土搅拌机型号，要根据工程量大小、施工组织手段、混凝土技术参数等因素确定。

2. 技术要求

公称容量为150 L及以上的搅拌机由上料、搅拌、出料、供水、控制、底盘等部分组成，应具有独立完成混凝土生产作业的能力。

依据《混凝土搅拌机》(GB/T 9142—2000)和《混凝土搅拌站(楼)》(GB/T 10171—2016)，为使混凝土快速达到匀质性要求，搅拌机应能满足表8-1和表8-2的要求。

表8-1 混凝土达到匀质性要求的搅拌时间(搅拌机)

公称容量/L	50～500		750～1000		1250～2000		2500～6000	
搅拌方式	自落式	强制式	自落式	强制式	自落式	强制式	自落式	强制式
搅拌时间/s	≤45	≤35	≤60	≤40	≤80	≤45	≤100	≤45

搅拌机出料机构应工作可靠，卸料迅速、干净，自落式锥形倾翻出料搅拌机和强制式搅拌机应在15 s内、自落式锥形反转出料搅拌机应在30 s内将搅拌好的物料卸净。搅拌筒中物料残留率不得超过公称容量的5%。

表8-2 混凝土达到匀质性要求的搅拌时间(搅拌站)

公称容量W/L	主机类型/s	
	强制式	自落式
500≤W≤1500	≤35	≤45
1500≤W≤2000	≤40	≤65
2000≤W≤4000	≤45	≤100
4000≤W≤6000	≤50	≤120

搅拌机应有准确可靠的计量供水系统。系统能适应60 ℃以下的水温，误差不超过2%。供水系统的上水时间与放水时间之和不得大于循环时间。

搅拌机拌制的混凝土稠度应均匀一致，同一罐次混凝土的坍落度差值不应大于20 mm。搅拌机拌制的同一罐不同部位的混凝土，应达到匀质混凝土的要求。

进行混凝土性能测试时，强制式搅拌机在搅拌公称容量的混凝土拌合物时，应具有干搅拌能力，持续时间不少于20 s。搅拌机应有10%的超载能力。

在发生临时停电或意外事故时，强制式搅拌机应设有将搅拌机内的混凝土卸出的开门机构。物料提升机、配套主机等传动系统的裸露部件应设有防护罩和安全检修保护装置。强制式搅拌机的检修盖与启闭电源应设有连锁装置。当检修盖打开时应切断电源，配套主机应不能启动。

8.2.2 搅拌站设置

施工现场混凝土搅拌站设置，应因地制宜，尽可能布置在施工现场附近。砂子、石子的堆放地点、水泥库房应合理安排。搅拌机处应挂配料牌。要做到装料、卸料方便，既不交叉又运距要短。要安排好各种原材料的进场运输道路(最好是混凝土道路)以及水、电供应线路，安装好砂、石计量设备。还应注意整个搅拌站布置整齐、规范、美观，符合安全文明施工的要求。

搅拌站应能根据用户的需要设定各种物料(粗、细骨料、水泥、水、添加剂等)的投入顺序、供给量、配合比和搅拌时间，并保证混凝土的搅拌时间应能予以锁定，防止过早卸料和混凝土过迟搅拌现象的产生。混凝土搅拌机的卸料高度应根据运输车辆的类型确定。用搅拌运输车时，卸料高度不应小于3.8 m。混凝土用贮料斗、卸料槽或移动式搅拌站的卸料皮带机应能防止混凝土分层离析。

8.2.3 搅拌工艺

1.进料容量

进料容量是将搅拌前各种材料的体积累加起来的容量，即干料容量。一般情况下，进料容量约为出料容量的1.5倍。进料容量不宜超过搅拌机的规定容量，若超过规定容量的10%以上时，就会使材料在搅拌筒内无充分的空间进行拌和，影响混凝土拌和物的均匀性，若装料太少，搅拌效率又太低。

2.投料顺序

投料顺序应从提高搅拌质量、减少设备磨损、减少水泥飞扬、改善工作环境、提高混凝土强度、节约水泥等方面综合考虑确定。施工中，常用的投料顺序有一次投料法、二次投料法、水泥裹砂法等。

一次投料法，是将砂、水泥、石和水同时投入搅拌机搅拌筒进行搅拌，水泥应夹放在砂、石之间以减少水泥飞扬。此法采用最多。

二次投料法可分为预拌水泥砂浆法和预拌水泥净浆法。预拌水泥砂浆法是先将水泥、砂和水加入搅拌机搅拌筒充分搅拌成为水泥砂浆，然后再加入石子搅拌成均匀的混凝土。预拌水泥净浆法是先将水泥和水充分搅拌成水泥浆，然后再分别加入砂、石搅拌成均匀的混凝土。

水泥裹砂法，又称SEC法，用此方法生产的混凝土称为造壳混凝土或SEC混凝土。这种混凝土就是先要在砂子表面造成一层水泥浆壳，可采取两项工艺措施：一是对砂子的表面湿度进行处理，使其表面的含水率控制在一定范围内；二是进行两次加水搅拌，第一次加水搅拌称为造壳搅拌，就是先将处理过的砂子、水泥和部分水搅拌，使砂子周围形成黏着性很强的水泥浆包裹层，加入石子搅拌一定时间后再第二次加水搅拌，使水泥浆均匀地分散在已经被造壳的砂子和石子周围。水泥裹砂法的关键在于控制砂子的表面含水率及第一次搅拌时的造壳用水量。国内外的试验结果表明：砂子的表面含水率控制在4%～6%，第一次搅拌加水为总加水量的20%～26%时，造壳混凝土的增强效果最佳。此外，混凝土强度与造壳搅拌时间也有密切关系，以45～75 s为宜，时间过短，不能形成均匀的低水灰比的水泥浆，使之牢固地黏结在砂子表面；时间过长，造壳效果并不明显，混凝土强度并无较大提高。第二次加水搅拌的时间宜控制在50～60 s。

3.搅拌时间

从全部材料投入搅拌筒起，到开始卸料为止所经历的时间称为混凝土搅拌时间。搅拌时间与搅拌机机型和混凝土拌合物的和易性有关。搅拌时间是影响混凝土搅拌质量及搅拌机生产效率的重要因素之一。搅拌时间过短，则混凝土均匀性差，且强度及和易性下降，而搅拌时间太长搅拌效率又低。因此确定一个最短的搅拌时间是有必要的，混凝土搅拌的最短时间应满足表7-4的要求。

8.3 运输

混凝土拌合物的运输是混凝土生产环节中的一个重要组成部分，运输设备是将搅拌均匀的混凝土，在符合质量要求的前提下，运送到施工场地的工具。混凝土的运输应考虑工程类型、工地的地貌、搅拌站位置、混凝土方量等的变化，应避免混凝土在运输过程中自然条件和人为因素的影响。混凝土运输过程中需要注意以下几个问题：

(1)将混凝土拌合物输送至浇灌地点浇灌入模的时间不得超过混凝土的初凝时间，若运输时间较长应采取一定措施，如加入缓凝剂来延长混凝土的凝结时间。

(2)运输过程中如遇大风、寒冷或炎热天气时，应采取相应有效的保温、隔热、防风、防雨的措施。

(3)运输过程应平稳，当用车辆运输时，道路应平坦，行车要平稳。若在运输过程中造成混凝土拌合物的分层离析，则应在浇筑前进行二次搅拌。

(4)垂直运输时，自由落差不得超过 3 m，否则应加设分级溜管、溜槽，溜管倾角不得小于 60°，卸料斜槽倾角不得小于 55°。

(5)运输设备在运输过程中保证混凝土拌合物不漏浆、不分层离析，运输设备的接料周期必须考虑搅拌机的搅拌周期和满足工艺要求。

混凝土的运输，按运送的距离和要求不同可分为两大类：现场运输和远距离运输。

8.3.1 现场运输

现场运输是指在施工现场或预制品工厂内的运输，往往是固定点位之间的运输。其特点是运输距离短，主要有手推车双轮翻斗车、机动翻斗车、自卸汽车、起重机吊斗、溜槽、皮带运输、泵送等方式运输，如图 8-2 至 8-6 所示。

泵送运输是以混凝土泵为动力，通过管道、布料杆将混凝土直接运至浇筑地点并完成浇灌。混凝土泵按其移动方式，可分为拖式、车载式和自带布料杆的泵车。

图 8-2 手推车

图 8-3 翻斗车

图 8-4 起重机吊斗运输混凝土

图 8-5　溜槽

图 8-6　泵送混凝土

目前混凝土泵常用的是液压活塞泵，利用液压控制两个往复运动柱塞，交替地将混凝土吸入和压出，达到连续稳定地输送混凝土的目的。

混凝土输送管一般采用直径为 75～200 mm 钢管。每段直管的标准长度有 4 m、3 m、2 m、1 m、0.5 m 等数种，用快速接头连接，并配有 90°、45°等不同角度的弯管，以便管道转折时使用。混凝土输送泵应根据输送泵的型号、拌合物性能、输出量、输送距离以及粗骨料粒径等进行选择。

对拖式和车载式泵，应在浇筑地点设置布料杆，以将输送来的混凝土直接进行摊铺入模。立柱式布料杆有移置式、管柱式和爬升式。其臂架和末端输送管都能做 360°回转。

泵送混凝土配制时应符合以下规定：当输送管径为 125 mm 时，骨料最大粒径不宜大于 25 mm；输送管径为 150 mm 时，骨料最大粒径不宜大于 40 mm。砂率宜控制在 40%～50%；最小胶凝材料用量为 300 kg/m^3；混凝土的坍落度不宜小于 100 mm，对强度等级超过 C60 的泵送混凝土，其入泵坍落度不宜小于 180 mm；混凝土内宜掺加适量的外加剂以改善混凝土的流动性。

泵送施工时，应先输送部分水泥砂浆润滑管路。混凝土输送完毕后应及时清洗管路。混凝土供给应尽量保证泵送连续，以避免管道黏附堵塞。如预计泵送中断超过 45 min，应立即用压力水或其他方法将混凝土清出管道。

泵送混凝土浇筑速度快，对模板侧压力较大，模板系统要有足够的强度和稳定性。由于胶凝材料用量较大，要注意浇筑后的养护，以防止龟裂。

输送泵适于混凝土量较大时的连续运输。对于少量混凝土，可采用塔式起重机配合混凝土吊斗运输，并完成浇灌。

8.3.2 远距离运输

当混凝土的运输距离较远时，宜采用混凝土搅拌运输车。混凝土搅拌运输车具有搅拌和输送混凝土拌合物的双重功能，适用于以下几种情况：

(1)输送已搅拌好的混凝土拌合物，在将混凝土拌合物运往施工现场的途中以1～3 r/min速度慢速旋转，以防止混凝土拌合物的分层离析。

(2)作为商品混凝土搅拌站的搅拌机，它可在无须设置搅拌设备的情况下，装入砂、石、水泥和水，将混凝土边搅拌边送往施工现场。

(3)当输送距离很远时，它可将砂、石、水泥按预先算好的配合比装入搅拌筒，在到达使用地点前10～15 min加水搅拌以供使用。

搅拌运输车在接料前应排净罐内积水。运输途中及等候卸料时，应保持罐体正常转速，不得停转。搅拌车在坡度为14%的路面上且出料口面对下坡方向时，搅动预拌混凝土不应出现溢料。

卸料前，罐体宜快速旋转搅拌20 s以上，然后再卸料。当坍落度损失较大不能满足施工要求时，可在运输车罐内加入适量的与原配合比相同成分的减水剂，而后应快速旋转搅拌均匀，当混凝土拌合物达到要求的工作性能后再泵送或浇筑。

8.4 浇筑

8.4.1 浇筑前的准备工作

混凝土在正式浇筑前，应做好以下几个方面的工作：

(1)浇筑混凝土前，应检查并控制模板、钢筋、保护层和预埋件等的尺寸、规格、数量和位置，并做好隐蔽工程的验收，符合设计要求后方能浇筑混凝土。

(2)检查模板支撑的稳定性以及接缝的密合情况，应保证模板在混凝土浇筑过程中不失稳、不跑模和不漏浆。

(3)在浇筑混凝土之前，应将模板内的杂物和钢筋上的油污等清理干净；表面干燥的地基土、垫层、木模板应浇水湿润，但不得有积水。

(4)混凝土在浇筑前，混凝土的温度要适宜。当夏季天气炎热时，混凝土拌合物入模温度不应高于35 ℃，宜选择晚间或夜间浇筑混凝土；当冬期施工时，混凝土拌合物入模温度不应低于5 ℃，并应有保温措施。

(5)根据施工方案中的技术要求，检查并确认施工现场具备的实施条件；施工单位应填报浇筑申请单，并经监理单位签字确认。

(6)检查混凝土送料单，核对混凝土配合比，确认混凝土强度等级，检查混凝土运输时间，测定混凝土坍落度，必要时还应测定混凝土扩展度，在确认无误后再进行混凝土浇筑。

(7)注意气候条件，不宜在降雨、雪时露天浇筑。必须浇筑时，应采取确保混凝土质量的有效措施。

8.4.2 浇筑混凝土的一般规定

(1)混凝土在浇筑前不应发生离析现象，已发生离析的可用搅拌运输车快速搅拌，恢复混凝土的流动性和黏聚性后再进行浇筑。

(2)混凝土浇筑应保证其均匀、密实和整体性。浇筑宜一次连续进行,当不能一次连续浇筑时,可留设施工缝或后浇带分块浇筑。

(3)宜先浇筑竖向结构构件、后浇筑水平结构构件;当浇筑区域结构平面有高差时,宜先低后高。分层浇筑时,上层混凝土应在下层混凝土初凝之前浇筑完毕。

(4)混凝土浇筑的布料点宜接近浇筑位置。对柱、墙等竖向构件,混凝土浇筑的倾落高度不得超过 3 m,否则应使用串筒、溜管、溜槽等减小下料冲击力,以防下落动能大的粗骨料积聚在结构底部,造成混凝土离析。

(5)同一结构或构件的混凝土宜连续浇筑,上、下层混凝土若有间隔,则间隔时间应尽可能短,在混凝土初凝前完成浇筑,以防止扰动已初凝的混凝土而出现质量缺陷。对掺早强型减水外加剂、早强剂的混凝土以及有特殊要求的混凝土,应根据设计及施工要求,通过试验确定允许的间隔时间。当预计超过允许的时间时,应按规定在先、后浇筑的混凝土间留设施工缝。

(6)混凝土浇筑完成后,在初凝前和终凝前宜分别对混凝土裸露表面进行抹面处理,以使表面更加光滑平整,增加表面密实度,减少开裂。当混凝土强度达到 1.2 MPa 以上后,方可上人继续施工。

8.4.3 施工缝的留设与接缝

施工缝是指由于设计要求或施工需要分段浇筑,而在先、后浇筑的混凝土之间所形成的接缝。施工缝处由于混凝土的连接较差,特别是粗骨料不能相互嵌固,抗剪强度受到很大影响,因此施工过程需要重视。

1.施工缝的位置

施工缝应在混凝土浇筑之前确定,并宜留置在结构或构件承受剪力较小,且便于施工的部位。承受动力荷载的设备基础,一般情况不留置施工缝。施工缝的留置位置规定如下:

(1)柱的水平施工缝宜留置在基础与柱的交接处、框架梁的下面、无梁楼盖柱帽的下面等位置处(见图 8-7)。在框架结构中,如梁的负筋向下弯入柱内,施工缝也可设置在这些钢筋的下端,以便钢筋的绑扎。

(2)梁与板应同时浇筑,但当梁高超过 1 m 时可先浇筑梁,将其水平施工缝留置在板底面以下 20～30 mm 处。

(3)对于长宽比大于 2 的单向板,垂直施工缝可留置在平行于短边的任何位置。

(4)有主次梁的楼盖宜顺着次梁方向浇筑,垂直施工缝应留置在次梁中间的 1/3 跨度范围内(见图 8-8)。

(5)特殊结构部位留设垂直施工缝应征得设计单位同意。

2.施工缝处理

在施工缝处继续浇筑混凝土时,应符合下列规定:

(1)已浇筑的混凝土,其抗压强度不应小于 1.2 MPa。

(2)在已硬化的混凝土表面上,应清除水泥浮浆、松动石子以及软弱混凝土层,进行粗糙处理,并冲洗湿润,但不得有积水。

(3)在浇筑混凝土前,应先在接缝处铺 10～15 mm 厚与混凝土浆液同成分的水泥砂浆,随即浇筑混凝土。

(4)浇筑混凝土时应细致捣实,使新旧混凝土紧密结合,但不得碰触原混凝土。

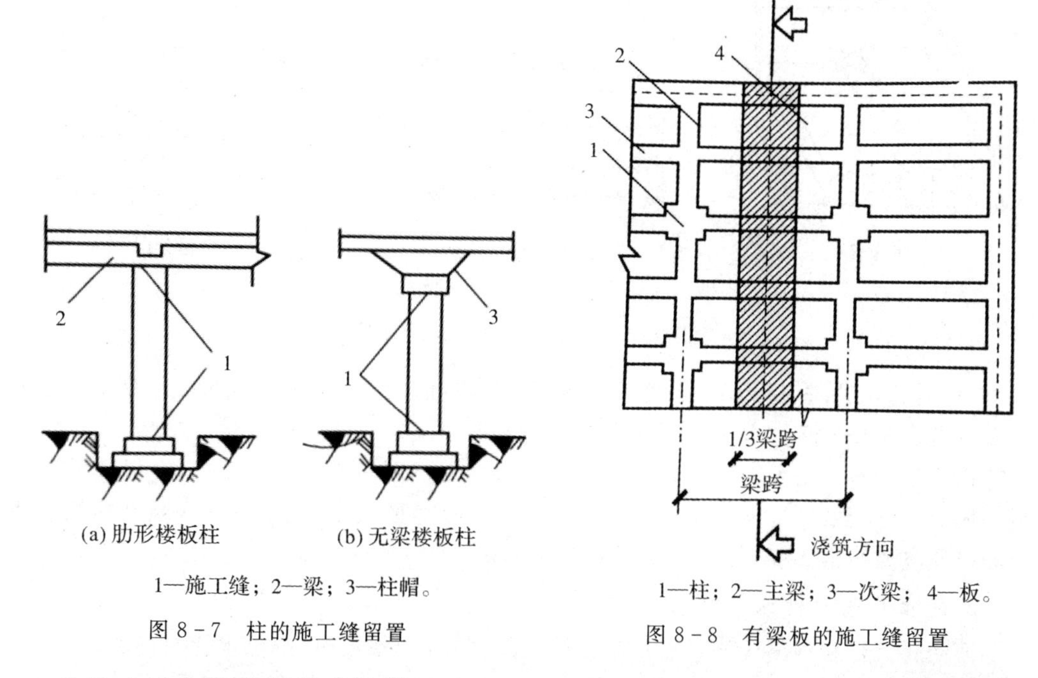

(a) 肋形楼板柱　(b) 无梁楼板柱

1—施工缝；2—梁；3—柱帽。

图 8－7　柱的施工缝留置

1—柱；2—主梁；3—次梁；4—板。

图 8－8　有梁板的施工缝留置

8.4.4　大体积混凝土浇筑

大体积混凝土泵送浇筑施工

大体积混凝土是指可能出现由于温度变形而开裂的混凝土。工业建筑中的大型设备基础,高层、超高层和特殊功能建筑的箱型基础,有较高承载力的桩基、厚大承台等都属于大体积混凝土。水泥的水化会放出较多的热量,大体积混凝土又有一定的保温性能,因此混凝土内部升温幅度比表面大得多,而在温度达到峰值后的降温过程中,内部温度的下降又比表面慢得多。混凝土各部分由于热胀冷缩以及受到约束的作用,在内部会产生温度应力,只要温度应力超过混凝土所能承受的极限值,混凝土就会开裂。

大体积混凝土的整体性要求高,一般要求混凝土连续浇筑,不留施工缝。对超长结构或在特殊情况下,可采取分块浇筑,但对每一分块必须保证连续浇筑。就每一大体积块体而言,施工工艺上既要做到分层浇筑、分层捣实,又必须保证上下层混凝土在初凝之前结合好,不致形成“冷缝”。

1. 浇筑方案的确定

大体积钢筋混凝土的浇筑方案可分为全面分层、分段分层和斜面分层三种(见图 8－9),应根据整体性要求、结构大小、钢筋疏密、混凝土供应等具体情况进行比较选择。

(1)全面分层:在整个基础内全面水平分层浇筑混凝土,要做到第一层全面浇筑完毕回来浇筑第二层时,第一层浇筑的混凝土还未初凝,如此逐层进行,直至浇筑完毕。这种方案适用于结构的平面尺寸不太大的工程。施工时,宜从短边方向开始沿长边方向进行,必要时也可分成两段向中央相向浇筑。

(2)分段分层:适宜于厚度不太大而面积较大的结构,混凝土从底层开始浇筑,进行一定距离后回来浇筑第二层;如此依次向前浇筑各层段,后一段底层混凝土施工时前一段底层混凝土应未初凝。

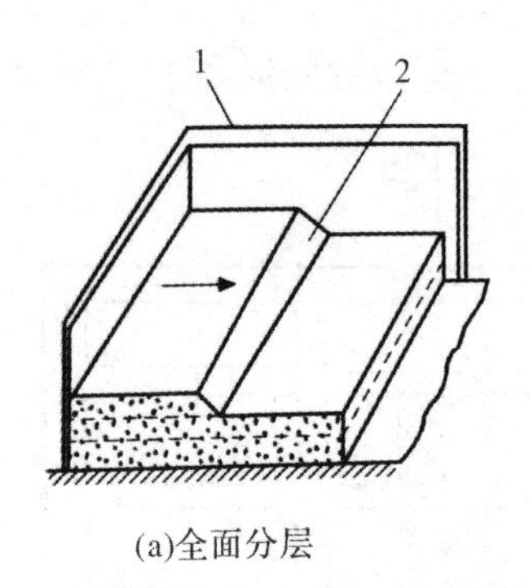

(a)全面分层

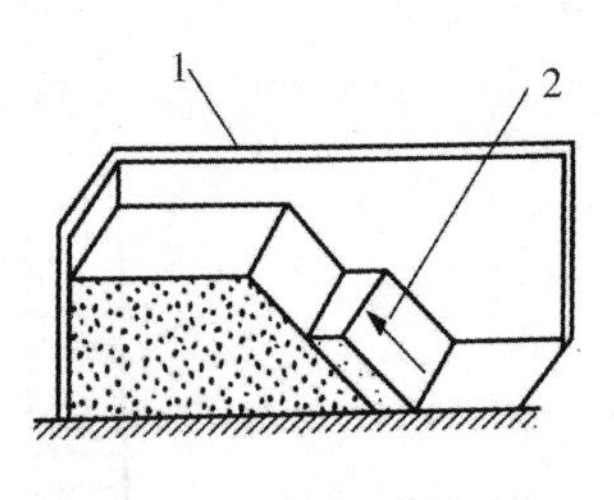

(b)分段分层

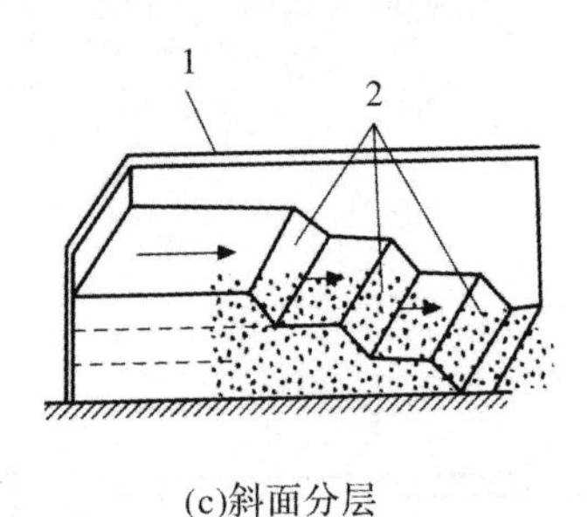

(c)斜面分层

1—模板；2—新浇筑的混凝土。

图 8-9　大体积混凝土浇筑方案

(3)斜面分层：适用于结构长度较大的工程，是目前大型建筑基础底板或承台最常用的方法。当结构宽度较大时，常采用多台机械分条同时浇筑。分条宽度不宜大于 10 m，每条的振捣应从浇筑层斜面的下端开始，逐渐上移，或在不同高度处分区振捣，以保证混凝土施工质量。分层的厚度取决于振捣器的棒长和振动力的大小，也要考虑混凝土的供应能力和可能浇筑量的多少，一般不宜大于 500 mm。

2. 防止开裂的措施与要求

要防止大体积混凝土浇筑后产生裂缝，需尽量减少水化热，避免水化热的积聚，避免过早过快降温。为此，首先应选用低水化热的矿渣水泥、火山灰水泥或粉煤灰水泥；掺入适量的粉煤灰以降低水泥用量；扩大浇筑面和散热面，降低浇筑速度或减小浇筑厚度，在低温时浇筑。其次，采取人工降温措施，如采用风冷却，用冰水拌制混凝土，在混凝土内部埋设冷却水管，用循环水来降低混凝土温度等。在混凝土浇筑后，采取保温措施，延缓降温时间，提高混凝土的抗拉能力，减少收缩阻力等。

浇筑大体积混凝土时，混凝土入模温度不宜大于 30 ℃；混凝土最大绝热条件下温升不宜大于 50 ℃；在降温阶段，混凝土的降温速率宜控制在 20 ℃/d 以内。

此外，现代混凝土施工中，常采用留设后浇带、设置膨胀加强带或采用跳仓法施工等方法，以避免后期收缩拉裂。

8.5　振捣

振捣就是使混凝土在模板内成型，并消除孔洞、蜂窝和气泡，得到密实结构的过程。混凝土只有经过密实成型才能得到符合要求的外形，达到设计的强度和耐久性。

机械振捣是通过振动使混凝土黏结力和骨料间的摩擦力减小，流动性增加。骨料在自重作用下下降，气泡逸出，孔隙减少，使混凝土密实地充满模板内的全部空间，达到密实、成型的目的。

振动捣实机械的类型可分为插入式振动器、附着式振动器、平板式振动器和振动台，如图 8-10 所示。在建筑工程中，主要是应用插入式振动器和平板式振动器。

8.5.1　插入式振动器

插入式振动器又称内部振动器，由电动机、软轴和振动棒三部分组成，如图 8-11 所示。振动棒是工作部分，内部安装着偏心振子。电机通过软轴传动，驱动偏心振子，使整个棒体产生圆振动。振动棒能将振动能量直接传给混凝土，因此振动密实的效率高。它适用于基础、柱、梁、墙等深度或厚度较大的结构构件的混凝土捣实。

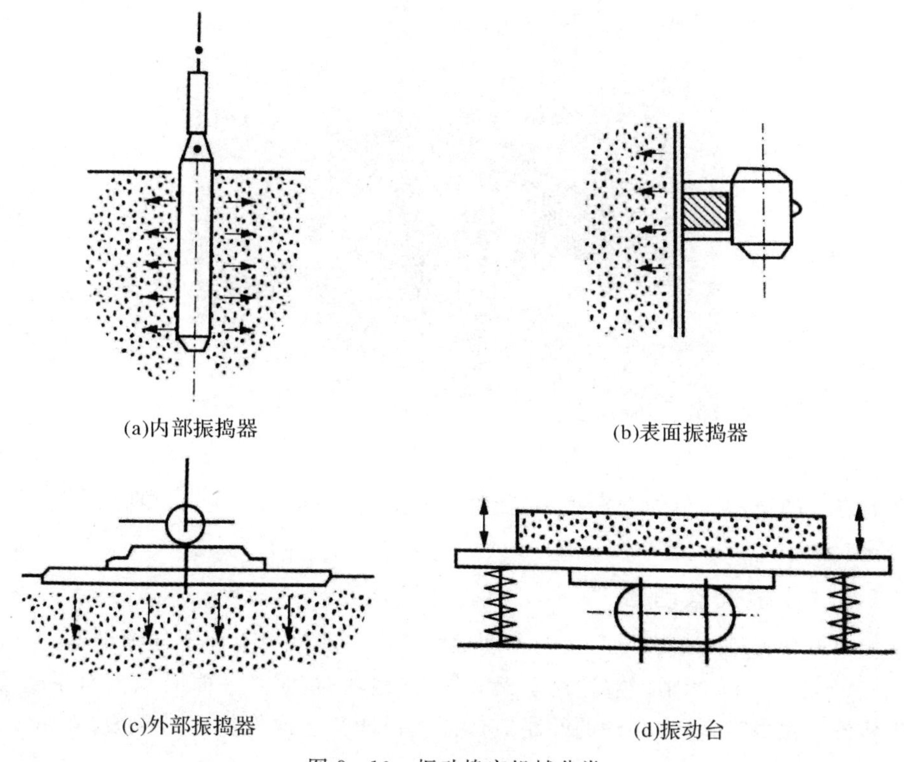

(a)内部振捣器　(b)表面振捣器　(c)外部振捣器　(d)振动台

图 8-10　振动捣实机械分类

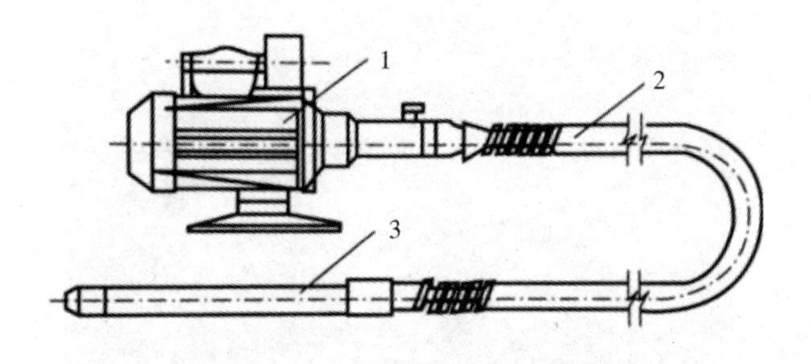

1—电动机；2—软轴；3—振动棒。

图 8-11　插入式振动器

用插入式振动器时，宜使振动棒竖直插入混凝土中。振捣时，应避免振动棒碰撞钢筋、模板和预埋件等。对钢筋密集的结构，在布设钢筋时应适当调整钢筋间距，留出振捣棒插捣必要的操作位置。为使上下层混凝土结合成整体，振动棒插入下一层混凝土中的深度应不少于 50 mm。振捣时，应“快插慢拔”、上下抽动，以免形成插孔并保证混凝土均匀。

混凝土的振捣成型

振动棒各插点应均匀分布，插点间距一般不得超过振动棒有效作用半径 R 的 1.5 倍，振动棒距模板不应大于 $0.5R$ 倍。各插点的布置方式有行列式与交错式两种，其中交错式重叠、搭接较多，振捣效果较好。每点的振捣时间，以见到混凝土表面基本平坦、泛出水泥浆、混凝土不再显著下沉、无气泡排出为止，如图 8-12 所示。使用高频振动器时，一般为 10～30 s，且不应少于 10 s。

图 8-12　插入式振动器

要有专门的技术人员为振捣把关，随时观察离析、泌水的情况，做到不漏振、不欠振，也不过振。

8.5.2　平板式振动器

平板式振动器是将带有偏心块的电动机固定在一块平板上而形成振动器，又称为表面振动器，如图 8-13 所示。它适用于捣实楼板、地坪、路面等平面面积大而厚度较小的混凝土构件。振捣时，每次移动的间距应保证底板能与上次振捣区域重叠 50 mm 左右，以防止漏振。

图 8-13　表面振动器

8.6　养护

混凝土的养护是指混凝土浇筑完成后，在硬化过程中进行温度和湿度的控制，使其达到设计强度。混凝土浇筑后应及时进行保湿养护，保湿养护可以通过以下三种方法来进行：

(1)维持混凝土水分，如浸泡、喷淋或喷雾以及采用湿的覆盖物。

(2)降低混凝土表面拌和水损失，如用不渗透的纸或塑料薄膜覆盖混凝土或者采用薄膜养护剂来实现。

(3)采用加热和补充水分的方法使混凝土强度加速发展,可以用蒸汽、电热丝或电热模板加热。

选择养护方式应考虑施工现场条件、环境温度和湿度、构件特点、技术要求、施工操作等因素。

8.6.1 蓄水养护和浸泡

面积较大且平的表面,如人行道和楼面,可采用蓄水养护。采用泥或砂围绕在混凝土表面的周边可以形成简易的水池。要防止水分从混凝土中流失,蓄水养护是一种比较理想的方法,对保持混凝土温、湿度均匀也是有效的。由于蓄水养护需要比较繁重的劳动和管理,这种方法一般仅用于较小的工程。

将已修饰的混凝土构件浸泡在水中是用水养护最为彻底的方法,此方法一般在试验室里用来养护混凝土试件。如果混凝土的外观很重要,用来蓄水养护或浸泡的水必须纯净,以免污染或弄脏混凝土表面。

8.6.2 喷雾与洒水养护

当外界温度较低,但高于冰点的时候,喷雾养护和洒水养护是很好的养护方法。细的薄雾通常通过喷嘴或喷雾器喷到混凝土表面,能提高混凝土表面空气的相对湿度,从而使表面水分蒸发变慢。当混凝土表面充分凝结能经受水的冲刷侵蚀时,进行喷雾并持续到混凝土表面修整完全结束,可明显减少混凝土早期的塑性收缩开裂,对于垂直或接近垂直的结构物表面采用胶管直接淋水也很有效。

洒水养护要求有充足的水源和细心的管理。如果是间断性洒水,在前后两次洒水时间间隔内,必须采用粗麻布或类似的材料覆盖,以防止混凝土变干,否则干湿交替会使表面出现裂纹甚至开裂。

图 8-14 喷水养护混凝土

8.6.3 湿的覆盖物

湿的覆盖物有用水浸透的布质覆盖物,如粗麻布、棉席、毯子,或其他保湿纤维编制物,如土工布、毡、无纺布,以及湿草或草袋等。粗麻布等覆盖物本身不应含有对混凝土产生危害或引起变色的物质,新的粗麻布应该用水彻底地清洗以除去可溶物并使其吸水性更好。

混凝土硬化且表面不易受损时,可用湿的保水纤维织物覆盖,当然在混凝土未达到足够硬化强度的期间,也可以采用其他的养护方法,如喷雾养护或成膜剂养护。养护时应用湿布覆盖整个表面,包括板的边缘,覆盖物要保持湿润使混凝土表面在整个养护期内都保持一层水膜。在湿粗麻布上覆盖一层聚乙烯薄膜是实际工程经常采用的方法,这可以免去对覆盖物连续浇水。

在一些小型工程中,常采用覆盖潮湿的土、砂或木屑对混凝土进行养护,这些方法操作简单且成本较低。除一些会影响混凝土的外观质量,如橡木和其他含有鞣质酸性物质的树木之外,大部分木屑都是可以采用的。用这种方法时,需在已湿润的混凝土表面均匀平铺一层 50 mm 左右的覆盖层并保持湿润。湿草或湿稻草也能用来养护比较平的表面，使用时至少要铺 150 mm 厚并用金属丝网、粗麻布或防水布罩住，以防止被风吹走。

8.6.4 密封纸

用于混凝土养护的密封纸，是由纤维增强沥青将两片牛皮纸胶结在一起组成的。这种密封纸，是养护水平表面或形状相对简单的混凝土结构的一种有效途径，其最大的优点就是不需要周期性浇水。用密封纸养护可以通过阻止水分损失来促进水泥的水化。

当混凝土硬化至能防止表面损坏时，就应该彻底浸湿混凝土，而且应尽可能采用宽大密封纸。密封纸的边缘部分应重叠 150 mm，并用砂、木板、压敏带、胶粘剂或胶水进行密封。在整个养护期密封纸应紧贴于混凝土表面。

密封纸如果能有效保持水分，则可以重复使用，裂口和孔洞就可以用养护纸补丁进行修补，如果密封纸出现问题，可以采用双层来达到所需的要求。

除了养护之外，密封纸还可以使混凝土免受后续施工作业的损害，也能免受太阳的直射。密封纸的颜色应尽可能采用浅色，且不能污染混凝土。在炎热天气，白色上表面的密封纸比较适宜于外部混凝土的养护。

8.6.5 塑料膜

塑料膜常用的是聚乙烯薄膜，它的厚度只有0.1 mm，是一种轻质、保湿效果好的材料，可用于复杂形状混凝土的养护，其用法与密封纸相同。

覆盖薄膜材料的缺点是使用过程中容易出现褶皱，自然条件恶劣如有大风时容易损坏，而且有研究表明用聚乙烯薄膜养护可能会引起一些局部变色。

在炎热天气，为了防止太阳光对露天混凝土的照射，应该采用白色薄膜，在室内或者寒冷天气可以采用黑色薄膜。

图 8-15　塑料薄膜养护

聚乙烯膜也可以铺在湿润粗麻布或其他潮湿覆盖材料上来保持覆盖材料中的水分，这样可以减少对覆盖材料连续浇水的劳动强度。

8.6.6 成膜养护剂

液态成膜养护剂由石蜡、树脂、氯化橡胶及其他材料组成，可以用来阻止或者减少混凝土中水分的蒸发，不仅适用于新浇筑的混凝土，而且对拆膜后的混凝土或早期潮湿养护后的混凝土养护都是一种很实际而且广泛应用的方法。养护剂应能使混凝土在 7 d 内混凝土表面的相对湿度保持在 80%以上，以使水泥充分水化。

成膜养护剂有透明或半透明与白色两种常见形式。透明或半透明养护剂中含有挥发性的染料，使用时很容易观察到养护剂是否完全覆盖于混凝土表面，而使用一段时间后颜色就会褪去。在炎热、晴朗的天气，用白色养护剂比较好，它能减少太阳的热辐射，从而降低混凝土温度。为了防止养护剂中的颜料沉淀，应经常对容器中的养护剂进行搅动。

养护剂应在混凝土最终修整完成后立即采用手工或机械喷洒设备喷涂，使用成膜养护剂时，混凝土表面应保持湿润。干燥、大风天气或其他恶劣大气会导致混凝土产生塑性收缩裂缝，在混凝土表面进行最终修整后且在混凝土表面水分蒸发前，使用养护剂有利于防止裂缝的产生。

整个表面必须覆盖好，因为即使薄膜上有很小的孔也会增加混凝土的水分蒸发。可以采用双层养护剂来确保混凝土被完全覆盖。薄膜养护剂可能会影响已硬化混凝土与新浇筑的混凝土之间的粘接。例如养护剂就不宜用于双层楼板的底板，有些成膜养护剂也可能影响混凝土与涂料的粘接。

养护剂在均匀且充分混合状态下易于保存。使用时不应出现松弛、流淌或聚集在低凹处，应能形成一种坚韧的薄膜以承受早期施工交通而不使混凝土损坏、发黄，并且有很好的保湿性。

在空间受限或易受养护剂影响的场所，如医院使用含有高挥发性物质的成膜养护剂时，应注意养护剂的挥发组分可能引发呼吸问题。

8.6.7 模板留在原位

如果混凝土上露表面保持润湿，则模板对于阻止混凝土水分损失可起到非常好的效果，用水淋浇模板可使得效果更好，因此只要实际情况许可，模板应该尽可能留在原位。

木模板的透气性好，水分散失快，留在原位养护时应注意淋水保持潮湿，特别是在炎热、干燥的天气。如果不能充分地进行淋水就应根据实际情况尽早拆模，不要耽误采用其他养护方法。

8.6.8 蒸汽养护

蒸汽养护是指将构件放置在有饱和蒸汽或蒸汽、空气混合物的养护室内，在较高的温度和相对湿度的环境中进行养护，以加速混凝土的硬化，使混凝土在较短的时间内达到规定的强度标准值。

混凝土
蒸汽养护

蒸汽养护有两种方法：流动的常压蒸汽和高压釜中的高压蒸汽。常压蒸汽主要用于可密封的现场浇筑的混凝土结构或大型的预制混凝土构件，高压蒸汽主要用于小型的构件或产品。这里只讨论流动的常压蒸汽养护。

典型的蒸汽养护由以下几个步骤组成：①蒸汽养护前的静停；②升温期；③恒定高温期；④降温期。

常压蒸汽养护一般是在密封空间中进行以使温度和热量的损失最小，一般可用防水布来构造密封空间。在混凝土初凝或浇筑至少 3 h 后，且混凝土有一定程度硬化后才能将蒸汽通入密封空间内。在蒸汽养护前静置 3～5 h 可获得比较高的早期强度。

蒸汽养护温度应保持在 60 ℃左右，直到混凝土达到预定的强度，养护温度控制在 60 ℃左右，除了可获得良好的早期强度外，还有其他优点，例如与在 23 ℃养护 28 d 相比，60 ℃左右养护还能降低干缩和徐变。温度过高既不经济而且还可能给混凝土带来损坏，建议混凝土内部温度不超过 70 ℃。应避免骤热或骤冷以防止有害的体积变化，密封空间内的养护温度应保持恒定直到混凝土达到预定的强度。

混凝土的施工质量是保证混凝土结构的强度和使用寿命的重要依据，必须保证每一

个施工工序的质量。本章主要介绍现场搅拌混凝土工艺流程，包括配料计量、搅拌、运输、浇筑、振捣、养护等。

配料计量主要介绍原材料在现场的存储方式及存储设备的技术要求，计量的设备、允许偏差及校准要求等。

搅拌是指按混凝土施工配合比，将各种原材料放到混凝土搅拌机中，均匀拌和成为符合相应技术要求混凝土的过程。

运输是将搅拌均匀的混凝土，在符合质量要求的前提下，运送到浇筑地点。运输主要有现场运输和远距离运输，现场运输是指在施工现场或预制品工厂内的运输，特点是运输距离短；当混凝土的运输距离较远时，宜采用混凝土搅拌运输车。

浇筑是将混凝土从运输工具浇灌到模板里的过程。振捣就是使混凝土在模板内成型，并消除孔洞、蜂窝和气泡，得到密实结构的过程。

混凝土的养护是指混凝土浇筑完成后，应在硬化过程中进行温度和湿度的控制，选择养护方式应根据施工现场条件、结构物状况、环境等因素来综合考虑。

课后练习题

一、填空题

1. 原材料的自动称量装置是由________、________和________三部分组成。

2. 混凝土搅拌机分为________和________两类。

3. 混凝土的搅拌时间与________和________有关。

4. 为防止混凝土在浇筑时发生离析，垂直卸料高度不应超过________，超过时应设置________。

5. 混凝土泵送施工时，骨料的最大粒径不宜________，胶凝材料用量不宜________，混凝土的坍落度不宜________。

6. 混凝土浇筑宜一次连续进行，当不能一次连续浇筑时，可留设______分块浇筑。

7. 大体积钢筋混凝土的浇筑方案可分为________、________和________三种。

8. 采用振捣棒进行振捣时，应________插入混凝土中，插捣深度应插入下层混凝土________。

9. 养护主要是在混凝土凝结硬化过程中进行________和________的控制。

二、简答题

1. 搅拌站储存水泥的料仓有什么技术要求？
2. 混凝土搅拌机有哪些类型？其搅拌特性是什么？
3. 施工中混凝土常用的投料顺序有哪些？
4. 简述水泥裹砂法的工艺过程。
5. 混凝土现场运输有哪些方式？
6. 混凝土泵送施工有什么具体规定？
7. 大体积混凝土在浇筑时有什么注意事项？
8. 插入式振捣器使用时有什么注意事项？
9. 混凝土常用的养护方式有哪些？分别适用于什么类型的结构？
10. 蒸汽养护适用于什么情况？有哪些要求？

第9章 特殊性能的混凝土

随着近年来建筑施工技术的发展及混凝土应用范围的扩展，对材料提出了越来越高的要求。普通混凝土的一些弊端如自重大、体积稳定性差、易开裂等，在实际应用当中凸显出来，尤其在一些特殊的场合受到限制。为克服这些困难，要求混凝土满足基本的性能要求之外，还应该具有某些特殊的性能。

本章主要介绍轻质混凝土、高性能混凝土、自密实混凝土、纤维混凝土、聚合物混凝土、自应力混凝土、耐酸混凝土和耐热混凝土。

9.1 轻质混凝土

普通混凝土结构的自重大，其表观密度一般在2200～2600 kg/m^3，对基础的压力大。采用低表观密度混凝土，可以显著降低结构自重并相应减少基础的尺寸。一般将表观密度小于1950 kg/m^3 的混凝土称为轻质混凝土，轻质混凝土的强度低，主要用作保温隔热材料。某些经过特殊配制的轻质混凝土也具有较高的强度，可以作为结构材料使用。轻质混凝土主要有轻骨料混凝土、多孔混凝土、轻骨料多孔混凝土、大孔混凝土等几种类型。

9.1.1 轻骨料混凝土

用轻质骨料、胶凝材料、水、矿物掺合料及外加剂配制的，表观密度不大于1950 kg/m^3 的混凝土为轻骨料混凝土。

轻骨料混凝土已成为当今混凝土的重要发展方向之一，优质的高性能轻骨料混凝土比传统混凝土强度高，质量轻20%以上，而且更耐久，因此在建造大跨度桥梁和超高层建筑时，结构自重会大幅度减轻，相应地材料用量也会减少，基础荷载也会降低。从建筑节能方面考虑，在北方地区采用高性能轻骨料混凝土作外墙，冬季取暖能耗较传统的实心黏土砖或普通混凝土墙体节约30%～50%，如考虑夏季降温能耗，使用能耗将节省40%～60%。此外，轻质结构混凝土还是海上采油平台的理想建筑材料，与现有的钢铁采油平台相比，它具有安全度高、稳定性好、使用寿命长、维修费用低、综合造价低等优点。

9.1.1.1 轻骨料混凝土的分类

1. 按照所用轻骨料的比例划分

若细骨料全部采用轻砂(如陶砂、膨胀珍珠岩砂或浮石砂等)，则称为全轻骨料混凝土；若细骨料全部为普通砂，或部分采用轻砂，部分采用普通砂，则称为砂轻骨料混凝土。

2. 按照轻骨料的品种划分

轻质骨料有几种不同的类型，图9-1和9-2分别为粉煤灰陶粒和黏土陶粒，按所用陶粒种类不同可分为粉煤灰陶粒混凝土、黏土陶粒混凝土、页岩陶粒混凝土、浮石混凝土、膨胀珍珠岩混凝土等。

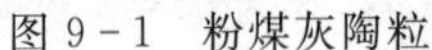

图 9－1　粉煤灰陶粒

图 9－2　粘土陶粒

3. 按照用途

按照用途，轻骨料混凝土可分为保温轻骨料混凝土、结构保温轻骨料混凝土、结构轻骨料混凝土三类。保温轻骨料混凝土主要用于保温的围护结构或热工构筑物，结构保温轻骨料混凝土主要用于既承重又保温的围护结构，结构轻骨料混凝土主要用于承重构件或构筑物。这三类轻骨料混凝土的强度等级和密度依次提高。

9.1.1.2　轻骨料的主要技术性质

轻骨料的性能直接影响轻骨料混凝土的性质。依据《轻集料及其试验方法　第 1 部分：轻集料》(GB/T 17431.1—2010)，轻集(骨)料的主要技术性质包括颗粒级配、粒型、吸水率、堆积密度、筒压强度、最大粒径及有害物质含量等。

1. 有害物质含量

轻骨料中的有害物质包括含泥量、泥块含量、硫化物和硫酸盐、有机物、氯化物及放射性物质等。

2. 颗粒级配

各种轻骨料和轻细骨料的颗粒级配应符合表 9－1 的规定。

表 9－1　轻骨(集)料的颗粒级配

轻集料	级配类别	工程粒级/mm	各号筛的累计筛余(按质量计)/%											
			37.5 mm	31.5 mm	26.5 mm	19.0 mm	16.0 mm	9.50 mm	4.75 mm	2.36 mm	1.18 mm	0.6 mm	0.3 mm	0.15 mm
细集料	—	0～5	—	—	—	—	—	0	0～10	0～35	20～60	30～80	65～90	75～100
粗集料	连续粒级	5～40	0～10	—	—	40～60	—	50～85	90～100	95～100	—	—	—	—
		5～31.5	0～5	0～10	—	—	40～75	—	90～100	95～100	—	—	—	—
		5～25	0	0～5	0～10	—	30～70	—	90～100	95～100	—	—	—	—
		5～20	0	0～5	—	0～10	—	40～80	90～100	95～100	—	—	—	—
		5～16	—	—	0	0～5	0～10	20～60	85～100	95～100	—	—	—	—
		5～10	—	—	—	—	0	0～15	80～100	95～100	—	—	—	—
	单粒级	10～16	—	—	—	0	0～15	85～100	90～100	—	—	—	—	—

轻细骨料的细度模数宜在2.3～4.0,5 mm筛的累计筛余不宜大于10%。

轻粗骨料的最大粒径为该轻粗骨料累计筛余百分率小于10%(按自重计)所对应筛的筛孔尺寸。若轻粗骨料的最大粒径过大,其颗粒表观密度小、强度较低,会使混凝土的强度降低。所以对于保温及结构兼保温轻骨料混凝土用的轻粗骨料,其最大粒径不宜大于40 mm;结构轻骨料混凝土用的轻骨料最大粒径不宜大于20 mm。人造轻骨料的最大粒径不宜大于19.0 mm。

3. **堆积密度**

堆积密度也称松散密度,是指轻骨料在某一级配条件下自然堆积状态时单位体积的质量。该体积包括骨料的内部孔隙和颗粒之间的空隙。

堆积密度与轻骨料的表观密度、粒径、粒型及颗粒级配有关,同时还与轻骨料的含水率有关。在颗粒级配和粒型相同的情况下,轻骨料的松散密度基本上与颗粒密度成比例,一般轻骨料的堆积密度约为表观密度的50%左右。轻骨料的粒径越大,堆积密度越小,原因是在其他因素相同时,粒径大的骨料间空隙和内部孔隙都较大。颗粒形状对堆积密度也有一定影响,呈圆球形的轻骨料,由于骨料间空隙较小,堆积密度较大,而碎石型轻骨料堆积密度则较小。在其他条件均相同的情况下,颗粒级配较好的轻骨料堆积密度较大。

堆积密度能较好地反映轻骨料的强度。骨料的堆积密度越大,强度越高。因此,堆积密度较低的轻骨料(小于300 kg/m^3)只能配制非承重的、保温用的轻骨料混凝土。堆积密度为300～500 kg/m^3 的轻骨料,宜配制强度等级CL15以下的结构保温轻骨料混凝土。结构用的高强轻骨料混凝土需采用堆积密度500 kg/m^3 以上的轻骨料。

4. **筒压强度**

筒压强度是评定轻粗骨料品质的重要指标。轻骨料混凝土的破坏机理与普通混凝土有所不同,通常不是沿着砂、石与水泥石的界面破坏,而是轻骨料本身首先破坏,因此轻骨料本身的强度对混凝土强度影响较大,是一项极其重要的质量指标。

测定轻骨料的强度通常采用筒压法,其指标是“筒压强度”。将10～20 mm粒级的轻粗骨料按要求装入特制的承压圆筒中,用冲压模压入20 mm深时的压力值,除以承压面积所得到的值来表示颗粒的平均相对强度。轻粗骨料在圆筒内受力状态是点接触、多向挤压破坏,间接反映了轻骨料颗粒总体的强度水平。

5. **吸水率**

轻骨料的吸水率主要以测定其干燥状态的吸水率作为评定轻骨料质量和确定混凝土拌合物附加水量的指标。吸水率过大会给混凝土带来不利的影响,工作性能难以控制,保温、抗冻、强度降低。

9.1.1.3 轻骨料混凝土的主要技术性质

依据《轻骨料混凝土应用技术标准》(JGJ/T 12—2019),轻骨料混凝土的主要技术指标有表观密度、强度、变形性质、导热性、抗冻性、抗渗性等。

1. **表观密度**

轻骨料混凝土按其干表观密度可分为14个等级,见表9-2所示。某一密度等级的轻骨料混凝土密度标准值,可取该密度等级干表观密度范围的上限值。

表 9-2　轻骨料混凝土的密度等级

密度等级	干表观密度的变化范围/(kg/m³)	密度等级	干表观密度的变化范围/(kg/m³)
600	560～650	1300	1260～1350
700	660～750	1400	1360～1450
800	760～850	1500	1460～1550
900	860～950	1600	1560～1650
1000	960～1050	1700	1660～1750
1100	1060～1150	1800	1760～1850
1200	1160～1250	1900	1860～1950

2. **强度**

轻骨料混凝土强度等级的确定方法与普通混凝土相似，采用标准方法制得的边长为 150 mm×150 mm×150 mm 的立方体试件，通过在标准试验条件下养护至 28 d 龄期测得的具有 95%以上保证率的抗压强度标准值(MPa)来确定，分为 LC5.0、LC7.5、LC10、LC15、LC20、LC25、LC30、LC35、LC40、LC45、LC50、LC55、LC60。结构轻骨料混凝土的强度等级应不低于 LC15，其轴心抗压与轴心抗拉的强度标准值应满足表 9-3的规定。

表 9-3　轻骨料混凝土的强度标准值

强度种类	轴心抗压	轴心抗拉
	f_{ck}	f_{tk}
LC15	10.0	1.27
LC20	13.4	1.54
LC25	16.7	1.78
I. C30	20.1	2.01
LC35	23.4	2.20
LC40	26.8	2.39
LC45	29.6	2.51
LC50	32.4	2.64
LC55	35.5	2.74
LC60	38.5	2.85

影响轻骨料混凝土强度的因素很多，如轻骨料的种类、性质、用量等。轻骨料混凝土的强度与其表现密度关系密切。一般来说，表观密度值越大，强度越高。轻粗骨料颗粒越坚硬，所配制的混凝土强度越高；反之，则强度越低。全轻混凝土的抗压强度低于砂轻混凝土。中、低强度等级的轻骨料混凝土的抗拉强度与抗压强度的比值为 1/7～1/5，略

高于普通混凝土。随着强度等级增高，其拉压比值略有下降。

3. 变形性质

与普通混凝土相比，轻骨料混凝土受力后变形性较大，弹性模量较小。轻骨料混凝土的干缩性及徐变均大于普通混凝土。

(1)弹性模量。

混凝土的弹性模量大小决定于混凝土的骨料和硬化水泥浆体的弹性模量以及两者的比例关系。由于轻骨料的弹性模量比砂石低，所以轻骨料混凝土的弹性模量普遍比普通混凝土低。根据轻骨料的种类、轻骨料混凝土强度及轻骨料在混凝土中的不同配比，轻骨料混凝土一般比普通混凝土低 25%～65%。而且强度越低，弹性模量比普通混凝土低得越多。另外，轻骨料的密度越小，弹性模量也越小。结构轻骨料混凝土弹性模量应通过试验确定，在缺乏试验资料时可按表 9-4 取值。

表 9-4　轻骨料混凝土的弹性模量 E_{LC} ($\times 10^2$ MPa)

强度等级	密度等级							
	1200	1300	1400	1500	1600	1700	1800	1900
LC15	94	102	110	117	125	133	141	149
LC20	108	117	126	135	145	154	163	172
LC25	—	131	141	152	162	172	182	192
LC30	—	—	155	166	177	188	199	210
LC35	—	—	—	179	191	203	215	227
LC40	—	—	—	—	204	217	230	243
LC45	—	—	—	—	—	230	244	257
LC50	—	—	—	—	—	243	257	271
LC55	—	—	—	—	—	—	270	285
LC60	—	—	—	—	—	—	282	297

(2)徐变。

轻骨料对混凝土徐变的影响与对弹性模量的影响基本相似。一般情况下，弹性模量较大的混凝土，相应的徐变较小，所以轻骨料混凝土的徐变要比普通混凝土大些。据试验测定，强度等级在 CL20～CL40 的轻骨料混凝土的徐变值比强度等级为 C20～C40 的普通混凝土约大 15%～40%。

在水泥用量相同的情况下，则轻骨料混凝土和普通混凝土的徐变相近。如果轻骨料的粒径、形状和表面特征不合适，造成水泥用量增加，则徐变值还将随之增大。轻骨料混凝土的徐变随强度的提高而减小。加荷龄期对轻骨料混凝土的徐变也有影响，早期加荷比晚期加荷徐变更大，其原因是轻骨料混凝土早期强度增长快的缘故。

(3)收缩。

轻骨料混凝土的水泥用量较大，弹性模量较低，限制水泥不收缩变形能力小，以及轻骨料颗粒的粒型和表面特征导致轻骨料混凝土水量增多等原因，都会导致轻骨料混凝土收缩增加。在气干条件下，轻骨料混凝土的最终收缩值约为0.4～1 mm/m，是同等强度普通混凝土收缩值的1～1.5倍。

试验结果证明，轻骨料混凝土的最终收缩值大于普通混凝土。由于多孔骨料吸收有大量水分，在早期逐渐释放出来，补偿了试件表面蒸发的水分。因此，轻骨料混凝土的早期收缩比普通混凝土小，直到后期才逐渐赶上和超过普通混凝土。全轻混凝土的收缩略高于砂轻混凝土。另外，轻骨料混凝土在热养护条件下可以减少收缩。

4. 导热性

由于轻骨料混凝土常被用作保温隔热材料，因此其热物理性能是很重要的性能。由于轻骨料具有许多封闭的孔隙，故轻骨料混凝土导热系数低，是理想的保温材料。

轻骨料混凝土的导热系数与其容积密度及含水状态有关，湿度每增加1%，热导率可增加3%～6%。干燥条件下的导热系数如表9-5所示。

表9-5　轻骨料混凝土的导热系数λ[W/(m·K)]

密度等级	600	700	800	900	1000	1100	1200	1300	1400	1500	1600	1700	1800	1900
导热系数	0.18	0.20	0.23	0.26	0.28	0.31	0.36	0.42	0.49	0.57	0.66	0.76	0.87	1.01

5. 抗冻性

轻骨料混凝土的抗冻性比较好，因为轻骨料内部有较多的孔，且这些孔隙不易被水饱和。混凝土受冻时，部分未受冻的水可以被结冰的膨胀压力挤入骨料的孔隙中，从而减少了膨胀压力及混凝土的内应力，因此采用轻骨料拌制的混凝土不添加引气剂也能获得良好的抗冻性。

如果轻骨料本身的抗冻性差，经冻融后易破裂，则以其配制的混凝土抗冻性也差。此时，即使加入引气剂也不能提高混凝土的抗冻性能。轻骨料混凝土的抗冻性能还与其强度有密切的关系。高强轻骨料混凝土具有优良的抗冻性能，而低标号的轻骨料混凝土则较差。

轻骨料混凝土不同使用条件的抗冻性应符合表9-6的要求。

表9-6　轻骨料混凝土的抗冻性

环境条件	抗冻等级
夏热冬冷地区	≥F50
寒冷地区	≥F100
寒冷地区干湿循环	≥F150
严寒地区	≥F150
严寒地区干湿循环	≥F200
采用除冰盐环境	≥F250

6. 抗渗性

为保证轻骨料混凝土具有良好的和易性，轻骨料混凝土中一般都加入了足量的矿物掺合料，通过火山灰反应和颗粒密实堆积作用使得界面区结构得到有效改善。另外，掺合料的掺入能够减少水泥用量，降低水化热，有助于减少因热应力而导致的微裂缝。因此，轻骨料混凝土比普通混凝土具有更好的抗渗性。

9.1.1.4　轻骨料混凝土的配合比设计

轻骨料混凝土的配合比设计应符合配制强度、密度、拌合物性能、耐久性能的规定，并应满足设计对轻骨料混凝土的其他性能要求。设计应采用工程实际使用的原材料，并应以合理使用材料和节约水泥等胶凝材料为原则。

1.配制强度的确定

轻骨料混凝土配制强度应按下式确定：

$$f_{cu,0} \geqslant f_{cu,k} + 1.645\sigma \tag{9-1}$$

式中：

$f_{cu,0}$——轻骨料混凝土的配制强度(MPa)；

$f_{cu,k}$——轻骨料混凝土立方体抗压强度标准值(MPa)，取混凝土的设计强度等级值；

σ——轻骨料混凝土强度标准差(MPa)。

混凝土强度标准差可根据同一品种、同一强度等级轻骨料混凝土统计资料计算确定，且试件组数不小于30组。当无统计资料时，强度标准差可按表9-7取值。

表9-7　轻骨料混凝土强度标准差σ取值

轻骨料混凝土强度等级	低于LC20	LC20～LC35	高于LC35
σ/MPa	4.0	5.0	6.0

2.耐久性能和长期性能要求

(1)具有抗裂要求的轻骨料混凝土配合比设计。

净水胶比不宜大于0.50，宜采用聚羧酸系高性能减水剂；试配的混凝土早期抗裂试验的单位面积上的总开裂面积不宜大于700 mm^2/m^2。

(2)具有抗渗要求的轻骨料混凝土配合比设计。

①最大净水胶比应符合表9-8规定。

表9-8　最大净水胶比

设计抗渗等级	最大净水胶比
P6	0.55
P8～P12	0.45
>P12	0.40

②每立方米轻骨料混凝土中的胶凝材料不宜小于320 kg。

③配制具有抗渗要求的轻骨料混凝土的抗渗水压值应比设计值提高0.2 MPa；抗渗试验结果应符合下式规定：

$$P_t \geqslant \frac{P}{10} + 0.2 \tag{9-2}$$

式中：

P_t——6 个试件中不少于 4 个未出现渗水时的最大水压值(MPa);

P——设计要求的抗渗等级值。

(3)具有抗冻要求的轻骨料混凝土。

①最大净水胶比和最小胶凝材料用量应符合 9-9 规定。

表 9-9　最大净水胶比和最小胶凝材料用量

设计抗冻等级	最大净水胶比		最小胶凝材料用量
	无引气剂时	掺引气剂时	
F50	0.50	0.56	320
F100	0.45	0.53	340
F150	0.40	0.50	360
F200	—	0.50	360

②复合矿物掺合料最大掺量应符合 9-10 规定。

表 9-10　复合矿物掺合料最大掺量

净水胶比	复合矿物掺合料最大掺量	
	采用硅酸盐水泥时	采用普通硅酸盐水泥时
≤0.40	55	45
>0.40	45	35

③引气剂掺量应经试验确定,使轻骨料混凝土含气量符合工程设计对轻骨料混凝土性能的要求。

④轻骨料混凝土抗氯离子渗透配合比。

净水胶比不宜大于 0.40,每立方米轻骨料混凝土中的胶凝材料不宜小于 350 kg,矿物掺合料掺量不宜小于 25%。

⑤轻骨料混凝土抗硫酸盐侵蚀配合比设计要求应符合表 9-11 规定。

表 9-11　轻骨料混凝土抗硫酸盐侵蚀配合比设计要求

抗硫酸盐等级	最净水胶比	矿物掺合料掺量/%
KS120	0.42	≥30
KS150	0.38	≥35
>KS150	0.33	≥40

3. 配合比设计参数选择

(1)不同配制强度的轻骨料混凝土的胶凝材料用量可按表 9-12 选用。胶凝材料中的水泥宜为 42.5 级普通硅酸盐水泥;轻骨料混凝土最大胶凝材料用量不宜超过 550 kg/m³;对于泵送轻骨料混凝土,胶凝材料用量不宜小于 350 kg/m³。

表 9-12　轻骨料混凝土的胶凝材料用量(kg/m³)

混凝土试配强度/MPa	轻骨料混凝土密度等级						
	400	500	600	700	800	900	1000
<5.0	260～320	250～300	230～280	—	—	—	—
5.0～7.5	280～360	260～340	240～320	220～300	—	—	—
7.5～10	—	280～370	260～350	240～320	—	—	—
10～15	—	—	280～350	260～340	240～330	—	—
15～20	—	—	300～400	280～380	270～370	260～360	250～350
20～25	—	—	—	330～400	320～390	310～380	300～370
25～30	—	—	—	380～450	370～440	360～430	350～420
30～40	—	—	—	420～500	390～490	380～480	370～470
40～50	—	—	—	—	430～530	420～520	410～510
50～60	—	—	—	—	450～550	440～540	430～530

注:表中下限值适用于圆球型和普通型轻粗骨料,上限值适用于碎石型轻粗骨料和全轻混凝土。

(2)矿物掺合料在轻骨料混凝土中的掺量应符合下列规定:

①钢筋混凝土中矿物掺合料最大掺量宜符合表 9-13 的规定,预应力混凝土中矿物掺合料最大掺量宜符合表 9-14 的规定。

表 9-13　钢筋混凝土中矿物掺合料最大掺量

矿物掺合料种类	净水胶比	最大掺量/%	
		采用硅酸盐水泥时	采用普通硅酸盐水泥时
粉煤灰	≤0.40	45	35
	>0.40	40	30
粒化高炉矿渣粉	≤0.40	65	55
	>0.40	55	45
钢渣粉	—	30	20
磷渣粉	—	30	20
硅灰	—	10	10
复合掺合料	≤0.40	65	55
	>0.40	55	45

表 9－14　预应力混凝土中矿物掺合料最大掺量

矿物掺合料种类	净水胶比	最大掺量/%	
		采用硅酸盐水泥时	采用普通硅酸盐水泥时
粉煤灰	≤0.40	35	30
	>0.40	25	20
粒化高炉矿渣粉	≤0.40	55	45
	>0.40	45	35
钢渣粉	—	20	10
磷渣粉	—	20	10
硅灰	—	10	10
复合掺合料	≤0.40	55	45
	>0.40	45	35

②对于大体积混凝土、粉煤灰、粒化高炉矿渣粉和复合掺合料的最大掺量可增加5%。

③采用掺量大于30%的C类粉煤灰的混凝土应以实际使用的水泥和粉煤灰掺量进行安定性检验。

④采用其他通用硅酸盐水泥时，宜将水泥混合材掺量20%以上的部分计入矿物掺合料。

⑤在混合使用两种或两种以上矿物掺合料时，矿物掺合料总掺量应符合表9－13和表9－14的规定。

⑥符合矿物掺合料各组分的掺量不宜超过单掺时的最大掺量，矿物掺合料最终掺量应通过试验确定。

(3)轻骨料混凝土的净用水量可按表9－15确定，并应根据采用的外加剂，对其性能经试验调整后确定。

表 9－15　轻骨料混凝土的净用水量

轻骨料混凝土成型方式	拌合物性能要求		净用水量/(kg/m^3)
	维勃稠度/s	坍落度/mm	
振动加压成型	10～20	—	45～140
振动台成型	5～10	0～10	140～160
振捣棒或平板振动器振实	—	30～80	160～180
机械振捣	—	150～200	140～170
钢筋密集机械振捣	—	≥200	145～180

(4)确定砂率。

轻骨料混凝土的砂率应以体积砂率表示。当采用松散体积法设计配合比时，表中数值为松散体积砂率；当采用绝对体积法设计配合比时，表中数值为绝对体积砂率。轻骨料混凝土的砂率可按表9－16选用。

表 9-16 轻骨料混凝土的砂率

施工方式	细骨料品种	砂率/%
预制构件	轻砂	35～50
	普通砂	30～40
现浇混凝土	轻砂	40～55
	普通砂	35～45

当混合使用普通砂和轻砂作细骨料时，砂率宜取中间值，宜按普通砂和轻砂的混合比例进行插值计算。当采用圆球型轻粗骨料时，砂率宜取表中值下限；采用碎石型时，则宜取上限。对于泵送现浇的轻骨料混凝土，砂率宜取表中的上限值。

(5)当采用松散体积法设计配合比时，粗细骨料松散状态的总体积可按表 9-17 选用。当采用膨胀珍珠岩砂时，宜取表中的上限值。

表 9-17 粗、细骨料松散堆积的总体积

轻粗骨料粒型	细骨料品种	粗细骨料总体积/m^3
圆球型	轻砂	1.25～1.50
	普通砂	1.10～1.40
碎石型	轻砂	1.35～1.65
	普通砂	1.15～1.60

4.**配合比计算与调整**

轻骨料混凝土配合比计算可采用松散体积法，也可采用绝对体积法。配合比计算中粗细骨料用量均以干燥状态为基准。

(1)采用松散体积法计算。

①按表 9-12 选择胶凝材料用量，按下列公式计算矿物掺合料用量和水泥用量：

$$m_f = m_b \times \beta_f \tag{9-3}$$

$$m_c = m_b - m_f \tag{9-4}$$

式中：

m_f——每立方米轻骨料混凝土中矿物掺合料用量(kg)；

m_b——每立方米轻骨料混凝土中胶凝材料用量(kg)；

β_f——矿物掺合料掺量(%)；

m_c——每立方米轻骨料混凝土中水泥用量(kg)。

②按规定选择净用水量和松散堆积砂率。根据粗细骨料的类型，选用粗、细骨料总体积，并按下列公式计算每立方米混凝土的粗、细骨料用量：

$$V_{slb} = V_{tlb} \times \beta_s \tag{9-5}$$

$$m_s = V_{slb} \times \rho_{slb} \tag{9-6}$$

$$V_{alb} = V_{tlb} - V_{slb} \tag{9-7}$$

$$m_a = V_{alb} \times \rho_{alb} \tag{9-8}$$

式中：

V_{slb}、V_{alb}——分别为每立方米细骨料、粗骨料的松散堆积体积(m^3)；

V_{tlb}——为每立方米粗细骨料的总松散堆积体积(m^3)；

m_s、m_a——分别为每立方米细骨料和粗骨料的用量(kg)；

β_s——松散体积砂率(%)

ρ_{slb}、ρ_{alb}——分别为细骨料和粗骨料的堆积密度(kg/m^3)。

③按下式计算总用水量，在采用预湿的轻骨料时，净用水量应取为总用水量。

$$m_{wt}=m_{wn}+m_{wa} \tag{9-9}$$

式中：

m_{wt}——每立方米轻骨料混凝土的总用水量(kg)；

m_{wn}——每立方米轻骨料混凝土的净用水量(kg)；

m_{wa}——每立方米轻骨料混凝土的附加水量(kg)。

④按下式计算轻骨料混凝土的干表观密度ρ_{cd}，并与设计要求的干表观密度进行对比，当其误差大于2%时，则应重新调整和计算配合比。

$$\rho_{cd}=1.15m_b+m_a+m_s \tag{9-10}$$

(2)采用绝对体积法计算。

按照相同方法确定胶凝材料用量、矿物掺合料和水泥用量、净用水量、绝对体积砂率。

按下列公式计算粗细骨料的用量：

$$V_s=\left[1-\left(\frac{m_c}{\rho_c}+\frac{m_{wn}}{\rho_w}\right)\div 1000\right]\times S_p \tag{9-11}$$

$$m_s=V_s\times\rho_s \tag{9-12}$$

$$V_a=\left[1-\left(\frac{m_c}{\rho_c}+\frac{m_{wn}}{\rho_w}+\frac{m_s}{\rho_s}\right)\div 1000\right] \tag{9-13}$$

$$m_s=V_a\times\rho_{ap} \tag{9-14}$$

式中：

V_s、V_a——分别为每立方米混凝土的细骨料、轻粗骨料的绝对体积(m^3)；

m_c——每立方米混凝土的水泥用量(kg)；

m_{wn}——每立方米混凝土的净用水量(kg)；

m_s、m_a——分别为每立方米混凝土的细骨料、粗骨料用量(kg)；

S_p—绝对体积砂率(%)

ρ_c——水泥的表观密度，可取2.9～3.1(g/cm^3)；

ρ_w——水的密度，可取1.0(g/cm^3)；

ρ_s——细骨料密度，采用普通砂时，为砂的相对密度，可取2.6(g/cm^3)；

ρ_{ap}——粗骨料的表观密度(kg/m^3)。

按照和松散体积法相同的方法计算总用水量，进行配合比的校准。

5.**适配调整**

计算出的轻骨料混凝土配合比必须通过试配，予以调整。

(1)以计算的混凝土配合比为基础，再选取与计算配合比胶凝材料相差±10%的相邻两个胶凝材料用量，用水量不变，砂率相应适当增减，分别按3个配合比拌制混凝土拌和物。测定拌和物的稠度，调整用水量，以达到要求的稠度为止。

(2)按校正后的3个混凝土配合比进行试配，检验混凝土拌和物的稠度和湿表观密度，制作确定混凝土抗压强度标准值的试块，每种配合比至少制作1组。

(3)标准养护28d后，测定混凝土抗压强度和干表观密度。最后，以既能达到设计要求的混凝土配制强度和干表观密度又具有最小胶凝材料用量的配合比作为选定的配合比。

(4)对选定配合比进行质量校正。其方法是先按公式(9－15)计算出轻骨料混凝土的计算湿表观密度，然后再与拌和物的实测振实湿表观密度相比，按公式(9－16)计算校正系数：

$$\rho_{cc}=m_a+m_s+m_b+m_{wt} \tag{9-15}$$

$$\eta=\frac{\rho_{c0}}{\rho_{cc}} \tag{9-16}$$

式中：

η——校正系数；

ρ_{cc}——按配合比各组成材料计算的湿表观密度(kg/m^3)；

ρ_{c0}——混凝土拌和物的实测湿表观密度(kg/m^3)；

m_a、m_s、m_b、m_{wt}—分别为配合比计算所得的粗骨料、细骨料、胶凝材料用量和总用水量(kg/m^3)。

选定配合比中的各项材料用量均乘以校正系数即为最终的配合比。

9.1.1.5　轻骨料混凝土的施工

由于轻骨料混凝土中轻骨料表观密度小，孔隙大，吸水性强，在施工过程中应注意如下问题。

(1)为使轻骨料混凝土拌合物的和易性和W/B相对稳定，拌制前最好先将轻骨料进行预湿，预湿方法是将轻骨料在水中浸泡1 h后，捞出晾至表干无积水即可。在投料搅拌前，应先测定骨料含水率。

(2)轻骨料混凝土拌合物必须采用强制式搅拌机搅拌。为防止轻骨料拌制过程中上浮，可采取如下措施：

①以适宜掺量的掺合料等量代替部分水泥可以增加水泥浆体的黏度。掺合料最好是硅灰、天然沸石粉，其次是粉煤灰。

②尽量采用强制式搅拌机搅拌。搅拌时先加粗细骨料、水泥及掺合料，干拌1 min后，加1/2拌合用水，再搅拌1 min后，加剩余的1/2水，断续搅拌2 min以上即可出料。如掺外加剂，可将外加剂融入后加的1/2水中。

③在保证不影响浇筑的前提下，采用小坍落度。

(3)为防止拌合物离析，除在配料设计中采取措施外，应尽量缩短拌合物的运输距离。如在浇筑前发现已严重离析，应重新进行搅拌。

(4)尽量采用机械振捣进行捣实，如坍落度小于10 mm，应采用加压振动方式进行捣实。

(5)应特别注意养护早期的保温，表面应盖草毡并洒水，常温养护时间视水泥品种不同应不少于7～14 d，采用蒸汽养护应控制升温速度和降温速度。

9.1.1.6　轻骨料混凝土的应用

轻骨料混凝土有很多优良的性能，随着混凝土技术的发展，可以使轻骨料混凝土的密度更低，保温隔热性更好，强度也可以更高。因此，轻骨料混凝土的应用越来越广泛，主要用于以下几个方面。

1. 制作预制保温墙板、砌块

一般屋面板预制墙板的厚度为 6～8 cm，用 ϕ6～8 mm 钢筋作增强材料，表观密度为 1200～1400 kg/m^3，强度等级为 CL5.0～CL7.5。

预制陶粒混凝土砌块有普通砌块和空心砌块两种。普通砌块强度等级为 CL10～CL15，可用于多层建筑的承重墙砌筑，空心砌块强度等级为 CL5.0～CL7.5，主要用于框架结构建筑的保温隔热填充墙体的砌筑。

2. 预制或现浇保温屋面板

用作屋面保温隔热层的面板厚度一般为 10～12 cm，强度等级为 CL7.5～CL10.0，用 ϕ8 钢筋作增强材料。

3. 现浇楼板材料

对于一些高层建筑，利用轻骨料混凝土作楼板材料，可以大大降低建筑物的自重。

4. 浇制钢筋轻骨料混凝土剪力墙

在用作结构的同时，还可以起保温隔热、隔声作用。

9.1.2　多孔混凝土

多孔混凝土是在混凝土砂浆或净浆中引入大量气泡而制得的混凝土。根据引气的方法不同，分为加气混凝土和泡沫混凝土两种。多孔混凝土的干体积密度一般为 300～800 kg/m^3，是轻质混凝土中体积密度最小的混凝土。其强度较低，一般为 5.0～7.0 MPa，主要用于墙体或屋面的保温。

9.1.2.1　加气混凝土

加气混凝土是通过发气剂使水泥料浆拌合物发气产生大量孔径为 0.5～1.5 mm 的均匀封闭气泡，并经蒸压养护硬化而成的一种多孔混凝土。图 9-3 为加气混凝土砌块。

图 9-3　加气混凝土砌块

加气混凝土的原材料主要有钙质原料、硅质原料及用于发泡的外加剂。

1. 钙质原料

水泥和石灰是加气混凝土中的钙质材料。水泥在加气混凝土中可以作为单一钙质材料，也可以与石灰一起作为混合钙质材料。

钙质材料为加气混凝土中的水化硅酸钙提供 CaO，水泥水化产物的碱性环境有利于发气剂的发气，水化放出的热量可以提高料浆温度，加速料浆的水化硬化。此外，水泥可以保证加气混凝土施工必要的和易性、硬化后制品的强度。

2. 硅质原料

只要有石英砂、粉煤灰、煤矸石、矿渣等，硅质原料的主要作用是为加气混凝土的主要强度组分水化硅酸钙提供 SiO_2。

3. **外加剂**

加气混凝土的外加剂是发气剂，还有少量稳泡剂和调节剂。发气剂是生产加气混凝土的关键原材料，它不仅能在浆料中发气形成大量细小而均匀的气泡，同时对混凝土性能不会产生不良影响。发气剂的材料主要有铝粉、过氧化氢、漂白粉等，从生产成本、发气效果等多方面因素考虑，铝粉的应用最为广泛。铝粉是金属铝经磨细而成的白色粉末，其发气原理是金属铝在碱性条件下与水发生置换反应产生氢气。

经发气膨胀后的料浆很不稳定，形成的气泡很容易逸出或破裂，影响了料浆中气泡的数量和气泡尺寸的均匀性。为减少这些现象的发生，在料浆配制时掺入一些可以降低表面张力、改变固体湿润性的表面活性物质来稳定气泡，这种物质称为气泡稳定剂。常用的气泡稳定剂有氧化石蜡皂、可溶性油类等。

为了在加气混凝土生产中对发气速度、料浆的稠化时间、混凝土硬化时间等技术参数进行控制，往往要加入一些物质对这些参数进行调节。常用的调节剂有纯碱和烧碱，主要起提高发气速度、激发矿渣和粉煤灰活性的作用；石膏的作用和在水泥中相似，主要是起缓凝作用；水玻璃主要是用于延缓发气速度；硼砂的作用是延缓水泥的凝结硬化速度。

体积密度是加气混凝土的主要性能指标，随着体积密度的变化，加气混凝土的其他性能也相应改变。加气混凝土的体积密度取决于这种混凝土的总孔隙率，目前各国趋向生产体积密度 500 kg/m^3 的加气混凝土，总孔隙率约为 79%，一般用调节发气剂的掺量来控制加气混凝土的体积密度。

加气混凝土的强度主要以抗压强度来表示，与体积密度、孔壁强度及气孔结构有关。抗压强度随体积密度的增大而提高，因为体积密度越大，孔隙率越低，气孔孔径降低，孔壁厚度增加，有效承载面积增大。一般情况下，干体积密度每增加 100 kg/m^3，抗压强度平均提高 1.0～1.5 MPa。

9.1.2.2 泡沫混凝土

泡沫混凝土是在配制好的含有胶凝物质的料浆中加入泡沫而形成的多孔坯体，并经养护形成的多孔混凝土。

泡沫混凝土的主要原材料为水泥、石灰、活性掺合料、发泡剂及对泡沫有稳定作用的稳泡剂，必要时还可以掺入早强剂等外加剂。发泡剂是配制泡沫混凝土的关键原料，目前用于泡沫混凝土的发泡剂主要有宁联牌 UG－FP 型发泡剂、造纸厂废液发泡剂、牲血发泡剂、松香皂发泡剂等。泡沫混凝土的强度较低，只能作为围护材料和保温隔热材料。

9.1.3 轻骨料多孔混凝土

轻骨料多孔混凝土是在轻骨料混凝土和多孔混凝土基础上发展起来的一种混凝土。清华大学冯乃谦教授在 1974 年与北京加气混凝土厂合作，利用铝粉为发气剂，以页岩或天然浮石为轻骨料，水泥和粉煤灰为胶结料，研制和生产以墙板为主要产品的轻骨料加气混凝土。蒸汽养护后表观密度为 950～1000 kg/m^3，抗压强度可达 7.5～10.0 MPa。

轻骨料多孔混凝土的施工制作与加气混凝土或泡沫混凝土类似，只是在原加气混凝土或泡沫混凝土中加入轻骨料。

轻骨料多孔混凝土的强度、弹性模量、抗渗性等基本介于多孔混凝土和轻骨料混凝土之间，但与相同表观密度的轻骨料混凝土、多孔混凝土相比，轻骨料多孔混凝土保温隔热性能和隔声性能最好。

9.1.4 大孔混凝土

大孔混凝土是不用或加入很少的细骨料，而是由粗骨料、胶凝材料、水及外加剂拌和配制而成的具有大量较大孔径的轻质混凝土。粗骨料可以是一般的碎石或卵石，也可以是各种陶粒等轻骨料。用普通碎石或卵石作骨料的大孔混凝土，称为普通大孔混凝土；用陶粒等轻骨料的大孔混凝土，称为轻骨料大孔混凝土。普通大孔混凝土的表观密度为1200～1900 kg/m^3，轻骨料大孔混凝土的表观密度为150～1000 kg/m^3。

大孔混凝土(见图 9-4)中大孔的形成是因为配制混凝土时不加或加入很少的细骨料，如果对水泥浆体量加以控制，水泥浆体只作为粗骨料之间的胶结料而没有多余的料浆对粗骨料之间的孔隙进行填充，粗骨料之间的孔隙就成为混凝土的大孔。

图 9-4　大孔混凝土

大孔混凝土的孔隙率和孔尺寸与粗骨料的粒径及级配有关。级配越均匀，孔的数量越多，孔隙率也就越高。孔径尺寸从理论上说应接近粗骨料的粒径。

大孔混凝土的抗压强度取决于骨料的类型、选用的粒径以及水泥和水的用量。骨料粒度越小，外形越粗短，强度越高。其主要原因是在这种情况下骨料之间接触点的数目增加。

由于大孔混凝土结构的特殊性，不需要像普通混凝土那样采用振捣的方法使新拌混凝土产生塑性流动而致密。在施工时，一方面要保证粗骨料之间能够相互“架拱”形成更多的孔隙，以达到降低混凝土体积密度的目的；另一方面又要求水泥料浆能够将粗骨料全部包裹住，形成胶结层，把骨料牢固黏结在一起。施工时严禁采用机械振捣。

9.2 高性能混凝土

高性能混凝土(high performance concrete，HPC)是 20 世纪 80 年代末 90 年代初，一些发达国家基于混凝土结构耐久性设计提出的一种全新概念的混凝土，它以耐久性为首要设计指标。近年来，高性能混凝土在建筑工程中的应用越来越广泛，对它的研究也越来越多并得到了很大的重视。发达国家掀起了高性能混凝土开发研究的热潮，以美国为代表包括德国、瑞典、挪威、日本等国家都在推进实施高性能混凝土研究的国家计划。

在我国，自从 20 世纪 90 年代清华大学向国内介绍高性能混凝土以来，高性能混凝土的研究与应用在我国得到了空前的重视和发展。中国工程院土木水利与建筑学部由陈肇元院士负责编写了中国土木工程学会第一个标准《混凝土结构耐久性设计与施工指南》(CCES 01－2004)。住房和城乡建设部出版了《普通混凝土长期性能和耐久性能试验方法标准》(GB/T 50082—2009)。这些标志着高性能混凝土理论、技术和实践在我国得到很大发展。随着我国经济的发展和建筑技术的进步，高性能混凝土在建筑工程中的应用会越来越广泛。

9.2.1 高性能混凝土的原材料

选用优质的、符合一定质量要求的水泥和骨料，同时选用合适的外加剂和矿物掺合料，是配制高性能混凝土的基本条件，也是必要条件。

1.骨料

高性能混凝土对骨料的技术指标如杂质含量、最大粒径和颗粒级配、颗粒形态、碱活性等都有严格的要求。可通过改变粗骨料的加工工艺，改善骨料的粒形和级配，同时不必追求骨料的高强度。

2.矿物掺合料

降低水泥用量，由水泥、粉煤灰或磨细矿渣粉等共同组成合理的胶凝材料体系。掺入矿物掺合料可改善新拌混凝土的和易性，降低混凝土初期水化热，减少温度裂缝。掺合料通过与水泥水化产物 $Ca(OH)_2$ 的火山灰反应，能够改善混凝土的抗化学侵蚀性能，提高混凝土密实度，保证混凝土的耐久性。

3.外加剂

在高性能混凝土中加入高效减水剂，如萘系和聚羧酸系高效减水剂，可保证混凝土在低水胶比的情况下获得高的流动度，满足施工要求。高效减水剂的掺量应控制在合适的范围，其掺量超过一定值时，继续增加掺量的减水效果增加不明显，且价格高昂。在使用高效减水剂时复合一定剂量的引气剂，保证混凝土拌合物具有 3%～5%的含气量，对于混凝土体积稳定性和耐久性具有重要意义。

9.2.2 配合比参数

1.水胶比

水胶比是混凝土配合比设计的重要参数，对高性能混凝土同样重要。水泥要达到完全水化所需的用水量约为水泥用量的 25%，由于物理吸附作用有约 15%的水被限制在胶体空隙中而不能参与水化。因此水胶比至少要达到 0.40，这样才能保证水泥完全水化。但实践证明，当水胶比降到 0.40 以下时，混凝土的强度随着水胶比的降低反而提高。这时尽管水泥水化不完全，而较低的水胶比能够降低混凝土的孔隙率并减小孔隙尺寸，未水化的水泥颗粒可以作为一种微细集料发挥作用。

低水胶比是高性能混凝土的技术特征，是矿物掺合料发挥作用的基础和前提条件，可依靠减水剂实现混凝土的低水胶比。在水胶比小于 0.40 大范围内，微小的变化可能使强度有较大的变化，所以严格控制水胶比是保证高性能混凝土质量的一个关键。

2.浆骨比

在水胶比一定的情况下，用水量和胶凝材料体积总用量与集料的体积总用量之比即为浆骨比。浆骨比主要影响混凝土的工作性，也影响混凝土的耐久性，在一定程度上还影响混凝土的强度、弹性模量和干缩率。有足够的浆体浓度和数量，才能得到良好的工作性，保证混凝土的耐久性。现行国家标准对不同环境中使用的混凝土规定了最小胶凝材料用量，这主要是因为胶凝材料用量太少时，不可能保证良好的工作性，可使混凝土离析、分层，各种外加剂的效果也会变得很差而无意义，而且硬化后混凝土的薄弱界面数量将急剧增多，大大削弱混凝土抵抗腐蚀性介质侵蚀的能力。因此，没有足够的胶凝材料总量，就不能使混凝土拥有良好的工作性,更不可能使混凝土具有高耐久性。一般来说,保证混凝土耐久性的胶凝材料总量最少也不能小于 300 kg/m³,重要的工程混凝土的胶凝材料总量还会提高。浆骨比也不宜过大,否则会加大水化热造成的温升和混凝土的收缩。

3. *砂率*

在水泥浆量一定的情况下,砂率主要影响混凝土的工作性。高性能混凝土由于单位用水量低,砂浆量要由增加砂率来补充,因此砂率都是比较大的。当集料为连续级配时,泵送混凝土的砂率应提高 4%～5%,而当石子级配不好时,砂率则应提高更多。砂率的大小与砂的粗细、级配和石子的粒径、级配有关。当砂子的细度模数大而石子最大粒径小时,应减少石子用量。

9.2.3 配合比设计

高性能混凝土的组分复杂,影响其性能的因素繁多。尤其是目前对高性能混凝土的理解尚有差异,所以对高性能混凝土的配合比设计尚无统一的成熟方法。近年来,国内外学者对高性能混凝土配合比设计进行了大量的研究,提出了许多方法。

目前国内外高性能混凝土研究普遍采用的技术路线是低水胶比、高效减水剂和超细活性矿物掺合料的复合技术。由于高性能混凝土采用不同的矿物掺合料和化学外加剂,以及对混凝土材料的新要求,包括新拌混凝土的流动性和硬化混凝土性能,混凝土拌和物的组成变得很复杂。就普通混凝土而言,几乎每个国家都有自己的配合比设计方法,现阶段还不存在最好的设计方法,对于高强、高性能混凝土而言,统一的配合比设计更尚待研究。

9.3 自密实混凝土

混凝土作为一种经久耐用的建筑材料,其性能的好坏除与材料本身有关外,还与施工过程中的人员操作有关。一些人为因素,如振捣不密实或过振等会引起一些质量问题。自密实混凝土也称为免振捣混凝土,是一种高性能混凝土,是以耐久性为主要的设计指标,重点强调工作性的混凝土。它是在较低水胶比条件下,通过外加剂、胶凝材料和粗细骨料的选择与搭配,使流动性显著提高,并且使用过程中不能离析和泌水。这种混凝土拌合物在制造、运输、浇灌时不会离析,能在自重下自行填充模板内的空间,形成均匀密实的结构,硬化后具有良好力学性能及耐久性能。

在 1986 年 2 月日本水泥协会主办的混凝土研讨会上,东京大学混凝土实验室的岗村甫教授指出"日本熟练工人的减少势必会给混凝土结构的耐久性带来负面影响",并且建议开发一种不受施工质量好坏影响的免振捣混凝土。如果开发出免振捣混凝土,取消施工中的振捣工序,让混凝土在自身重力的作用下自动充填密实成型,就可以避免人为因素的影响,浇筑出密实可靠的混凝土结构。1988 年夏天,东京大学土木系混凝土研究室成功配制出了第一号免振自密实混凝土,并对其自身收缩、干缩、水化热及硬化后的强度和致密性等综合性能进行了研究。1996 年,岗村甫教授在美国得克萨斯大学讲学时,把该混凝土称为自密实高性能混凝土。成功开发了第一号自密实混凝土之后,东京大学混凝土实验室邀请了 100 余位日本建筑业混凝土技术人员进行了公开试验,取得了极佳的效果并且获得了极大的反响。之后,在各种各样的建筑工程以及预制件厂进行的现场施工试验均取得了很好的效果,从此自密实混凝土正式登上了混凝土工程的舞台。

国内自密实混凝土的研究与应用最开始在20世纪90年代,北京城建集团于1996年9月申请了免振捣自密实混凝土的专利。1999年江苏省建筑科学研究院采用增稠剂和掺合料的综合方法,配制出免振捣、自密实高性能混凝土。近年来,关于自密实混凝土理论研究工作有了长足进展,已从最初的配制方法、施工技术和质量控制方面转向更深层次的混凝土性能研究、开发新型外加剂及掺合料、配合比设计、经济性研究等方面。自密实混凝土的应用范围也在不断扩大,目前已广泛用于各类工业民用建筑、道路、桥梁、隧道及水下工程、预制构件中,并且出现了自密实混凝土与其他新型高技术混凝土,如纤维增强混凝土等相结合使用的趋势。这些都有利于自密实混凝土的进一步发展。

9.3.1 自密实混凝土的原材料

依据《自密实混凝土应用技术规程》(JGJ/T 283—2012),配制自密实混凝土的原材料应满足以下要求:

(1)配制自密实混凝土宜采用硅酸盐水泥或普通硅酸盐水泥,掺合料可采用粉煤灰、粒化高炉矿渣粉、硅灰等,且各项指标都应满足相应国家标准的要求。

(2)粗骨料宜采用连续级配或两个及以上单粒径级配搭配使用,最大公称粒径不宜大于20 mm;对于结构紧密的竖向构件、复杂形状的结构以及有特殊要求的工程,粗骨料的最大公称粒径不宜大于16 mm。粗骨料的针、片状颗粒含量、含泥量及泥块含量应符合表9-18的规定。

表9-18 粗骨料的针片状颗粒含量、含泥量及泥块含量限值

项目	针片状颗粒含量	含泥量	泥块含量
指标	≤8	≤1.0	≤0.5

若采用轻骨料,则宜采用连续级配,性能指标应符合表9-19的规定。

表9-19 用于自密实混凝土的轻骨料性能指标

项目	密度等级	最大粒径	粒形系数	24 h吸水率
指标	≥700	≤16 mm	≤2.0	≤10%

(3)细骨料宜采用级配Ⅱ区的中砂。天然砂的含泥量、泥块含量应符合表9-20的规定,人工砂的石粉含量应符合表9-21的规定。

表9-20 天然砂的含泥量及泥块含量限值

项目	含泥量	泥块含量
指标	≤3.0	≤1.0

表9-21 人工砂的石粉含量限值

项目		指标		
		≥C60	C55～C30	≤C25
石粉含量/%	MB<1.4	≤5.0	≤7.0	≤10.0
	MB≥1.4	≤2.0	≤3.0	≤5.0

9.3.2 自密实混凝土的工作性

1. 工作性要求

混凝土的工作性一般是指拌合物易于各工序施工操作（搅拌、运输、浇筑、振捣），并能获得质量均匀、成型密实的混凝土的性能。对于自密实混凝土，其工作性能的含义有所扩大。目前，一般认为自密实混凝土的工作性能大致包括以下三个方面。

（1）填充性。

填充性是指混凝土拌合物在无须振捣的情况下，能够均匀密实成型的性能。它可以保证混凝土有足够的流动能力绕过障碍物，到达模型内任何地方，与混凝土的流动性有关。

（2）间隙通过性。

间隙通过性是指拌合物均匀通过狭窄间隙的性能。它可以保证混凝土穿越钢筋间隙时不发生堵塞。一般来说，混凝土流动性即其自身的变形能力，评价流动性和抗离析性的主要指标就是混凝土的填充能力。而间隙通过性本身其实也是一定约束条件下的填充能力，并且很大程度上取决于间隙的间距和混凝土的抗离析性。

（3）抗离析性。

抗离析性是指混凝土拌合物中各组分保持均匀分散的性能。应保证混凝土质量均匀一致，不泌水，骨料不离析。

自密实混凝土的工作性可通过不同的试验方法进行测试，《自密实混凝土应用技术规程》（JGJ/T 283—2012）对自密实混凝土的工作性能的要求见表 9－22。

表 9－22 自密实混凝土的工作性能与应用

工作性能	性能指标	性能等级	技术要求	应用范围
填充性	坍落扩展度/mm	SF1	550～655	从顶部浇筑的无配筋或配筋较少的混凝土结构物；泵进浇筑施工的工程；截面较小，无须水平长距离流动的竖向结构物
		SF2	660～755	适合一般的普通钢筋混凝土结构
		SF3	760～850	适用于结构紧密的竖向构件、形状复杂的结构等（粗骨料最大公称粒径宜小于 16 mm）
		VS1	≥2	适合一般的普通钢筋混凝土结构
	扩展时间 T_{500}/s	VS2	＜2	适用于配筋较多的结构或有较高混凝土外观性能要求的结构，应严格控制
间隙通过性	坍落扩展度与 J 环扩展度差值/mm	PA1	25＜PA1≤50	适用于钢筋净距 80～100 mm
		PA2	0≤PA1≤25	适用于钢筋净距 60～80 mm
抗离析性	离析率/%	SR1	≤20	适用于流动距离小于 5 m、钢筋净距大于 80 mm 的薄板结构和竖向结构
		SR2	≤15	适用于流动距离超过 5 m、钢筋净距大于 80 mm 的竖向结构。也适用于流动距离小于 5 m、钢筋净距小于 80 mm 的竖向结构，当流动距离超过 5 m，SR 值宜小于 10%
	粗骨料振动离析率/%	f_m	≤10	

2. 试验方法

(1)坍落扩展度及 T_{500} 时间。

坍落度是用来评价混凝土拌和物流动性的最常用的方法。但是当混凝土拌和物的坍落度大于 250 mm 时,就显得无能为力了。为弥补这一点,一种普遍采用的方法是测量坍落扩展度以及扩展速度。坍落扩展度为坍落度筒提起至混凝土拌合物停止流动后,测量坍落扩展面最大直径和与最大直径呈垂直方向的直径的平均值。坍落扩展度不但是衡量混凝土拌和物流动性好坏的一个很直观的方法,而且也可以从坍落扩展度的过程中判断混凝土拌和物的抗离析性能。

扩展速度是通过从坍落度筒上提开始计时,至拌合物坍落扩展面直径达到 500 mm 时的时间来计量的。国内外研究和实践表明,相比于坍落度测试,坍落扩展度测试指标与混凝土的自密实性能相关性较好。通过 T_{500} 流动时间测试可以评价拌合物的黏度,T_{500} 越小拌合物黏度越低,拌合物的流动越快。

(2)J 型环扩展度。

本试验用于测试自密实混凝土拌合物的间隙通过性。用坍落度筒外加钢筋围成中心直径为 300 mm 的圆环测试扩展度。圆环外径为 330 mm、内径为 270 mm,四周均匀分布 16 根 ϕ16 mm×100 mm 的钢筋(见图 9-5)。

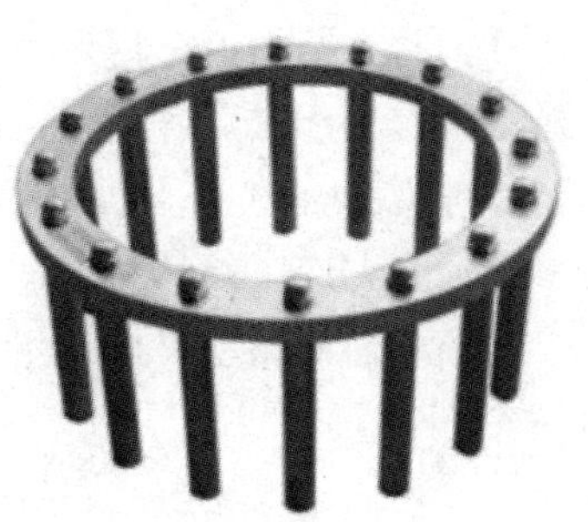
图 9-5 J 型环

将坍落度筒倒置在底板中心,并与 J 型环同心。然后将混凝土一次性填充至满,用刮刀刮除坍落度筒顶部及周边混凝土余料,随即将坍落度筒沿垂直方向连续地向上提起。待混凝土停止流动后,测量展开扩展面的最大直径以及与最大直径呈垂直方向的直径。J 型环扩展度应为混凝土拌合物坍落扩展终止后扩展面相互垂直的两个直径的平均值。间隙通过性指标 PA 为坍落扩展度与 J 型环扩展度差值。

(3)离析率筛析试验。

本试验所用的盛料器应采用钢或不锈钢,内径为 208 mm,分上下两节,可拆卸,上节高度为 60 mm,下节带底净高为 234 mm,在上、下层连接处需加宽 3~5 mm,并设有橡胶垫圈(见图 9-6)。

应先取 10±0.5 L 的混凝土置于盛料器中,放置在水平位置上,静置 15±0.5 min。将 4.75 mm 的方孔筛固定在托盘上,然后将盛料器上节混凝土移出,用天平称量其质量 m_0。倒入方孔筛,静置 120±5 s 后,先把方孔筛及筛上的混凝土移走,用天平称量筛孔流到托盘上的浆体质量 m_1,混凝土拌合物离析率 SR 应按下式计算:

$$\mathrm{SR}=\frac{m_1}{m_0}\times 100\% \tag{9-17}$$

(4)振动离析率跳桌试验。

检测筒应采用硬质、光滑、平整的金属板制成,检测筒内径应为 115 mm,外径应为 135 mm,分三节,每节高度均应为 100 mm,并应用活动扣件固定(见图 9-7)。跳桌振幅应为 25±2 mm。

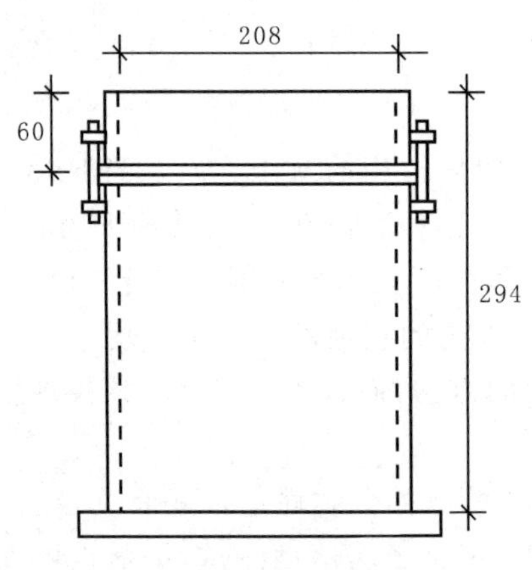

图 9-6 离析率筛析法盛料器

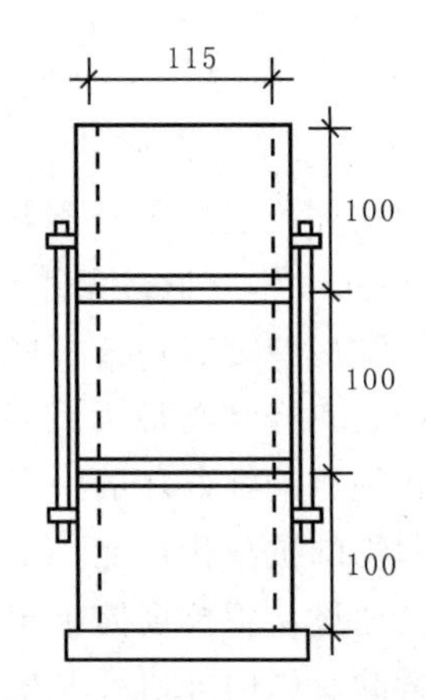

图 9-7 振动离析率法检测筒

将自密实混凝土拌合物用料斗装入稳定性检测筒内，装满平至料斗口后静置 1 min，用抹刀将多余的拌合物除去并抹平，但不得压抹。应将检测筒放置在跳桌上，使跳桌跳动 25 次。分节拆除检测筒，并将每节筒内拌合物装入孔径为 4.75 mm 的方孔筛子中，用清水冲洗拌合物，筛除浆体和细骨料。将剩余的粗骨料用海绵拭干表面的水分，用天平称其质量，分别得到上、中、下三段拌合物中粗骨料的湿重 m_1、m_2 和 m_3。

粗骨料的振动离析率 f_m 按下式计算：

$$f_m = \frac{m_3 - m_1}{\overline{m}} \tag{9-18}$$

式中：$\overline{m}$ 为三段混凝土拌合物中湿骨料质量的平均值。

9.3.3 自密实混凝土的社会经济效益

自密实混凝土在施工中无须振捣设备，使得养护和材料运输的工作量大大减少，同时在预制件生产中对模板的质量和刚度要求降低等。由此可以带来多方面的效益，如施工环境改善、施工规范化、降低工程造价、节约成本等。使用自密实混凝土的社会经济效益主要表现在以下几点：

(1)免振捣自密实混凝土在保证混凝土质量的前提下成功解决了机械振捣的噪声问题，同时又简化了施工工序，提高了施工质量，这是混凝土技术的一大进步。

(2)同时由于配制自密实混凝土需要大量利用粉煤灰、粒化高炉矿渣、硅灰等工业固体废弃物，有利于资源的综合利用和生态环境的保护。

(3)与机械振捣相比，由于不存在扰民问题，在城市市区和居民住宅区可以连续施工，因此可以缩短工期，从而创造显著的间接经济效益。

(4)由于不需要振捣，可保证钢筋、预埋件及预留孔洞位置不因振捣而移位，相应减少加固措施费用，并且有利于结构质量。不会因混凝土施工的技术问题而人为造成混凝土质量缺陷，节约了此类修复费用。

(5)由于取消了振捣机械及振捣工序，因而节省了振捣设备，减少了机械费用、能耗费用及人工费。

9.4 纤维混凝土

普通混凝土是一种脆性材料，抗拉强度低，容易开裂。纤维混凝土是将纤维作为增强材料，均匀地掺和在混凝土基体中而形成的一种新型混凝土。细小的纤维在混凝土中分散开，可以减小因荷载在基体混凝土引起的裂缝端部的应力集中，控制裂缝进一步扩展，提高整个复合材料的抗裂性。同时由于混凝土与纤维接触界面之间界面黏结力很强，借助这个黏结力，可把外力传到抗拉强度大、延伸率高的纤维上面，使纤维增强混凝土作为一个均匀的整体抵抗外力的作用。

纤维增强混凝土显著地提高了材料的抗拉、抗弯强度和断裂延伸率，特别是提高了混凝土的韧性和抗冲击性，扩大了混凝土的应用范围。如桥面部分的罩面和结构、机场跑道、坦克停车场的铺面和结构、采矿和隧道工程、耐火工程以及大体积混凝土工程等。纤维混凝土可用来生产预制构件，如管道、楼板、墙板、柱、楼梯、梁、电线杆等。此外，纤维混凝土由于抗疲劳和抗冲击性能良好，用于多震灾国家的抗震建筑，这将是发挥纤维混凝土优点的发展途径。

9.4.1　纤维增强材料

混凝土所用的纤维按其材料性质可分以下几种类型：

1.金属纤维

金属纤维主要有钢纤维、不锈钢纤维（适用于耐热混凝土）。

2.无机纤维

无机纤维主要有天然矿物纤维（如温石棉、青石棉、铁石棉等）和人造矿物纤维（如抗碱玻璃纤维及抗碱矿棉等）。

3.有机纤维

有机纤维主要有合成纤维（聚乙烯、聚丙烯、聚乙烯醇、尼龙及芳族聚酰亚胺等）和植物纤维（西沙尔麻、龙舌兰、水芦苇及甘蔗纤维等），合成纤维混凝土不宜使用于 60 ℃以上的热环境中。

为了得到良好性能又经济的纤维增强混凝土，所采用的纤维应有足够的抗拉强度和弹性模量，对基体材料有长期的耐腐蚀性，有足够的大气稳定性和一定的耐热性。此外还应该满足材料来源广、价格便宜、使用方便、对人体健康无不良影响等要求。目前应用最广的是钢纤维、玻璃纤维、石棉纤维和聚丙烯纤维等。

9.4.2　纤维增强机理

在混凝土内部原来就存在缺陷，必须尽可能地减少缺陷的程度，才能提高混凝土的强度和韧性，降低内部裂缝端部的应力集中系数。如图 9－8 所示，假定纤维在拉应力方向呈等间距矩形布置（间隔为 a），裂缝（半径为 b）存在于 4 根纤维围住的中心，由于拉伸力所引起的黏结应力分布（τ），产生于和纤维相近的裂缝端部附近处，起着约束裂缝展开的作用。

混凝土的抗拉强度比较低，当拉应力超过混凝土的抗拉强度时，塑性收缩开裂发生。有研究表明在最初 4 h 内混凝土受到的拉应力 σ_{cu} 为 0.02 MPa。普通纤维可承担的平均拔出应力要远大于分担到每一根纤维上的拉应力。因此，在早期，纤维可以限制混凝土的塑性开裂宽度，只要纤维数量足够多，就可以避免开裂。

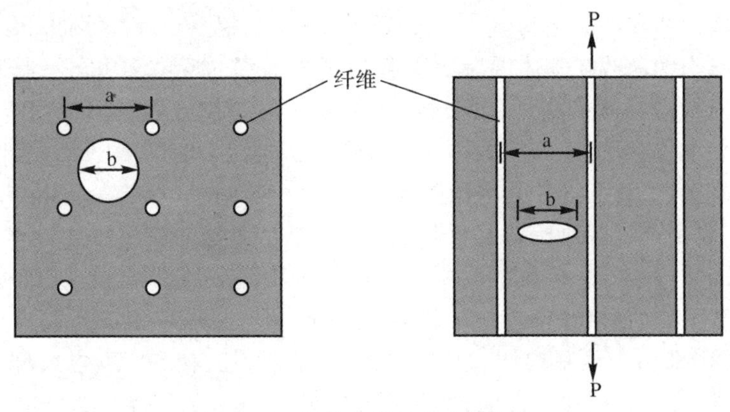

图 9-8　纤维间距机理力学模型

9.4.3　钢纤维混凝土

在普通混凝土中掺入适量钢纤维配制而成的混凝土称为钢纤维混凝土。由于大量细小的钢纤维均匀地分散在混凝土中，钢纤维的总比表面积大，与混凝土的接触面积很大，与同样质量的钢筋相比，钢材表面积约增加几十倍。钢纤维在混凝土中是随机乱向分布的，因而在所有方向都能使混凝土得到增强，即宏观上具有各向同性的增强。钢纤维混凝土具有优良的抗拉、抗弯、抗裂、抗冲击性能，因而被广泛地用于工程各个领域。

用于配制钢纤维混凝土的钢纤维，按钢质品种可分为低碳钢纤维和不锈钢纤维，后者主要用于耐火材料工业。按钢纤维形状可分成长直形、压痕形、波形、带钩形、哑铃形、扭曲形等。按其形态及加工方式可分为铣削型、熔抽型、切断型、剪切型等。按表面涂覆与否可分成表面不涂覆纤维与表面涂覆纤维，镀锌、铜、锡、铬等，以提高纤维与基体的黏结力，提高纤维的防腐能力。

1. **钢纤维混凝土的原材料**

(1)水泥和掺合料。

水泥作为混凝土中的胶结材料，与水拌合形成水泥浆，具有较高的黏结力，起到把砂、石和钢纤维胶结成整体的作用。目前在钢纤维混凝土中常用的水泥是 P·O42.5 和 P·O52.5 普通硅酸盐水泥，这是因为基体强度较低的混凝土，水泥硬化后与钢纤维的黏结强度低，增强效果并不明显。钢纤维混凝土中水泥用量比普通混凝土水泥用量稍大，因此在实际工程施工中，可以考虑加入适量减水剂，以节省水泥用量。

在钢纤维混凝土中还可掺入一定量的粉煤灰或硅灰等混合材料，以改善拌合料的和易性，节约水泥用量以及提高强度。

(2)砂。

砂的细度模数对钢纤维混凝土强度与和易性有较大影响，相同数量的粗砂与细砂相比，粗砂的比表面积较小，在保证钢纤维混凝土强度相同的情况下，粗砂需要的水泥用量较细砂少。当水泥用量相同时，用粗砂配制成的钢纤维混凝土强度要比用细砂配制的钢纤维混凝土强度高。当钢纤维混凝土的拌合料和易性相同时，细砂混凝土的拌合料用水量较多。如果用过粗的砂拌制混凝土，容易产生离析和泌水现象；使用过细的砂则需要较多的水泥浆才能包裹砂的表面，水泥用量增大。因此，在选用细骨料时，要结合当地材料的实际情况，选用细度模数适中的砂。配制钢纤维混凝土的砂宜选用中、粗砂。

(3)石子。

钢纤维混凝土通常选用碎石,因为碎石的颗粒表面较粗糙,多棱角,能产生良好的机械嵌锁作用,与水泥浆有较强的黏结力,在同样条件下用碎石所配制成的钢纤维混凝土强度高,但需用较多水泥浆。钢纤维混凝土所用碎石最大粒径不宜大于 20 mm,否则会削弱钢纤维的增强作用,并容易导致钢纤维集中于大石料周围,不便于钢纤维的分散。

(4)水。

钢纤维混凝土的配制对于水的要求,主要是考虑水中的杂质对钢纤维的腐蚀作用,影响钢纤维混凝土的强度及耐久性。凡能饮用的水和洁净的天然水,均可用于钢纤维混凝土的配制;而海水及工业废水对钢纤维有锈蚀作用,一般不允许用其拌制钢纤维混凝土。

(5)外加剂。

为了改善拌合料的和易性,减少水泥用量或提高强度,可掺入一定量的外加剂。在使用外加剂时,应根据使用目的,选择品种,并根据技术经济进行比较确定。外加剂掺量应按所用品种,并根据使用要求、施工条件、拌合的原材料等因素经试验确定。

2. 钢纤维混凝土的性能及应用

与普通混凝土相比,掺加钢纤维后混凝土抗拉、抗折强度等均有较大的提高,其弹性模量、弯曲韧性和耐冲击性提高也比较明显。但值得一提的是,虽然钢纤维的掺入不能明显地提高混凝土的抗压强度,尤其是低强度等级的混凝土。但却能大幅度提高抗压破坏时的韧性,显著改善构件的破坏形式。如对掺入钢纤维的混凝土构件进行抗压试验,其破坏多呈现许多裂纹,外形能保持原状而无碎块崩裂现象,如图 9-9 所示。钢纤维使得混凝土的徐变、收缩较普通混凝土有所降低,抗裂性能明显提高。

(a) 普通混凝土

(b) 钢纤维增强混凝土

图 9-9　受压破坏后的混凝土试块

目前,钢纤维混凝土主要用于以下工程中:罩面结构,如公路、飞机跑道及桥面面层,可使路面寿命提高 2～4 倍;薄板及壳体结构,有各种薄壁构件、壳体、船体等;承受冲击和长期振动或重复荷载的部件,如机械设备基础、预制桩、厂房地面;防爆防裂或安全上有特殊要求的结构,如军火库、银行金库拱顶、军事工程构筑物;承受高温或低温的工程结构物,如核能反应堆的压力容器、耐火炉、冷冻仓库;各种工业及民用承重和非承重构件,如防洪堤、水池、海洋工程构筑物等。

3. 钢纤维混凝土的施工

钢纤维混凝土施工的关键是使钢纤维均匀分散于混凝土拌合物中,特别是当钢纤维掺量较多时，如不能使其充分地分散，很容易与胶凝材料浆或砂子一起结成球状的团块，这将极大地降低增强效果。

一般说来，钢纤维愈细、愈长和掺量愈大，则其分散性愈差。目前常用的搅拌方法有先混法和后混法两种。先混法是先将钢纤维与粗、细骨料在搅拌机中搅拌均匀后，再将胶凝材料和水掺入，继续搅拌均匀即可。后混法是先将胶凝材料、水和粗、细骨料在搅拌机中搅拌均匀，然后再将钢纤维掺入混凝土中搅拌均匀即可。

为提高钢纤维的分散性，在搅拌钢纤维混凝土时，通常要掺加适量的高效减水剂。搅拌机多用强制搅拌机，搅拌强度比普通混凝土要大，搅拌时间也比普通混凝土长。搅拌后的钢纤维混凝土的流动性，会随着钢纤维掺量的增加而大幅度下降。其原因是钢纤维相互摩擦和相互缠绕而形成空间网结构，抑制了内部水及水泥浆的流动所致，所以钢纤维混凝土成型所需要的能量比普通混凝土要大，振捣时间应适当延长。

9.4.4 聚丙烯纤维混凝土

聚丙烯纤维属于有机合成纤维，将切成一定长度的聚丙烯膜裂纤维均匀地分布在水泥混凝土中，用于增强混凝土的物理力学性能，称为聚丙烯纤维混凝土。这种纤维混凝土具有抗拉强度高、冲击韧性和抗裂性好等优点，以聚丙烯纤维代替部分钢筋可降低混凝土的自重，从而增加结构的抗震能力。此外，聚丙烯纤维不易锈蚀，其耐酸、耐碱性能也较好，且成本低。需要注意的是，聚丙烯纤维对紫外线非常敏感，长期暴露在阳光下会产生氧化反应，性能易急剧下降。如果聚丙烯纤维包裹在混凝土内部，受到混凝土的保护，则可以避免产生氧化反应。

1. 聚丙烯纤维混凝土的原材料

聚丙烯纤维混凝土对原材料没有特殊要求，水泥采用 42.5 或 52.5 硅酸盐水泥或普通硅酸盐水泥即可。粗骨料和细骨料也与普通混凝土基本相同。细骨料可用中、粗砂，粗骨料可用最大粒径不超过 20 mm 的碎石。

2. 聚丙烯纤维混凝土的物理力学性能

聚丙烯纤维混凝土中的聚丙烯膜裂纤维的抗拉强度极高，一般可达到 400～500 MPa，但其弹性模量却很低，一般为$(0.8\sim1.0)\times10^4$ MPa。所以配制出的聚丙烯纤维混凝土也具有比普通混凝土抗拉强度高、弹性模量低的特性。同不含纤维的普通混凝土相比，聚丙烯纤维混凝土的抗压、抗弯、抗剪、耐磨、抗冻等性能几乎都没有提高，一般还将随着纤维含量、长径比的增大而降低，这是由于稍大的纤维含量引起混凝土均匀性不良和水胶比过高的缘故。但是，聚丙烯纤维混凝土的抗冲击性能要比普通混凝土大得多，一般常用于耐冲击要求高的构件。

掺加聚丙烯纤维是混凝土防裂的一个有效措施，已在国内许多工程中得到应用。混凝土中掺入聚丙烯纤维后，可以迅速而轻易地与混凝土材料混合，分布极其均匀、彻底，每立方厘米的混凝土中有将近 20 条纤维丝，故能在混凝土内部构成一种均匀的乱向支撑体系。纤维的加入犹如在混凝土中掺入巨大数量的微细筋，这些纤维筋抑制了混凝土开裂的过程，提高了混凝土的断裂韧性。因此，在混凝土中加入聚丙烯纤维，可以显著地减少甚至完全消除浇筑后因沉降运动、毛细管张力、早期化学收缩以及自收缩等所产生的塑性裂缝和硬化初期阶段的干缩裂缝。试验表明，同普通混凝土相比，体积掺量 0.05%（约 0.5 kg/m^3）的聚丙烯纤维混凝土抗裂能力提高近 70%。

9.4.5 玻璃纤维混凝土

玻璃纤维混凝土是将弹性模量较大的抗碱玻璃纤维,均匀地分布于水泥混凝土基材中而制成的一种复合材料。玻璃纤维不仅可以弥补普通混凝土制品自重大、抗拉强度低、耐冲击性能差等不足,而且还具有某些普通混凝土所不具有的特性。

混凝土的碱性环境使得玻璃纤维要有一定的耐碱性,在普通玻璃纤维的基础上加入适量的锆、钛等耐碱性能较好的元素,从而提高玻璃纤维的耐碱腐蚀能力。耐碱玻璃纤维中加入的锆、钛等元素,使玻璃纤维的硅氧结构发生变化,结构更加完善,活性降低。当受碱性物质侵蚀时,减缓了化学反应的速度,结构损失较小,相应地强度损失也小。

耐碱玻璃纤维单丝直径为12～14 μm,常以几十根单丝集成一束纱线。纱线断面为扁圆形,长轴为0.6 mm,短轴为0.15 mm。其单纤强度大于1800 MPa,一般在掺入混凝土时,切成短纤维或者织成网格布使用。它的相对密度约为2.78,比钢的相对密度小得多。

1. 玻璃纤维混凝土的原材料

普通硅酸盐水泥由于水化时析出大量的$Ca(OH)_2$,其pH值达到12.5,若与普通玻璃纤维复合在一起,很短时间内玻璃纤维就会被腐蚀变脆,丧失玻璃纤维的强度,所以配制玻璃纤维混凝土需要采用低碱度水泥。

骨料与普通混凝土大致相同,只是为了增加玻璃纤维的均匀性而对骨料的最大粒径有一定限制,砂率通常也比普通混凝土高。

此外,在混合料中加入硅灰或粉煤灰有助于增加玻璃纤维流动和均匀分布,对玻璃纤维混凝土的后期强度也有所提高。

2. 玻璃纤维混凝土的性能及应用

玻璃纤维混凝土具有轻质、高抗拉强度、抗冲击、耐火、易加工成型、装饰性好、成本低等优点。目前它主要用于:非承重构件和半承重构件,可以制成外墙板、隔墙板、通风及电缆管道、输水管道、输气管、阳台栏板、活动房屋;内部装饰用板材,如屋顶天花板、护墙板;各种薄壳结构及三面盒子体;等等。随着耐碱玻璃纤维和低碱水泥的开发、利用,玻璃纤维混凝土的用途越来越广泛。

9.5 聚合物混凝土

聚合物混凝土是将有机的聚合物与混凝土复合的建筑材料,主要有三类:聚合物水泥混凝土、聚合物浸渍混凝土和聚合物胶结混凝土。这三种聚合物混凝土的生产工艺不同,物理力学性能也有所区别,造价和适用范围也不同。

9.5.1 聚合物水泥混凝土

聚合物水泥混凝土是在水泥混凝土搅拌过程中掺入聚合物,经浇筑、养护和聚合而成的一种复合材料,水泥混凝土和高分子材料通过有效地结合,其性能比普通混凝土要好得多。由于其制作简单,利用现有普通混凝土的生产设备即能生产,因而成本较低,实际应用较广泛。美国、日本等国家是应用聚合物水泥混凝土较多的国家。

1. 聚合物水泥混凝土的原材料

聚合物水泥混凝土所用的水泥、砂和石子与一般混凝土相同,除此之外还有聚合物和助剂。水泥可采用各种通用硅酸盐水泥,还可采用矾土水泥、快硬水泥等,其强度等级应不低于 32.5 MPa。

常用的聚合物品种较多,总体上可以分为三种类型,即乳胶(如橡胶乳胶、树脂乳胶和混合分散体等)、液体聚合物(如不饱和聚酯、环氧树脂等)和水溶性聚合物(如纤维素衍生物、聚丙烯酸盐、糠醇等),其中乳胶的应用最为广泛。用于聚合物水泥混凝土的聚合物有天然橡胶和合成橡胶浆、热塑性及热固性树脂乳胶、水溶性聚合物等。

由于乳胶类树脂在生产过程中大多用阴离子型的乳化剂进行乳液聚合,因此当这些乳胶与水泥浆混合后,因为与水泥浆中大量的 Ca^{2+} 作用会引起乳液变质,产生凝聚现象,使其不能在水泥中均匀分散,所以必须加入阻止这种变质现象的稳定剂。此外,有些乳胶树脂或乳化剂、稳定剂的耐水性较差,有时还需加入抗水剂;当乳胶树脂等掺量较多时,会延缓聚合物水泥混凝土的凝结,还要加入水泥促凝剂。

2. 聚合物水泥混凝土的配合比

聚合物水泥混凝土的配合比是否适当,是影响混凝土性能的主要因素之一。与常规普通混凝土配合比设计相比,聚合物水泥混凝土除考虑混凝土的一般性能外,还应当考虑聚合物的影响,如聚合物的种类、聚合物的掺量、聚合物与水泥用量之比、水胶比、消泡剂及稳定剂的掺量和种类等。聚合物水泥混凝土的各项性能与聚灰比(聚合物与水泥的质量比)有着更重要的关系,聚合物的掺量一般为水泥用量的 5%~25%,并应根据实际工程要求和聚合物种类确定。由于大多数聚合物有一定的减水作用,水胶比应稍低于普通混凝土。

3. 聚合物水泥混凝土的性能及应用

聚合物与无机胶凝材料之间可以形成较强的离子键或共价键,其中两价或三价离子可在有机聚合物链之间形成特殊的桥键,在一定程度上改变了混凝土或砂浆的微观结构,因而聚合物水泥混凝土的性能得到了明显的改变。

聚合物水泥混凝土的强度比普通混凝土高,但又随着聚合物的种类、聚灰比、水胶比不同而不同。聚合物的弹性模量一般小于水泥净浆和混凝土,所以聚合物水泥混凝土的弹性模量比普通混凝土小,但其抗拉或抗压破坏时的极限应变量都增大。掺加聚合物具有一定的减水效果,所以聚合物水泥混凝土的干缩一般比普通混凝土小,故其抗收缩裂缝的性能较好。聚合物水泥混凝土的耐磨性比普通混凝土将有大幅度提高,聚灰比越大,耐磨性越好。

根据以上性能,聚合物水泥混凝土目前主要用于地面、路面、桥面和船舶的内外甲板面,尤其是化工厂的地面更适宜,也可以用作衬砌材料、喷射混凝土和修补工程。

4. 聚合物水泥混凝土的生产工艺

(1)拌制工艺。

聚合物水泥混凝土的拌制与普通混凝土相似,拌制时可使用与普通混凝土一样的搅拌设备,但搅拌时间应稍长于普通混凝土,一般为 3~4 min 即可。

聚合物的掺加方法有两种:一种是在拌合加水时掺入;另一种是将聚合物粉末直接掺入水泥中。

(2)施工工艺要求。

聚合物水泥混凝土在正式浇筑前,应当对基层进行处理,即用钢丝刷刷去基层表面的浮浆及污物，如有裂缝等缺陷，应用砂浆堵塞修补。

聚合物砂浆施工则应分层涂抹，每层厚度以 7～10 mm 为宜，一般涂抹 2～3 层。如大面积涂抹，每隔 3～4 m 要留宽 15 mm 的缝。

而聚合物混凝土施工，则可与普通混凝土一样进行浇筑和振捣，但需要在较短的时间内浇筑完毕。浇筑后如果混凝土未硬化，不能洒水养护或遭雨淋，否则混凝土表面会形成一层白色脆性的聚合物薄膜，影响混凝土的表面美观和使用性能。

在聚合物水泥混凝土凝结后，采取一定方式加热混凝土，使聚合物熔化浸入混凝土的孔隙中，混凝土冷却后便使聚合物和混凝土成为一个整体。

9.5.2 聚合物浸渍混凝土

聚合物浸渍混凝土是将已硬化的混凝土经干燥后浸渍在有机单体中，然后用加热或辐射等方法使混凝土孔隙内的单体产生聚合作用，从而混凝土和聚合物牢固地结合成为有机、无机复合材料。

聚合物填充了混凝土内部的孔隙和微裂缝，特别是提高了水泥石与骨料间的黏结强度，减少了应力集中，使聚合物浸渍混凝土具有高强、防腐、抗渗、耐磨、抗冲击等优点。

1. 聚合物浸渍混凝土的原材料

聚合物浸渍混凝土的原材料主要有基材(被浸渍材料)和浸渍液(浸渍材料)两种，另外，根据工艺和性能的需要，还可以加入适量的添加剂。

(1)基材。

用于聚合物浸渍处理的基材种类很多，凡是用无机胶结材料将骨料胶结起来的混凝土均可作为基材，如水泥混凝土、轻骨料混凝土、纤维增强混凝土、石棉水泥混凝土、石膏制品等，本节主要介绍以水泥混凝土为基材的聚合物浸渍混凝土。

(2)浸渍液。

浸渍液是聚合物浸渍混凝土的主要材料，由一种或几种单体组成。单体是能起聚合反应而成高分子化合物的简单化合物。浸渍用的单体一般为气态或液态，目前主要用的是液态单体。要求单体具有低黏度、较高的沸点和较低的蒸气压，聚合后的收缩小，具有较高的强度和较好的耐酸、耐热和耐老化等性能。

常用的浸渍液主要有甲基丙烯酸甲酯(MMA)、苯乙烯(S)、丙烯腈(AN)、聚酯树脂(P)、环氧树脂(E)、丙烯酸甲酯(MA)、三羟甲基丙烷三甲基丙烯酸甲酯(TMPT-MA)、不饱和聚酯等，应用最广泛的是甲基丙烯酸甲酯(MMA)和苯乙烯(S)。

对于完全浸渍的混凝土，应选择黏度尽可能低的浸渍液，以便在浸渍时单体容易浸透到混凝土中。对于局部浸渍的混凝土，通常用黏度较大的浸渍液，以便控制浸渍深度，减少聚合时的损失。

(3)添加剂。

聚合物浸渍混凝土中所用的添加剂种类很多，常用的有阻聚剂、引发剂、促进剂、交联剂、稀释剂等。

浸渍混凝土的单体几乎都是不稳定的，在常温下都会不同程度地自行发生聚合从而造成浸渍液的失效。因此在工厂生产的单体中，一般都含有适量的阻聚剂，以防止单体聚合或发生暴聚。常用的阻聚剂有对苯二酚、苯醌等。

在采用加热聚合时，必须同时使用引发剂，以引发单体聚合。当加热到一定温度时，引发剂以一定速度分解成自由基,诱导单体产生连锁反应。常用的引发剂有偶氮化合物(如偶氮二异丁腈、α-叔丁基偶氮二异丁腈)、过氧化物(如过氧化二苯甲酰、过氧化甲乙酮、过氧化环己酮等)和过硫酸盐等。引发剂的掺量要适当,太少起不到激发聚合反应的作用;太多则聚合反应过早过快,甚至发生爆炸事故,且形成的聚合物分子量较小,从而导致聚合后强度也较低,影响浸渍混凝土的质量。引发剂的分解温度必须低于单体的沸点,否则会失去引发作用。

促进剂主要用来降低引发剂的正常分解温度,加快其产生自由基的速度,以促进单体在常温下发生聚合的物质。常用的促进剂主要有二甲基苯胺、环烷酸钴、萘酸钴等。

交联剂主要用于促进线型结构的聚合物转化成为体型聚合物,从而提高混凝土强度的物质。常用的交联剂主要有甲基丙烯酸甲酯、苯乙烯、邻苯二甲基二丙烯酯等。

稀释剂主要用于降低浸渍液的黏度,提高浸渍液的渗透能力,保证聚合物浸渍混凝土的质量。常用的稀释剂有甲基丙烯酸甲酯、苯乙烯等。

2. 聚合物浸渍混凝土的生产工艺

聚合物浸渍混凝土的生产工艺流程为:基材干燥→真空抽气→单体浸渍→聚合。

(1)基材的干燥。

干燥是混凝土浸渍之前必要的准备步骤。其目的是消除混凝土内孔隙中的游离水,使聚合物能充分浸渍基材的孔隙。基材一般采用常压下热风干燥的方法。干燥所用的温度和时间取决于基材的大小和形状。美国建议干燥的温度以 120～150 ℃为宜,采用这个温度进行干燥,干燥速度快,而且能制出高质量的聚合物浸渍混凝土。如果温度过高,不仅对基材性能产生不利影响,而且导致浸渍混凝土强度降低;如果温度过低,基材干燥不充分,单体在基材中的渗入不完全,浸渍的改性效果就差。

在完全浸渍时,要求排除基材中的全部自由水;在局部浸渍时,只要求部分干燥。

(2)真空抽气。

干燥的基材自然冷却到常温,在浸渍前应进行抽真空,其目的是用负压将混凝土孔隙中的空气抽出,使单体易于浸入混凝土孔隙中,加快浸渍液的渗透速度,提高混凝土的抗压强度。真空抽气是在密闭的容器内进行的,真空度在 96 kPa 以上。真空抽气是一项复杂、费时的工序,对强度要求不高的混凝土不必进行真空抽气。

(3)单体浸渍。

浸渍是将配好的单体浸渍液浸透混凝土的工序。

浸渍方法有自然浸渍、真空浸渍和真空加压浸渍,具体方法根据对材料的使用要求和施工条件而定。实验证明,加压浸渍不但能提高浸渍速度,而且能提高浸渍量,提高混凝土抗压强度。

(4)聚合。

聚合是将渗入混凝土孔隙中的单体转化为聚合物,使聚合后的聚合物混凝土具有较高强度,较好的耐热性、抗渗性、耐腐蚀性和耐磨性等。

聚合方法有热催化聚合(加热法)、辐射聚合(辐射法)和催化剂聚合(化学法)三种。目前应用较多的是加热法和辐射法,美国和日本认为加热法最好,其施工工艺简单、聚合速度较快、工程造价较低,我国也较多采用加热法。

加热法是通过加热促使引发剂分解产生自由基而诱导单体聚合。加热温度一般在

50～120 ℃。加热方式可采用热水、蒸汽、热空气、红外线等方法。热水聚合是制作浸渍混凝土常用的经济而又有效的方法，水温一般在 50～90 ℃。

辐射法是采用 X 射线或 γ 射线照射，从而引发单体分子活化产生自由基或离子而聚合的方法。辐射法一般在常温下进行，不用引发剂，可减少单体的挥发，但聚合速度较慢。

化学法是利用促进剂降低引发剂的正常分解温度，促进单体在常温下进行聚合的方法。此方法聚合速度较慢，聚合效果较差，一般不宜首先选用，但可用于现场表面浸渍。

为了减少辐射剂量和引发剂用量，加快聚合速度，还可将辐射和加热或辐射和引发剂结合应用。总体来讲，以上三种聚合方法，在工程上优先选用加热法，其次考虑辐射法聚合，最后才选择化学法聚合。

衡量聚合物在基体内填充程度的指标称为聚填率。一般采用质量聚填率，它是指基材内的聚合物质量和浸渍前基材质量的百分比。用普通混凝土制成的聚合物浸渍混凝土，质量聚填率一般为 6%～8%。

3. **聚合物浸渍混凝土的性能和应用**

由于基材混凝土的孔隙和微裂缝被聚合物所填充，提高了密实度，因此聚合物混凝土有很好的性能。吸水率和透水率比基材混凝土显著降低，被认为几乎是不吸水、不渗透的材料。

一般情况下，聚合物浸渍混凝土的抗压强度约为普通混凝土的 3～4 倍，一般在 150 MPa 以上；抗拉强度约提高 3 倍；抗弯强度约提高 2～3 倍；弹性模量约提高 1 倍；抗冲击强度约提高 0.7 倍。此外，混凝土的徐变大大减少，抗冻性、耐硫酸盐、耐酸、耐碱等性能都有很大的改善。

但是，聚合物浸渍混凝土的应力-应变关系近似直线，其延展性比普通混凝土还差。这主要是由于普通混凝土破坏时裂缝围绕着骨料展开，裂缝遇到骨料要转向绕道，骨料起到阻挡裂缝开展的作用，故普通混凝土表现出一定的延展性。而聚合物浸渍混凝土破坏时的裂缝是通过骨料展开的，上述作用很小或不存在，特别在受拉时，聚合物混凝土无任何预兆就会破坏。

由于聚合物在高温下会分解，因此温度对聚合物浸渍混凝土的性能产生一定的影响。随着温度的升高，抗压强度、弹性模量、泊松比等皆有所降低。此外，聚合物浸渍混凝土还有一个突出的缺点，即当温度还未到达产生火灾的温度时，聚合物就开始分解、冒烟，并产生恶臭气味和燃烧，混凝土的强度和刚度急剧下降，严重地影响结构的安全，这必须引起足够重视。

9.5.3 聚合物胶结混凝土

聚合物胶结混凝土是以合成树脂为胶结材料，以砂石等无机材料为骨料的混凝土。由于胶结材料全为树脂，所以也称为树脂混凝土。其生产工艺简单，用现有的普通混凝土的生产设备即能生产，且具有许多优点。20 世纪 50 年代以来，受到许多国家的高度重视。自 20 世纪 60 年代，我国也开始了聚合物胶结混凝土的研究工作，并取得了一定的成绩。

1. **聚合物胶结混凝土的原材料**

聚合物胶结混凝土的原材料主要包括胶结材料、骨料、粉料和外加剂。

(1)胶结材料。

目前生产聚合物胶结混凝土所采用的胶结材料树脂为液态的，主要有热固性树脂(如不饱和聚酯树脂、聚氨基甲酸乙酯、环氧树脂、苯酚树脂、呋喃树脂等)；热塑性树脂(如聚氯乙烯树脂、聚乙烯树脂等)；沥青类及改性树脂(如沥青、橡胶沥青、环氧沥青、聚硫化物沥青等)；煤焦油改性树脂(如环氧焦油、焦油氨基甲酸乙酯、焦油聚硫化物等)；乙烯类单体(如甲基丙烯酸甲酯、苯乙烯等)。

在选择树脂种类时，应视混凝土的用途而定，应注意以下几点：

①在满足混凝土性能的前提下，尽可能选用价格较低的树脂，以降低聚合物胶结混凝土的价格。

②树脂的黏度要低，并能比较容易调整，便于混凝土的拌制，便于同骨料结合。

③具有良好的耐水性，并具有良好的化学稳定性。

④具有良好的耐老化性、耐热性，且不易燃烧。

(2)骨料和粉料。

聚合物胶结混凝土所用的骨料基本与普通混凝土相同，也可以使用轻骨料。在实际生产中，为了减少树脂的用量、降低工程造价，还可添加粉料，起填料作用。要求骨料和粉料必须保持干燥，其含水率应在1%以下，吸附性要小，以减少树脂的用量，并且易于与树脂黏结。

(3)外加剂。

在生产聚合物胶结混凝土时，还需加入一定量的外加剂，目的是使液态树脂较好地转化为固态。例如：苯二甲胺、乙二胺、聚酰胺等固化剂；环氧丙烷丁基醚、苯乙烯等稀释剂；二甲基苯胺、苯甲酰等促进剂。

2.聚合物胶结混凝土的性能和应用

与普通混凝土相比，聚合物胶结混凝土具有强度高、化学稳定性好、耐磨性高、抗冻性好、绝缘性好、几乎不吸水、易于黏结等优点，较广泛地用于耐腐蚀的化工结构和高强度接头。另外，由于聚合物胶结混凝土具有漂亮的外貌，也可用作饰面构件，如窗台、窗框、地面砖、花坛、桌面、浴缸等。

3.聚合物胶结混凝土的生产工艺

(1)聚合物胶结混凝土的搅拌。

与普通混凝土不同，聚合物胶结混凝土的混合料黏度较大，必须选用强制式搅拌机搅拌。可采用以下两种搅拌方法。

①先将骨料投入搅拌机中，经过约2 min的混合，随后投入预先准备好的液态树脂和硬化剂，再搅拌3 min。

②先在搅拌机中加入液态树脂和硬化剂，混合约2 min的时间，随后投入骨料和粉料，再搅拌3 min。

(2)聚合物胶结混凝土的浇筑。

聚合物胶结混凝土的放热不但速度快，而且热量大，为避免过大的能量产生不良影响，聚合物胶结混凝土不能像普通混凝土那样在搅拌后可以放置一段时间再浇筑，应当在搅拌后在尽可能短的时间内全部用完，更不能在搅拌机内存放，而应立即送到施工现场铺开，使反应热尽快散发，并且应严格控制每次的浇筑厚度，厚度大小主要取决于液态树脂的种类和发热程度,通常每层为50～100 mm。

聚合物胶结混凝土对各种材料都具有良好的黏结性,使用模板浇筑成型时,应根据所用树脂种类选择适当的脱模剂,事先将其涂在模板的表面上,否则会产生不易脱模致使表面损伤而影响外观质量。

9.6 自应力混凝土

自应力混凝土也称化学预应力混凝土,是利用膨胀性胶凝材料水化产生的化学能,张拉钢筋产生预应力,并依靠该预应力补偿混凝土收缩时产生的拉应力,提高混凝土的抗裂能力。由于产生预应力的方式是通过自身的化学能转变为机械能,有别于外部施加的机械预应力,故称为自应力混凝土。

9.6.1 自应力混凝土的制备

1. 原材料要求

自应力混凝土可采用混凝土膨胀剂或膨胀水泥来制备,砂、石及其他原材料的要求与普通混凝土差别不大。

硅酸盐水泥在水化过程中,铝酸三钙能与石膏反应生成水化硫铝酸钙,其结晶体含更多的结晶水,体积增大,从而使混凝土体积膨胀,并在混凝土中产生拉应力。如果这个拉应力超过混凝土的抗拉强度,就会使混凝土结构遭到破坏。然而事物都是辩证的,利与害也是辩证的,关键在于使用的条件和方法。膨胀水泥就是通过控制膨胀性水化产物的生成时机和数量,达到以膨胀产生的压应力抵御收缩时产生的拉应力,减免水泥混凝土因收缩而产生的裂缝。膨胀水泥的种类很多,按基本组成分为硅酸盐膨胀水泥、铝酸盐膨胀水泥和硫铝酸盐膨胀水泥。还可按膨胀值大小分为膨胀水泥和自应力水泥。

(1)膨胀水泥。其线膨胀率一般在1%以下,相当于或稍大于普通水泥的收缩率,它可用来补偿普通混凝土的收缩,所以又称不收缩水泥或补偿收缩水泥。当用钢筋限制其膨胀时使混凝土所受到的预压应力大致抵消由于干燥收缩所引起的混凝土拉应力,从而提高混凝土的抗裂性,防止干缩裂缝的产生,如果膨胀率较大,则膨胀效果除了补偿收缩变形外,尚有少量的线膨胀值。所以膨胀水泥主要用于补偿收缩、防止裂缝、补强堵塞等工程。

(2)自应力水泥。它是一种强膨胀性的膨胀水泥,具有更大的膨胀能,由主要发挥强度作用的强度组分和主要发挥膨胀作用的膨胀组分构成。目前国内常用的自应力水泥有硅酸盐自应力水泥、铝酸盐自应力水泥和硫铝酸盐自应力水泥。硅酸盐自应力水泥又称硅酸盐膨胀水泥,是以适当比例的普通硅酸盐水泥、矾土水泥和天然二水石膏磨细而成的。其中水泥熟料为85%～88%,矾土水泥为6%～7%,二水石膏为6%～7.5%。铝酸盐自应力水泥是以矾土水泥和二水石膏磨细而成的大膨胀率水泥,其中矾土水泥为60%～66%,二水石膏为34%～40%。硫铝酸盐自应力水泥是以无水硫铝酸钙$C_4A_3\bar{S}$和硅酸二钙β-C_2S为主要矿物组成的熟料,外掺二水石膏制成。

2. 配制要求

实际生产中,所配制的自应力混凝土必须满足下列要求:

(1)要控制膨胀值范围。

自应力水泥混凝土如膨胀过小,则钢筋受到的拉应力小,混凝土的预压应力也就较低;如膨胀过大,会破坏混凝土内部结构,使混凝土开裂甚至完全破坏,所以应有一个便于控制的较大的膨胀范围。

(2)混凝土配制强度不能过低,膨胀速度不宜过快。

自应力混凝土若没有足够的强度,就不可能将膨胀能传递给钢筋,因而也就不能获得自应力。在最佳膨胀范围内,强度越高越好,但强度与膨胀值的发展速度应相适应。强度发展过快,膨胀值过小;而膨胀过快,强度会下降,甚至破坏混凝土结构。由于允许膨胀范围较大,对强度也就不能规定高限,只能以低限来控制。

(3)自应力值应满足设计要求。

自应力混凝土的自应力值愈高,混凝土的抗裂性能愈好。因此除了强度和膨胀外,自应力混凝土必须有限制膨胀的条件。

(4)应保证足够的养护湿度,以获得良好的后期稳定性。

在允许的膨胀范围内,自应力水泥的膨胀组分应基本耗尽,膨胀基本完成。这样在使用过程中,增加的自由膨胀与原始长度比不能太大,否则会引起后期膨胀而造成结构破坏。

9.6.2 自应力混凝土的特性

自应力混凝土由于在一定的限制条件下发生膨胀,其特性主要有以下几个方面:

1.可能产生膨胀裂缝和畸变

自应力混凝土是否产生膨胀裂缝与其约束条件有关。在单向或双向约束条件下,约束作用方向上水泥浆和骨料间不会产生裂缝。而在未受约束的方向产生的膨胀可能会破坏水泥石的结构,产生膨胀裂缝。但在三向约束时,水泥石与骨料间不会出现膨胀裂缝。

在自应力混凝土中,由于自由膨胀值与限制膨胀值差距很大,所以在试件内的膨胀是不规则的。如在单向约束试件内,紧靠钢筋的混凝土受约束作用最大,其膨胀变形等于钢筋伸长变形。而距离钢筋愈远的混凝土,其变形愈接近自由膨胀。因此,混凝土整个断面的膨胀,未能同等有效地发挥张拉钢筋而产生自应力,其应力分布是不均匀的,这种情况叫“畸变”。

2.自应力的损失和恢复

自应力混凝土只有在足够的水分条件下才会发生膨胀并建立和保持自应力,而在干燥的空气中,如同普通混凝土一样,也会发生收缩,并且有同样的数量级,结果引起自应力的损失。但干缩的自应力混凝土在重新吸水后,会重新膨胀恢复损失的自应力。

3.具有一定的裂缝自愈性

自应力混凝土具有自行愈合微小裂缝的特性,这是自应力水泥的水化产物——水化硫铝酸钙和氢氧化钙堵塞和胶结裂缝的结果,但过大的裂缝和后期产生的裂缝不能愈合。

4.良好的耐久性

在适当限制条件下的膨胀使自应力混凝土的密实性显著提高,孔隙率减少,因此自应力混凝土比普通混凝土的抗渗性、抗冻性、抗气密性等都好。

5.与钢筋的黏结力差

普通混凝土与钢筋的黏结力随混凝土强度的提高而增加。自应力混凝土的强度虽然很高，但与钢筋的黏结力却很低。用单向限制的自应力水泥混凝土试体试验表明，在自然预养期间，黏结力随强度发展而增加。随后浸水养护，随着膨胀，主要是横向膨胀逐渐破坏了附着力和咬合力，也就破坏了混凝土与钢筋间的黏结。

9.6.3 自应力混凝土的应用

自应力混凝土与机械张拉预应力相比，依靠混凝土的自身膨胀来张拉钢筋，不需张拉设备，工艺简单，节省劳力和能源，并且可张拉任何方向的钢筋，从而可使混凝土在任何方向产生预应力，所以特别适用于形状复杂的和薄壁的预应力混凝土结构。此外，自应力混凝土压力管与普通混凝土相比有较高的抗渗性，与金属管道相比可节约大量的钢铁。而且自应力混凝土的生产建厂投资少，投产周期短，从原材料、生产成本、铺设、能耗等方面比较，均低于钢管和铸铁管。目前，自应力混凝土已被广泛地用于制作各种工程结构和制品。

(1)长期处于潮湿环境的结构和制品，有自应力混凝土压力管、贮罐、船、桩、桥梁及其支柱、堤岸的基础等；

(2)处于周期性湿润的结构物，有道路、飞机跑道路面和港湾码头等；

(3)处于干燥状态的结构物和制品，有梁、各种板材、薄壳和轨枕等。

9.7 耐酸混凝土

普通混凝土的水泥石中含有大量的 $Ca(OH)_2$ 和水化铝酸钙，这些水化产物很容易与酸性介质发生反应导致混凝土结构被破坏。即使是抗硫酸盐水泥和硫铝酸盐水泥制成的混凝土，也仅仅是因为水化产物中 $Ca(OH)_2$ 和水化铝酸钙数量较少而有一定的耐酸能力，可以用于如海港工程等一些有硫酸盐侵蚀的场所。但对于一些化工工业中的如硫酸、盐酸等酸性较强的酸性介质，上述水泥配制的混凝土仍然会很快遭到酸蚀性破坏。因此，为了防酸腐蚀，应采用耐酸混凝土。

目前，在建筑工程中常用的耐酸混凝土有水玻璃耐酸混凝土、硫黄耐酸混凝土和沥青混凝土，其中水玻璃耐酸混凝土应用最为广泛。

9.7.1 水玻璃耐酸混凝土的原材料

水玻璃耐酸混凝土的原材料主要包括水玻璃、固化剂、耐酸骨料、耐酸粉料和一定量改性剂。

1. 水玻璃

水玻璃是碱金属硅酸盐的玻璃状熔合物，俗称“泡花碱”，其化学组成可用 $R_2O \cdot SiO_2$ 表示。根据碱金属氧化物种类不同，分为钠水玻璃($Na_2O \cdot nSiO_2$)和钾水玻璃($K_2O \cdot nSiO_2$)。由于钾水玻璃价格较高，因此目前使用最多的是钠水玻璃。

钠水玻璃一般由较纯的细石英砂和纯碱(工业碳酸钠)按一定比例配制后，在1350～1400 ℃的条件下熔融反应而制得。

$$Na_2CO_3 + n\,SiO_2 \xrightarrow{1350\sim1400\ ℃} Na_2O \cdot n\,SiO_2 + CO_2$$

$Na_2O \cdot nSiO_2$ 中的 n 称为水玻璃的模数，实际上是 SiO_2 和 Na_2O 的摩尔比值：

$$n = \frac{A}{B} \times 1.032 \tag{9-16}$$

式中： A——SiO_2 的含量(%)；

B——Na_2O 的含量(%)；

1.302——SiO_2 和 Na_2O 的分子量之比。

模数(n)是水玻璃的重要技术性能指标，其大小直接决定水玻璃的物理化学性能，也直接影响所配制的耐酸混凝土的性能。一般地，模数 n 增加，水玻璃的凝结速度加快，黏结性能和耐酸性增加，但在水中的溶解性能降低。反之，则黏结性能和耐酸性降低，而在水中的溶解性增加。生产上用于配制耐酸混凝土的水玻璃的模数 n 一般应在 2.4～3.0，如超出上述范围，应进行适当的调整。当 n 太大，可以加入苛性钠降低模数；当 n 太小，可以加入硅酸或无定形 SiO_2 提高模数。在实际应用中，往往是在低模数水玻璃中加入高模数水玻璃的方法，制取所需模数的水玻璃。

水玻璃的另一个重要参数是相对密度(ρ_s)，它表征水玻璃溶液的浓度，其大小取决于水玻璃中溶解的固体水玻璃的含量和模数。水玻璃的相对密度增大，耐酸混凝土凝结速度减慢；反之，则加快。用于配制耐酸混凝土的水玻璃的相对密度一般应在 1.36～1.50。如低于此范围，可进行加热使水玻璃中的水分蒸发而使 ρ_s 提高；如高于此范围，可向水玻璃中加入 50±5 ℃的热水来进行调节，调节过程中应不断用波美计进行检测。

水玻璃的模数和相对密度有一定的相互关系。水玻璃的相对密度相同而模数不同时，获得相同工作性的耐酸混凝土所需水玻璃的数量不同，模数高者用量较多。当水玻璃的模数相同而密度不同时，获得相同工作性的耐酸混凝土，相对密度大的用量多。增加水玻璃用量成本提高，且生产不易控制，因此水玻璃模数过高或相对密度过大是不适宜的。水玻璃耐酸混凝土的强度随水玻璃的相对密度增大而提高。当相对密度相同时，混凝土强度随水玻璃模数的增大而提高。因为模数高，相对密度大的水玻璃中 SiO_2 含量多，产生的胶凝物质多，因而胶结能力强。水玻璃相对密度大，耐酸混凝土的密实度较高，抗渗性能好，但收缩较大，且收缩变形延续时间较长。此外，化学稳定性也较差，当相对密度在 1.50 以上时，不论模数高低，耐酸混凝土都有严重的溶蚀现象。因此在生产中使用的水玻璃的模数和相对密度必须控制在适宜的范围内，才能得到良好性能的耐酸混凝土。

2. 固化剂

水玻璃本身是一种气硬性胶凝材料，但在空气中凝结硬化较慢，往往不能满足工程施工进度的需要。为了加速水玻璃的凝结硬化速度，一般需要在配制时加入固化剂。固化剂可以用氟硅酸钠(Na_2SiF_6)或氟硅酸钾(K_2SiF_6)。由于氟硅酸钾价格较高，因此最常用的固化剂为氟硅酸钠。

氟硅酸钠为白色或浅黄色结晶粉末，pH≈3。它是生产磷酸钙或氟化盐的副产品，其溶解度很小，纯度高，含杂质少。当氟硅酸钠含水率大或受潮结块时，需经烘干、粉碎后使用。烘干温度不宜超过 65 ℃，以免氟硅酸钠在高温下分解。

3. 耐酸骨料

用于耐酸混凝土的骨料必须具有较高的耐酸性能。粗骨料可选用耐酸性能好的岩石或人造岩石经破碎而成，如石英岩、花岗岩、辉绿岩、玄武岩及安山岩等天然岩石和废耐火砖、碎瓷片等。细骨料常用石英砂。

4. 耐酸粉料

耐酸混凝土中常掺加一定量的粉料，以提高密实度。粉料也应具有一定的耐酸性能，常用石英粉、辉绿岩粉和瓷粉等，其中以辉绿岩粉最好，石英粉因杂质含量较多，吸水性高、收缩性大，不宜单独使用。

5. 改性剂

为了进一步提高水玻璃混凝土的密实度，从而提高其强度和抗渗性，可以在配制时掺加一部分改性剂。常用的改性剂有呋喃类有机物（如糠醇、糠醛丙酮等）、水溶性低聚物（如多羟醚化三聚胺、水溶性氨聚醛低聚物、水溶性聚酰胺等）、水溶性树脂（如水溶性环氧树脂、呋喃树脂等）及烷芳基磺酸盐（如木质素磺酸盐钙、亚甲基二萘磺酸等）。

9.7.2 水玻璃耐酸混凝土的凝结硬化和性能

1. 凝结硬化过程

首先是水玻璃和氟硅酸钠反应生成具有胶结性能的硅酸凝胶[$Si(OH)_4$]，并将填料和骨料胶结在一起，然后硅酸凝胶逐渐脱水转变为固体 SiO_2，从而使混凝土逐渐坚固。其化学反应方程式如下：

$$2(Na_2O \cdot n\,SiO_2)+Na_2SiF_6+2(n+1)H_2O \longrightarrow 6NaF+(n+1)Si(OH)_4$$

$$Si(OH)_4 \longrightarrow SiO_2+2H_2O$$

在干燥环境中，水玻璃混凝土表面的水玻璃受 CO_2 的作用也会生成 SiO_2，其反应如下：

$$Na_2O \cdot nSiO_2+CO_2+mH_2O \longrightarrow Na_2CO_3+nSiO_2 \cdot mH_2O$$

$$nSiO_2 \cdot mH_2O \longrightarrow nSiO_2+mH_2O$$

水分部分蒸发后，反应产物成为固态的二氧化硅、碳酸钠和硅酸凝胶，从而使混凝土发生凝结硬化。由于空气中二氧化碳浓度很低，水玻璃与二氧化碳的反应很慢。

实际上水玻璃和氟硅酸钠反应相当复杂，其反应程度受水玻璃模数、相对密度、氟硅酸钠掺量、细度以及反应温度的影响。水玻璃耐酸混凝土初期硬化很快，3 d 的抗压强度即可达到 28 d 的 70%以上。

2. 酸化处理

由于水玻璃与氟硅酸钠的反应不能进行到底，因此在硬化后的混凝土中还残留一些游离水玻璃，其遇水易溶解，造成混凝土密实度降低，这对混凝土的耐蚀性、耐水性和抗渗性将产生不利影响，所以通常对耐酸混凝土表面进行酸化处理。

酸化处理就是用浸酸或涂刷酸的方法进行表面处理，其实质就是用酸溶液将混凝土面层未参与反应的水玻璃分解成硅酸凝胶。其反应如下：

$$Na_2O \cdot SiO_2+2H^{+}+2H_2O \longrightarrow Si(OH)_4+2Na^{+}$$

酸化处理用的酸液浓度不宜太大，处理的次数 3～4 次即可。常用的酸液有 20%～40%的硫酸、15%～20%的盐酸和 15%～30%的硝酸。应选择适当的处理时间，处理过早会使混凝土表面受到损坏；处理过迟，混凝土表面发生碳化，酸液不易渗入，影响酸化效果。酸化处理时间应选择在脱模后 2～3 d进行。

9.7.3 水玻璃耐酸混凝土的性能

1. **力学性能**

水玻璃耐酸混凝土的抗压强度一般为 20～40 MPa，抗拉强度为 2.4～4.0 MPa，抗折强度一般为抗压强度的 1/10～1/8。水玻璃耐酸混凝土早期强度较高，一般 1 d 强度即可达 28 d 强度的 40%～50%，3 d 强度可达 28 d 强度的 75%～80%，但 28 d 后强度基本上不再增长。此外，水玻璃耐酸混凝土有较强的抗冲击性。

2. **耐久性**

水玻璃混凝土耐浓酸能力比耐稀酸能力强。当酸的浓度小时，其渗透能力强，渗入到混凝土结构内部与未反应的水玻璃及 NaF 作用生成了一些可溶性盐，混凝土结构发生变化，致使其强度降低。而浓度较高的酸对混凝土的渗透能力较低，而且可以在水玻璃耐酸混凝土表面与未反应的水玻璃反应形成硅胶，使混凝土更加密实，从而阻止了酸溶液向混凝土内部的渗透。所以，为提高水玻璃耐酸混凝土的耐酸性和强度，可以用浓酸对其表面进行“酸化处理”。

水玻璃耐酸混凝土的耐碱性较差，因此不适于用在碱性介质中。

由于未水化的水玻璃能与某些呈酸性的盐发生化学反应，在混凝土内部中产生一些膨胀产物，将会导致混凝土结构的破坏。因此，水玻璃耐酸混凝土在与盐溶液接触的环境中使用时，一定要经过试验，并最好应用经过改性的致密水玻璃耐酸混凝土。

水玻璃耐酸混凝土的耐水性差。长期浸泡在水中的水玻璃耐酸混凝土强度会明显降低。其主要原因是未参与反应的水玻璃及反应生成的一些可溶性氟化钠(NaF)溶出而导致混凝土结构受到破坏。

水玻璃耐酸混凝土在养护和使用过程中存在干缩变形现象，而且密实度越高，干缩变形也越大。

9.7.4 水玻璃耐酸混凝土的施工及应用

水玻璃耐酸混凝土的搅拌机械应选用强制搅拌机，其投料顺序如下：

粗骨料→细骨料→粉料→氟硅酸钠$\xrightarrow{\text{干拌 1～2 min}}$加水玻璃溶液$\xrightarrow{\text{拌 2～3 min}}$出料

浇筑混凝土前，模板支撑必须牢固，模板之间不能有缝隙，防止水玻璃流失。模板上应涂刷非碱性脱模剂，如有钢筋或铁质预埋件，应事先涂刷环氧树脂，并待环氧树脂初步固化后再进行浇筑。

因为耐酸混凝土不耐碱，所以在碱性基层上浇筑水玻璃耐酸混凝土时，应设置沥青涂层或聚氨酯涂层作为隔离层。在隔离层固化后，再在隔离层上涂刷两道水玻璃胶泥，并待胶泥固化后再浇筑耐酸混凝土。

一些贮放酸溶液的槽和罐的浇筑应尽量一次完成，避免新旧混凝土接缝在干缩时产生裂缝而渗漏。

水玻璃耐酸混凝土的养护温度应不低于 5 ℃，最好在 15～30 ℃、相对湿度低于 50%的较干燥环境中进行。

水玻璃耐酸混凝土常用于浇筑地面、设备基础及化工、冶金等工业中的大型设备，如贮酸槽、反应塔等，构筑物的外壳及内衬等防腐蚀工程。

9.8 耐热混凝土

耐热混凝土是一种能长期承受 200 ℃以上的高温作用，并在高温作用下保持所需的物理力学性能的特种混凝土。而代替耐火砖用于工业窑炉内衬的耐热混凝土也称为耐火混凝土。

根据所用胶凝材料的不同，耐热混凝土可分为硅酸盐耐热混凝土、铝酸盐耐热混凝土、磷酸盐耐热混凝土、硫酸盐耐热混凝土、水玻璃耐热混凝土、镁质水泥耐热混凝土等；根据硬化条件可分为水硬性耐热混凝土、气硬性耐热混凝土、热硬性耐热混凝土等。

耐热混凝土被广泛地用于冶金、化工、石油、轻工和建材等工业的热工设备和长期受高温作用的构筑物，如工业烟囱或烟道的内衬、工业窑炉的耐火内衬、高温锅炉的基础及外壳。

耐热混凝土与传统耐火砖相比，具有下列特点：

(1)生产和施工的工艺简单，通常仅需搅拌机和振动成型机械即可，并易于机械化；

(2)采用耐热混凝土可以根据生产工艺要求，建造任何结构形式复杂的窑炉，且造价比耐火砖低；

(3)耐热混凝土窑衬整体性强、气密性好，使用得当可提高窑炉的使用寿命；

(4)可充分利用工业废渣、废旧耐火砖以及某些地方材料和天然材料。

9.8.1 硅酸盐耐热混凝土

硅酸盐耐热混凝土所用的材料主要有硅酸盐水泥、耐热骨料、掺合料以及外加剂等。

1. 硅酸盐水泥

可以用矿渣硅酸盐水泥和普通硅酸盐水泥作为其胶凝材料。一般应优先选用矿渣硅酸盐水泥，并且矿渣掺量不得大于50%。如选用普通硅酸盐水泥，水泥中所掺的混合材料不得含有石灰石等易在高温下分解和软化或熔点较低的材料。

用上述两种水泥配制的耐热混凝土最高使用温度可以达到700～800 ℃。其耐热的机理主要是硅酸盐水泥熟料中的 C_3S 和 C_2S 的水化产物 $Ca(OH)_2$ 在高温下脱水，生成的 CaO 与矿渣及掺合料中的活性 SiO_2 和 Al_2O_3 又反应生成具有较强耐热性的无水硅酸钙和无水铝酸钙，使混凝土具有一定的耐热性。

由于水泥的耐热性远低于耐热骨料及耐热粉料，因此在保证耐热混凝土设计强度的情况下，应尽可能减少水泥的用量。

2. 耐热骨料

骨料是耐热混凝土配制的一个关键因素。普通混凝土耐热性不好的主要原因是水泥的水化产物 $Ca(OH)_2$、水化铝酸钙在高温下脱水，使水泥石结构破坏而导致混凝土碎裂；另一个原因是常用的一些骨料，如石灰石、石英砂在高温下发生较大体积变形或在高温下发生分解，从而导致普通混凝土结构的破坏，强度降低。

常用的耐热粗骨料有碎黏土砖、黏土熟料、碎高铝耐火砖、矾土熟料等；细骨料有镁砂、碎镁质耐火砖、含 Al_2O_3 较高的粉煤灰等。

3. 掺合料

掺合料的作用主要有两个：一是可增加混凝土的密实性，减少在高温状态下混凝土的变形；二是在用普通硅酸盐水泥时，掺合料中的 SiO_2 和 Al_2O_3 与水泥水化产物 $Ca(OH)_2$ 的脱水产物 CaO 反应形成耐热性好的无水硅酸钙和无水铝酸钙，同时避免了

$Ca(OH)_2$ 脱水引起的体积变化。所以,掺合料应选用熔点高、高温下不变形且含有一定数量 Al_2O_3 的材料。

耐热混凝土中常用的掺合料有黏土砖粉、黏土熟料粉、高铝砖粉、矾土熟料粉、镁砂粉、煤砖粉、粉煤灰、矿渣粉等。

4. 外加剂

硅酸盐水泥耐热混凝土配制时,可掺加减水剂以降低 W/B,减少混凝土结构内部的孔隙率。减水剂宜采用非引气型。

硅酸盐耐热混凝土的配合比设计用计算法比较烦琐,一般常采用经验配合比为初始配合比,再通过试配调整,得到适用的配合比。

9.8.2 铝酸盐耐热混凝土

铝酸盐水泥是一类没有游离 CaO 的中性水泥,具有快硬、高强、热稳定性好、耐火度高等特点。在冶金、石油化工、建材、水电和机械工业的一般窑炉上得到广泛的应用,其使用温度可达到 1300～1600 ℃,有的甚至能达到 1800 ℃左右,所以又称为铝酸盐耐火混凝土。它属于水硬性耐热混凝土,也属于热硬性耐热混凝土。

1. 胶凝材料

铝酸盐水泥耐热混凝土的胶结材主要有高铝水泥、纯铝酸盐水泥等。

(1)高铝水泥(普通铝酸盐水泥)。

高铝水泥是由石灰和铝矾土按一定比例磨细后,采用烧结法和熔融法制成的一种以铝酸一钙(CA)为主要成分的水硬性水泥。高铝水泥水化的产物主要有水化铝酸一钙(CAH_{10})、水化铝酸二钙(C_2AH_8)、水化铝酸三钙(C_3AH_6)和铝胶(AH_3),而上述产物在高温作用下会发生脱水,脱水产物之间发生反应。

在 300～500 ℃时 C_3AH_6 和 AH_3 分解,反应如下:

$$7(3CaO \cdot Al_2O_3 \cdot 6H_2O) \longrightarrow 9CaO + 12CaO \cdot 7Al_2O_3 + 42H_2O$$

$$Al_2O_3 \cdot 3H_2O \longrightarrow Al_2O_3 + 3H_2O$$

在 500～1200 ℃时发生如下反应:

$$Al_2O_3 + CaO \longrightarrow CaO \cdot Al_2O_3$$

$$5Al_2O_3 + 12CaO \cdot 7Al_2O_3 \longrightarrow 12(CaO \cdot Al_2O_3)\text{或}$$

$$17Al_2O_3 + 12CaO \cdot 7Al_2O_3 \longrightarrow 12(CaO \cdot 2Al_2O_3)$$

当 Al_2O_3 较多时会继续发生如下反应:

$$Al_2O_3 + CaO \cdot Al_2O_3 \longrightarrow CaO \cdot 2Al_2O_3$$

500 ℃以前,水泥石主要由高铝水泥的水化物组成;500～900 ℃时由水化产物及由脱水产物之间的二次反应物组成;1000 ℃开始发生固相烧结,1200 ℃以上时变为陶瓷结合的耐火材料,具有较高的强度和耐火性能。

2. 纯铝酸盐水泥

纯铝酸盐水泥是用工业氧化铝和高纯石灰石或方解石为原料,按一定比例混合后,采用烧结法或熔融法制成的以 CA_2 或 CA 为主要矿物的水硬性水泥。其中 CA_2 和 CA 含量总和在 95%以上,CA_2 占 60%～65%,另外含有少量 $C_{12}A_7$ 和 C_2AS。

纯铝酸盐水泥的水化硬化及在加热过程中强度的变化与高铝水泥类似。由于该水泥的化学组成中含有更多的 Al_2O_3，因此在 1200 ℃发生烧结产生陶瓷结合后，具有更高的烧结强度和耐火度，其最高使用温度可达 1600 ℃以上。

3. 骨料

由于纯铝酸盐水泥可以配制较高温度下工作的耐热混凝土，因此，采用的骨料应为耐火度更高的骨料，如矾土熟料碎高铝砖、碎镁砖和镁砂等。如使用温度超过 1500 ℃，最好用铬铝渣、电熔刚玉等。

4. 掺合料

为提高耐热混凝土的耐高温性能，有时在配制混凝土时掺加一定量的与水泥化学成分相近的粉料，如刚玉粉、高铝矾熟料粉等。粉料的细度一般应小于 1 μm。

9.8.3 磷酸或磷酸盐耐热混凝土

以磷酸或磷酸盐作胶结剂和耐热骨料等配制而成的混凝土，是一种热硬性耐热混凝土。磷酸盐耐热混凝土使用温度一般为 1500～1700 ℃，最高可达 3000 ℃。而磷酸盐耐高温混凝土可以经受－30～2000 ℃的多次冷热循环而不破坏。

1. 胶结剂

(1)磷酸盐。

磷酸盐主要有铝、钠、钾、镁、铵的磷酸盐或聚磷酸盐，其中用得最多的是铝、镁和钠的磷酸盐。

磷酸铝一般是磷酸二氢铝[$Al(H_2PO_4)_3$]、磷酸氢铝[$Al_2(HPO_4)_3$]和正磷酸铝($AlPO_4$)三种的混合物，其中磷酸二氢铝的胶结性最强。使用磷酸铝时，为加速混凝土在常温下的硬化，可加入适量的电熔或烧结氧化镁、氧化钙、氧化锌和氟化铵等作为促硬剂，也可用含有结合状态的碱性氧化物(如硅酸盐水泥)作促硬剂。

磷酸钠盐一般用正磷酸钠(Na_3PO_4)、磷酸二氢钠 NaH_2PO_4、三聚磷酸钠 $Na_5P_3O_{10}$。

(2)磷酸。

磷酸有正磷酸(H_3PO_4)、焦磷酸($H_3P_2O_7$)及偏磷酸(HPO_3)等，常用的主要是正磷酸。正磷酸本身无胶结性，但与耐热骨料接触后，会与其中的一些氧化物(如氧化镁、氧化铝)反应形成酸式磷酸盐，从而表现出良好的胶凝性。

由于磷酸盐和磷酸对人体具有很强的腐蚀性，因此在施工时必须注意安全，应穿好防护服、防护鞋，戴好防护手套、防护目镜等。

2. 耐火骨料

由于磷酸盐及磷酸耐热混凝土一般用于温度较高的结构物中，因此其所用的耐火骨料也选用耐火度高的材料，常用的有碎高铝砖、镁砂、刚玉砂等。

3. 掺合料

磷酸盐耐热混凝土加热时因水分蒸发会产生较大的收缩，因此在配制时应加入一些微米级耐火材料，如刚玉粉、石英粉等。

9.9 预制装配式混凝土

预制装配式混凝土技术，是指使用在工厂浇筑养护成型的混凝土构件，主要通过现场装配的方式来设计建造混凝土结构类建筑的技术，如图 9－10 所示。

图 9-10 装配式混凝土

我国预制装配式混凝土技术早在20世纪50年代就已产生，由于中华人民共和国刚刚成立，百废待兴，短时间内迫切需要建造大量的住宅，以满足人口居住的需要。我国专家学习苏联工业化住宅的建造方法，结合国内的实际情况，对砖混结构房屋进行了工业化住宅初步实践，主要预制构件为预制楼板。20世纪70年代中期以后由于我国的工业水平落后，严重制约了住宅质量的提高，但日益增长的人口数量与住宅需求不断膨胀之间的矛盾越来越突出。

近年来我国工业水平不断提高，精细化建筑建设已具备条件。以往的粗放型建筑建设，存在着建设周期长、生产效率低、科技含量低、工程质量和安全问题明显、环保效益差以及高建筑能耗等种种问题。伴随着经济发展和城镇化，巨量民用建筑建设需求和节能环保之间的矛盾升级，传统粗放型建筑建设方式必将被精细、快速、节能、环保的新型建设方式所替代。因此，大力倡导和发展建筑预制装配化，既能够促进我国建筑行业的更新升级，又可以加强我国建筑市场工业化程度，影响广泛而深远。

2016年2月6日发布的《中共中央国务院关于进一步加强城市规划建设管理工作的若干意见》提出："大力推广装配式建筑，制定装配式建筑设计、施工和验收规范，鼓励建筑企业装配式施工，现场装配，建设国家级装配式建筑生产基地，加大政策支持力度，力争用10年左右时间，使装配式建筑占新建建筑的比例达到30%。"同年3月，由国内设计大院合力编写的多项设计施工标准规范将正式施行。住房和城乡建设部于2016年编制了《装配式混凝土建筑技术标准》(GB/T 51231—2016)，对装配式混凝土建筑的设计、生产运输、施工安装、质量验收进行了规范。

预制装配式混凝土相比于传统的现浇混凝土技术，具有以下优点：

(1)品质均匀。预制装配式混凝土在工厂生产，管理严格、规范，可长期生产，能够得到品质均匀的构件产品。

(2)量化生产。根据构件的标准化、规格化，使建筑构件生产的工业化成为可能，实现批量生产。

(3)缩短工期。主要构件均可以在工厂生产，到现场组装，比传统现场浇筑技术的工期缩短近1/3。

(4)提高精度。建筑的设备、配管、窗框、外装等均可与预制构件一体生产，可得到很高的施工精度。

(5)降低成本。因建筑工业化的批量生产，施工简易化，减少了劳动力，几方面均能降低建设费用。

(6)安全保障。根据大量试验论证,预制装配式混凝土建筑在耐震、耐火、耐风、耐久性各方面均有优越的性能。

9.9.1 预制装配式混凝土的原材料

原材料应按照国家现行的混凝土用原材料有关标准,并遵照设计文件及合同约定进行进厂检验,检验批划分应符合相关标准的规定。

1. 水泥

(1)同一厂家、同一品种、同一代号、同一强度等级且连续进厂的硅酸盐水泥,袋装水泥不超过 200 t 为一批,散装水泥不超过 500 t 为一批;按批抽取试样进行水泥强度、安定性和凝结时间检验,设计有其他要求时,尚应对相应的性能进行试验。

(2)同一厂家、同一强度等级、同白度且连续进厂的白色硅酸盐水泥,不超过 50 t 为一批;按批抽取试样进行水泥强度、安定性和凝结时间检验,设计有其他要求时,尚应对相应的性能进行试验。

2. 矿物掺合料

(1)同一厂家、同一品种、同一技术指标的矿物掺合料,粉煤灰和粒化高炉矿渣粉不超过 200 t 为一批,硅灰不超过 30 t 为一批。

(2)按批抽取试样进行细度、需水量比、烧失量和活性指数试验;设计有其他要求时,尚应对相应的性能进行试验。

3. 骨料

(1)同一厂家(产地)且同一规格的骨料,不超过 400 m^3 或 600 t 为一批。

(2)天然细骨料按批抽取试样进行颗粒级配、细度模数含泥量和泥块含量试验;机制砂和混合砂应进行石粉含量(含亚甲蓝)试验;再生细骨料还应进行微粉含量、再生胶砂需水量比和表观密度试验。

(3)天然粗骨料按批抽取试样进行颗粒级配、含泥量、泥块含量和针片状颗粒含量试验,压碎指标可根据工程需要进行检验;再生粗骨料应增加微粉含量、吸水率、压碎指标和表观密度试验。

4. 轻集料

(1)同一类别、同一规格且同密度等级,不超过 200 m^3 为一批。

(2)轻细集料按批抽取试样进行细度模数和堆积密度试验,高强轻细集料还应进行强度标号试验。

(3)轻粗集料按批抽取试样进行颗粒级配、堆积密度、粒形系数、筒压强度和吸水率试验,高强轻粗集料还应进行强度标号试验。

5. 混凝土拌制及养护用水

(1)采用饮用水时,可不进行检验。

(2)采用中水、搅拌站清洗水或回收水时,应对其成分进行检验,同一水源每年至少检验一次。

6. 钢纤维和有机合成纤维

(1)用于同一工程的相同品种且相同规格的钢纤维,不超过 20 t 为一批,按批抽取试样进行抗拉强度、弯折性能、尺寸偏差和杂质含量试验。

(2)用于同一工程的相同品种且相同规格的合成纤维,不超过 50 t 为一批,按批抽取试样进行纤维抗拉强度、初始模量、断裂伸长率、耐碱性能、分散性相对误差和混凝土抗压强度比试验,增韧纤维还应进行韧性指数和抗冲击次数比试验。

7.脱模剂

(1)脱模剂应无毒、无刺激性气味,不应影响混凝土性能和预制构件表面装饰效果。

(2)脱模剂应按照使用品种,选用前及正常使用后每年进行一次匀质性和施工性能试验。

9.9.2 预制装配式混凝土的生产

1.混凝土的制备

混凝土配合比设计应符合国家现行标准《普通混凝土配合比设计规程》(JGJ 55—2011)和《混凝土结构工程施工规范》(GB 50666—2011)的有关规定。混凝土应采用有自动计量装置的强制式搅拌机搅拌,并具有生产数据逐盘记录和实时查询功能。原材料每盘称量的允许偏差应符合相关规定。

混凝土工作性能指标应根据预制构件产品特点和生产工艺确定。混凝土应进行抗压强度检验,并应符合下列规定:

(1)混凝土检验试件应在浇筑地点取样制作。

(2)每拌制 100 盘且不超过 100 m^3 的同一配合比混凝土,每工作班拌制的同一配合比的混凝土不足 100 盘为一批。

(3)每批制作强度检验试块不少于 3 组,随机抽取 1 组进行同条件转标准养护后进行强度检验,其余可作为同条件试件在预制构件脱模和出厂时控制其混凝土强度;还可根据预制构件吊装、张拉和放张等要求,留置足够数量的同条件混凝土试块进行强度检验。

(4)蒸汽养护的预制构件,其强度评定混凝土试块应随同构件蒸汽养护后,再转入标准条件养护。构件脱模起吊、预应力张拉或放张的混凝土同条件试块,其养护条件应与构件生产中采用的养护条件相同。

(6)除设计有要求外,预制构件出厂时的混凝土强度不宜低于设计混凝土强度等级值的 75%。

2.浇筑成型

浇筑混凝土前应进行钢筋、预应力的隐蔽工程检查,混凝土浇筑应符合下列规定:

(1)混凝土浇筑前,预埋件及预留钢筋的外露部分宜采取防止污染的措施。

(2)混凝土倾落高度不宜大于 600 mm,并应均匀摊铺。

(3)混凝土浇筑应连续进行。

(4)混凝土从出机到浇筑完毕的延续时间,气温高于 25 ℃时不宜超过 60 min,气温不高于 25 ℃时不宜超过 90 min。

带面砖或石材饰面的预制构件宜采用反打一次成型工艺制作,带保温材料的预制构件宜采用水平浇筑方式成型。粗糙面成型可采用模板面预涂缓凝剂工艺,脱模后采用高压水冲洗露出骨料;叠合面、粗糙面可在混凝土初凝前进行拉毛处理。

3. 振捣

混凝土振捣应符合下列规定：

(1)混凝土宜采用机械振捣方式成型。振捣设备应根据混凝土的品种、工作性、预制构件的规格和形状等因素确定，应制定振捣成型操作规程。

(2)当采用振捣棒时，混凝土振捣过程中不应碰触钢筋骨架、面砖和预埋件。

(3)混凝土振捣过程中应随时检查模具有无漏浆、变形或预埋件有无移位等现象。

4. 养护

预制构件养护应符合下列规定：

(1)应根据预制构件特点和生产任务量选择自然养护、自然养护加养护剂或加热养护方式。

(2)混凝土浇筑完毕或压面工序完成后应及时覆盖保湿，脱模前不得揭开。

(3)涂刷养护剂应在混凝土终凝后进行。

(4)加热养护可选择蒸汽加热、电加热或模具加热等方式。

(5)加热养护制度应通过试验确定，宜采用加热养护温度自动控制装置。宜在常温下预养护 2～6 h，升、降温速度不宜超过 20 ℃/h，最高养护温度不宜超过 70 ℃。预制构件脱模时的表面温度与环境温度的差值不宜超过 25 ℃。

(6)夹芯保温外墙板最高养护温度不宜大于 60 ℃。

预制构件脱模时的混凝土强度应计算确定，且不宜小于 15 MPa。

9.9.3　预制构件的质量检验

预制构件生产时应采取措施避免出现外观质量缺陷。外观质量缺陷根据其影响结构性能、安装和使用功能的严重程度，可划分为严重缺陷和一般缺陷。

预制装配式混凝土构件外观质量缺陷可分为以下几种类型：

(1)漏筋。构件内钢筋未被混凝土包裹而外漏。

(2)蜂窝。混凝土表面缺少水泥砂浆而形成石子外漏。

(3)孔洞。混凝土中孔穴深度和长度均超过保护层厚度。

(4)夹渣。混凝土中夹有杂物且深度超过保护层厚度。

(5)疏松。混凝土中局部不密实。

(6)裂缝。裂缝从混凝土表面延伸至混凝土内部。

(7)连接部位缺陷。构件连接处混凝土缺陷及连接钢筋、连接件松动；抽筋严重锈蚀、弯曲；灌浆套筒堵塞、偏位；灌浆孔洞堵塞、偏位、破损等缺陷。

(8)外形缺陷。缺棱掉角、棱角不直、翘曲不平、飞出凸肋等；装饰面砖黏结不牢、表面不平、砖缝不顺直等。

(9)外表缺陷。构件表面麻面、掉皮、起砂、沾污等。

预制构件脱模后应及时对其外观质量进行全数目测检查。预制构件外观质量不应有缺陷，对已经出现的严重缺陷应制定技术处理方案进行处理并重新检验，对出现的一般缺陷应进行修整并达到合格。

预制构件不应有影响结构性能、安装和使用功能的尺寸偏差。对超过尺寸允许偏差且影响结构性能和安装、使用功能的部位应经原设计单位认可，制定技术处理方案进行处理，并重新检查验收。

9.9.4 预制构件的存放及吊运

预制构件存放应符合下列规定：

(1)存放场地应平整、坚实，并应有排水措施；

(2)存放库区宜实行分区管理和信息化台账管理；

(3)应按照产品品种、规格型号、检验状态分类存放，产品标识应明确、耐久，预埋吊件应朝上，标识应向外；

(4)应合理设置垫块支点位置，确保预制构件存放稳定，支点宜与起吊点位置一致；

(5)与清水混凝土面接触的垫块应采取防污染措施；

(6)预制构件多层叠放时，每层构件间的垫块应上下对齐；预制楼板、叠合板、阳台板和空调板等构件宜平放，叠放层数不宜超过 6 层；长期存放时，应采取措施控制预应力构件起拱值和叠合板翘曲变形；

(7)预制柱、梁等细长构件宜平放且用两条垫木支撑；

(8)预制内外墙板、挂板宜采用专用支架直立存放，支架应有足够的强度和刚度，薄弱构件、构件薄弱部位和门窗洞口应采取防止变形开裂的临时加固措施。

预制构件吊运应符合下列规定：

(1)应根据预制构件的形状、尺寸、重量和作业半径等要求选择吊具和起重设备，所采用的吊具和起重设备及其操作，应符合国家现行有关标准及产品应用技术手册的规定；

(2)吊点数量、位置应经计算确定，应保证吊具连接可靠，应采取保证起重设备的主钩位置、吊具及构件重心在竖直方向上重合的措施；

(3)吊索水平夹角不宜小于 60°，不应小于 45°；

(4)应采用慢起、稳升、缓放的操作方式，吊运过程，应保持稳定，不得偏斜、摇摆和扭转，严禁吊装构件长时间悬停在空中；

(5)吊装大型构件、薄壁构件或形状复杂的构件时，应使用分配梁或分配桁架类吊具，并应采取避免构件变形和损伤的临时加固措施。

本章小结

随着科学技术的进步，不同的工程对混凝土性能的需求越来越多，某些具有特殊性能的混凝土随之出现。例如，以减轻混凝土结构自重、提高保温隔热性能的轻质混凝土，以提高混凝土综合性能和使用寿命的高性能混凝土，以提高混凝土填充性、间隙通过性和抗离析性能的自密实混凝土，以增强混凝土抗拉强度、韧性和冲击性能的纤维混凝土，以提高混凝土强度和耐久性能的聚合物混凝土等。这些混凝土提高了混凝土某些方面的性能，拓展了混凝土的使用领域。

轻质混凝土主要有轻骨料混凝土、多孔混凝土、轻骨料多孔混凝土、大孔混凝土等几种类型。轻骨料混凝土用轻质骨料、胶凝材料、水、矿物掺和料及外加剂配制的、表观密度不大于 1950 kg/m^3。多孔混凝土是在混凝土砂浆或净浆中引入大量气泡而制得的混凝土。轻骨料多孔混凝土是在轻骨料混凝土和多孔混凝土基础上发展起来的一种混凝土。大孔混凝土是不用或加入很少的细骨料，而是由粗骨料、胶凝材料、水及外加剂拌和配制而成的具有大量较大孔径的轻质混凝土。

高性能混凝土结构耐久性设计提出的一种全新概念的混凝土，它以耐久性为首要设计指标。高性能混凝土的原材料需要选用优质的、符合一定质量要求的水泥和骨料，同时选用合适的外加剂和矿物掺合料。主要的配合比参数有水胶比、浆骨比和砂率。

自密实混凝土也称为免振捣混凝土，是一种高性能混凝土，重点强调工作性的混凝土。自密实混凝土的工作性包括填充性、间隙通过性和抗离析性三个方面的含义。

纤维混凝土是将纤维作为增强材料，均匀地掺和在混凝土基体中而形成的一种新型混凝土。纤维能够显著提高混凝土的抗拉和抗弯强度、韧性和抗冲击性。

聚合物混凝土是将有机的聚合物与混凝土复合的建筑材料，主要有三类，即聚合物水泥混凝土、聚合物浸渍混凝土和聚合物胶结混凝土。

课后练习题

一、填空题

1. 一般将表观密度小于____________的混凝土称为轻质混凝土，轻质混凝土的强度____________，主要用作________________。

2. 骨料的堆积密度越大，强度____________。碎石型轻骨料相比于圆球形的轻骨料的堆积密度____________，因而强度____________。

3. 轻骨料混凝土的表观密度越大，强度________________。全轻混凝土的抗压强度________________砂轻混凝土。

4. 轻骨料混凝土相比于相同强度等级的普通混凝土，其徐变________________，收缩______________。

5. 多孔混凝土根据引气的方法不同，分为__________和____________两种。

6. 混凝土中浆体体积与骨料的体积总用量之比即为____________。

7. 为提高钢纤维的分散性，在搅拌钢纤维混凝土时，通常要掺加适量的__________，同时延长____________。

二、简答题

1. 轻质混凝土有哪些主要的类型？
2. 轻骨料的最大粒径是怎么规定的？对混凝土有什么影响？
3. 轻骨料的筒压强度是如何测定的？
4. 影响轻骨料混凝土强度的因素有哪些？
5. 轻骨料混凝土的变形性能相比普通混凝土有哪些不同？
6. 轻骨料混凝土的水胶比与普通混凝土有什么不同的规定？
7. 轻骨料混凝土有哪些用途？
8. 高性能混凝土的原材料有哪些特殊要求？
9. 高性能混凝土的配合比参数有什么特殊要求？
10. 什么是自密实混凝土工作性？它包括哪些主体内容？
11. 自密实混凝土工作性如何测试？
12. 纤维混凝土中常用的纤维有哪些类型？其性能有什么不同？
13. 纤维增强混凝土的机理是什么？
14. 聚合物混凝土有哪些常用种类？
15. 自应力混凝土的特性是什么？
16. 耐酸混凝土的性能与普通混凝土有什么不同？

参考文献

[1]KOSMATKA S H, KERKHOFF B,PANARESE W C. Design and Control of Concrete Mixtures[M]. 钱觉时,唐祖全,卢中远,等译. 重庆:重庆大学出版社,2005.

[2]孙伟,廖昌文. 现代混凝土理论与技术[M]. 北京:科学出版社,2012.

[3]吴中伟,廉慧珍. 高性能混凝土[M]. 北京:中国铁道出版社,1999.

[4]水中和,魏小胜,王栋民. 现代混凝土科学技术[M]. 北京:科学出版社,2014.

[5]宋少民,王林. 混凝土学[M]. 武汉:武汉理工大学出版社,2013.

[6]葛新亚. 混凝土材料技术[M]. 北京:化学工业出版社,2006.

[7]曹亚玲. 建筑材料[M]. 北京:化学工业出版社,2010.

[8]高鹤. 工程材料试验[M]. 西安:西安交通大学出版社,2014.

[9]中华人民共和国国家标准. 通用硅酸盐水泥(GB175—2007)[M]. 北京:中国标准出版社,2008.

[10]中华人民共和国国家标准. 建设用砂 (GB/T 14684—2011) [M]. 北京:中国标准出版社,2011.

[11]中华人民共和国国家标准. 建设用卵石、碎石 (GB/T 14685—2011) [M]. 北京:中国标准出版社,2011.

[12]中华人民共和国国家标准. 普通混凝土拌合物性能试验方法标准(GB/T 50080—2016) [M]. 北京:中国标准出版社,2016.

[13]中华人民共和国国家标准. 混凝土物理力学性能试验方法标准(GB/T 50081—2019) [M]. 北京:中国建筑工业出版社,2019.

[14]中华人民共和国国家标准. 混凝土结构耐久性设计标准(GB/T 50476—2019) [M]. 北京:中国建筑工业出版社,2019.

[15]中华人民共和国国家标准. 混凝土外加剂(GB 8076—2008)[M]. 北京:中国标准出版社,2008.

[16]中华人民共和国国家标准. 用于水泥和混凝土中的粉煤灰(GB/T1596—2017)[M]. 北京:中国标准出版社,2017.

[17]中华人民共和国国家标准. 用于水泥和混凝土中的粒化高炉磨细矿渣(GB/T 18046—2017) [M]. 北京:中国标准出版社,2017.

[18]中华人民共和国行业标准. 普通混凝土配合比设计规程(JGJ 55—2011) [M]. 北京:中国建筑工业出版社出版,2011.

[19]中华人民共和国国家标准. 混凝土质量控制标准(GB 50164—2011) [M]. 北京:中国标准出版社,2011.

[20]中华人民共和国国家标准. 普通混凝土长期性能和耐久性能试验方法标准(GB/T 50082—2009) [M]. 北京:中国标准出版社,2009.

[21]中华人民共和国国家标准. 装配式混凝土建筑技术标准(GB/T 51231—2016) [M]. 北京:中国标准出版社,2017.

[22]魏江洋. 浅析预制装配式混凝土(PC)技术在民用建筑中的应用与发展[D]. 南京:南京大学,2016.